2021年全国技工教育规划教材

数据库应用技术

项目化教程

主　编　梁修荣　李昌弘
副主编　余晓兰　候学渊　李　扬

复旦大学出版社

内容提要

本书以高职高专计算机专业基础课程改革为契机，以各领域办公实践为应用背景，按照项目化教学和任务驱动方式组织教材。全书着眼于项目开发实践角度，根据数据库系统开发的规范流程，在数据库系统的需求分析、概念设计、逻辑设计、物理设计、应用开发及系统维护等各个流程展开，并以项目实战的方式编排。全书包括适度的基础操作，具有鲜明的结构体系，注意知识的内在联系，重点突出，难度适中。考虑高职高专以应用为主的实际情况，将项目化教学与基础知识应用进行融合，精选并安排拓展训练，在保证基础、必要的训练基础上，拓宽了学生的知识面，培养了学生的动手能力。本书适合用作高职高专院校的计算机基础教程，也可以作为计算机基础培训以及自学的参考用书。

扫码获取相关素材

前　言

"数据库应用技术"是一门面向全日制高职高专学校计算机专业学生的计算机专业课程，本书以数据库系统开发流程为主线，以项目化、任务驱动的方式组织教学编排，旨在培养学生在计算机软件及数据库系统开发等方面的专业核心能力，为培养学生良好的职业技能打下坚实的基础，对学生毕业后的工作适应能力和可持续发展的再学习能力培养亦具有重要作用。

本书经过深入调研，充分结合相关工作要求，教研室多位教师在几年来的教学实践中进行组稿和提炼，具有针对性更强、内容更丰富、形式更规范、阅读更轻松、操作性更强的特点。

（1）案例更贴近工作实际，所学内容即是工作内容；

（2）内容涵盖软件、硬件的综合应用，面面俱到；

（3）项目化教学、任务化驱动，知识目标、能力目标、验收考核环环相扣，更有利于组织教学；

（4）案例精心设计，配以考核案例，以达到教学效果验收的目的，操作性更强；

（5）强调过程考核与终结性考核相结合，更注重职业素质养成考核，有助于学生职业素质养成。

本书由梁修荣和李昌弘主编，余晓兰、侯学渊和李扬为副主编。本书主要由梁修荣编写，余晓兰负责资源配套和统稿、校稿。此外，参加编写的还有企业技术人员侯学渊以及教研室其他成员。全书的编写得到广大同事的大力帮助和支持，在此表示感谢。

由于编者水平所限，书中如有不足之处，敬请使用本书的师生与读者批评指正，以便修订时改进。如读者在使用本书的过程中有其他意见或建议，恳请向编者（chengshilb@sohu.com）踊跃提出宝贵意见。

编　者

2020 年 8 月

目 录

第1章 数据库系统设计 … 1

任务1.1 学生成绩管理系统的需求分析 … 1
- 1.1.1 数据库系统的基本概念 … 2
- 1.1.2 现实世界数据化过程 … 3
- 1.1.3 数据库设计 … 3
- 1.1.4 需求调查的内容与方法 … 4
- 1.1.5 分析和整理数据 … 4

任务1.2 学生成绩管理系统的概念设计 … 10
- 1.2.1 概念模型 … 10
- 1.2.2 概念模型的表示方法 … 11
- 1.2.3 E-R模型的设计 … 12

任务1.3 学生成绩管理系统的逻辑设计 … 16
- 1.3.1 关系模型 … 16
- 1.3.2 E-R图转换为关系模式的原则 … 18
- 1.3.3 关键字概念 … 18
- 1.3.4 数据模型的规范化 … 19

任务1.4 学生成绩管理系统的物理设计 … 24
- 1.4.1 SQL标识符 … 25
- 1.4.2 SQL Server系统数据类型 … 26
- 1.4.3 数据完整性 … 27

第2章 数据库系统实现 … 35

任务2.1 SQL Server 2008的安装和配置 … 35
- 2.1.1 常用数据库 … 36
- 2.1.2 SQL Server 2008管理工具 … 38

任务2.2 创建学生成绩管理系统数据库 … 52
- 2.2.1 系统数据库 … 53
- 2.2.2 文件和文件组 … 54
- 2.2.3 数据库中的数据存储方式 … 54

　　　　2.2.4　使用对象资源管理器创建数据库 …………………………………… 55
　　　　2.2.5　T-SQL 简介 …………………………………………………………… 57
　　　　2.2.6　使用 T-SQL 语句创建数据库 ………………………………………… 57
　任务 2.3　管理学生成绩管理系统数据库 ……………………………………………… 61
　　　　2.3.1　使用对象资源管理器管理数据库 …………………………………… 62
　　　　2.3.2　使用 T-SQL 语句管理数据库 ………………………………………… 67
　任务 2.4　创建学生成绩管理系统数据表 ……………………………………………… 69
　　　　2.4.1　表的概述 ……………………………………………………………… 70
　　　　2.4.2　完整性约束 …………………………………………………………… 71
　　　　2.4.3　使用对象资源管理器创建和管理数据表 …………………………… 71
　　　　2.4.4　使用 T-SQL 语句创建和管理数据表 ………………………………… 77
　　　　2.4.5　建立数据库表之间的关系和关系图 ………………………………… 79
　任务 2.5　管理学生成绩管理系统数据表 ……………………………………………… 85
　　　　2.5.1　使用对象资源管理器管理数据 ……………………………………… 86
　　　　2.5.2　使用 T-SQL 语句管理数据 …………………………………………… 88

第 3 章　数据库系统应用 ……………………………………………………………… 100

　任务 3.1　班级学生基本信息查询 ……………………………………………………… 101
　　　　3.1.1　查询简介 ……………………………………………………………… 101
　　　　3.1.2　select 查询 …………………………………………………………… 102
　　　　3.1.3　单表查询 ……………………………………………………………… 102
　　　　3.1.4　聚合（集合）函数 …………………………………………………… 106
　　　　3.1.5　对查询结果进行分组 ………………………………………………… 108
　　　　3.1.6　函数 …………………………………………………………………… 108
　任务 3.2　全院学生信息查询 …………………………………………………………… 116
　　　　3.2.1　消除结果集中重复的记录 …………………………………………… 116
　　　　3.2.2　特殊表达式 …………………………………………………………… 117
　任务 3.3　学生考试成绩统计 …………………………………………………………… 122
　　　　3.3.1　多表连接查询 ………………………………………………………… 123
　　　　3.3.2　排名函数 ……………………………………………………………… 125
　　　　3.3.3　分组筛选 ……………………………………………………………… 127
　　　　3.3.4　把查询结果插入新的表 ……………………………………………… 128
　任务 3.4　课程信息统计 ………………………………………………………………… 132
　　　　3.4.1　子查询的概念 ………………………………………………………… 132
　　　　3.4.2　不相关子查询 ………………………………………………………… 133
　　　　3.4.3　相关子查询 …………………………………………………………… 135
　　　　3.4.4　insert、delete 和 update 语句中的子查询 ………………………… 135
　任务 3.5　学生信息定制 ………………………………………………………………… 140
　　　　3.5.1　视图的概念 …………………………………………………………… 141

3.5.2　视图的优点 ……………………………………………………… 141
　　　3.5.3　使用对象资源管理器创建和管理视图 …………………………… 142
　　　3.5.4　使用 T-SQL 语句创建和管理视图 ………………………………… 144
　　　3.5.5　通过视图管理数据 ………………………………………………… 149
任务 3.6　学生信息快速查询 ………………………………………………………… 153
　　　3.6.1　索引的概念 ………………………………………………………… 153
　　　3.6.2　索引的优点 ………………………………………………………… 153
　　　3.6.3　索引的分类 ………………………………………………………… 154
　　　3.6.4　索引的规则 ………………………………………………………… 154
　　　3.6.5　使用对象资源管理器创建和管理索引 …………………………… 155
　　　3.6.6　使用 T-SQL 语句创建和管理索引 ………………………………… 157
任务 3.7　教师任课课程成绩查询 …………………………………………………… 159
　　　3.7.1　T-SQL 编程基础 …………………………………………………… 159
　　　3.7.2　存储过程 …………………………………………………………… 166
任务 3.8　学生个人成绩查询 ………………………………………………………… 177
　　　3.8.1　程序块语句：begin…end ………………………………………… 177
　　　3.8.2　选择语句：if…else ………………………………………………… 178
任务 3.9　教师任课课程成绩统计 …………………………………………………… 180
任务 3.10　学生成绩等级自动划分 ………………………………………………… 184
　　　3.10.1　简单 case 语句 …………………………………………………… 184
　　　3.10.2　搜索 case 语句 …………………………………………………… 185
任务 3.11　课程课时调整 …………………………………………………………… 187
　　　3.11.1　循环控制语句：while 语句 ……………………………………… 187
　　　3.11.2　循环控制语句应用举例 ………………………………………… 188
任务 3.12　退学学生信息处理 ……………………………………………………… 190
　　　3.12.1　事务的概念 ……………………………………………………… 190
　　　3.12.2　事务的操作 ……………………………………………………… 191
　　　3.12.3　事务的分类 ……………………………………………………… 193
任务 3.13　教师登分操作 …………………………………………………………… 195
　　　3.13.1　触发器的概念 …………………………………………………… 196
　　　3.13.2　触发器的作用 …………………………………………………… 196
　　　3.13.3　触发器的种类 …………………………………………………… 196
　　　3.13.4　触发器的临时表 ………………………………………………… 197
　　　3.13.5　使用对象资源管理器创建和管理触发器 ……………………… 198
　　　3.13.6　使用 T-SQL 语句创建和管理触发器 …………………………… 198

第 4 章　数据库系统维护 ………………………………………………………………… 215
任务 4.1　创建用户并为之授权 ……………………………………………………… 216
　　　4.1.1　SQL Server 2008 的安全机制 ……………………………………… 217

　　　　4.1.2　SQL Server 2008 的验证模式 …………………………………… 217
　　　　4.1.3　SQL Server 的登录账号 ……………………………………… 218
　　　　4.1.4　SQL Server 的数据库用户 …………………………………… 221
　　　　4.1.5　SQL Server 2008 的权限管理 ………………………………… 224
　　任务 4.2　取消数据库用户权限 ………………………………………………… 229
　　　　4.2.1　拒绝权限 ……………………………………………………… 230
　　　　4.2.2　撤销权限 ……………………………………………………… 231
　　　　4.2.3　拒绝权限与撤销权限的区别 …………………………………… 232
　　任务 4.3　使用角色管理用户 …………………………………………………… 233
　　　　4.3.1　SQL Server 角色 ……………………………………………… 234
　　　　4.3.2　游标 …………………………………………………………… 237
　　任务 4.4　数据库的分离与附加 ………………………………………………… 241
　　　　4.4.1　分离数据库 …………………………………………………… 241
　　　　4.4.2　附加数据库 …………………………………………………… 242
　　任务 4.5　数据的导入与导出 …………………………………………………… 243
　　　　4.5.1　导入数据 ……………………………………………………… 244
　　　　4.5.2　导出数据 ……………………………………………………… 244
　　任务 4.6　数据库的备份与恢复 ………………………………………………… 253
　　　　4.6.1　数据库备份的作用 ……………………………………………… 254
　　　　4.6.2　SQL Server 2008 备份方式 …………………………………… 254
　　　　4.6.3　备份策略 ……………………………………………………… 264
　　　　4.6.4　备份设备 ……………………………………………………… 264
　　　　4.6.5　数据库恢复 …………………………………………………… 265

第5章　实训 …………………………………………………………………… 276

　　实训 5.1　社区图书管理系统数据库设计 ………………………………………… 276
　　实训 5.2　创建和管理社区图书管理系统数据库 ………………………………… 277
　　实训 5.3　创建和管理社区图书管理系统数据表 ………………………………… 278
　　实训 5.4　社区图书管理系统数据库查询 ………………………………………… 281
　　实训 5.5　社区图书管理系统数据库优化 ………………………………………… 282
　　实训 5.6　社区图书管理系统数据库用户与权限管理 …………………………… 284
　　实训 5.7　社区图书管理系统数据库的备份与恢复 ……………………………… 285

附录

　　附录 1　需求分析现场调查对白（视频）………………………………………… 287
　　附录 2　学生成绩管理系统数据库 student 中数据表的数据 …………………… 289
　　附录 3　社区图书管理系统数据库 book 中数据表的数据 ……………………… 293

参考文献 ……………………………………………………………………………… 296

第1章 数据库系统设计

教学导航

表1-1 教学导航1

能力目标	① 能进行需求调研、分析 ② 能绘制 E-R 图 ③ 能将 E-R 图转换成关系模式 ④ 能运用规范化理论规范关系模式 ⑤ 具有收集整理资料和沟通协作能力
知识目标	① 理解数据库的基本概念 ② 初步掌握关系数据库设计的方法和步骤 ③ 学会 E-R 图的画法 ④ 掌握 E-R 图转换为关系模式的规则 ⑤ 理解关系模式的规范化理论
职业素质目标	① 培养获取必要知识的能力 ② 培养团队协作的能力 ③ 培养沟通能力
教学方法	项目教学法、任务驱动法
考核项目	见工作任务单1
考核形式	过程考核
课时建议	8课时(含课堂同步实践)

任务1.1 学生成绩管理系统的需求分析

任务引入

随着职业院校发展规模的扩大,学生成绩档案管理的信息量成倍增长,成绩的日常维护、查询和统计工作量也越来越大。一方面手工管理大量的数据繁琐、容易出错,另一方面不能快速、准确地提供查询和统计的数据。而计算机运行速度快,处理能力强,如果用计算机管理学生成绩,可以减轻管理人员的负担,提高工作效率和工作质量。用计算机管理学生成绩,需要解决数据的存储和管理问题,数据库技术为人们提供了科学和高效地存储和管理数据的方法。

任务 描述

宏进电脑公司接受了为江扬职业技术学院开发用于学生成绩管理的软件业务,软件名称确定为"学生成绩管理系统",现已为此成立了一个项目小组,项目小组设项目负责人1名、成员3名。项目小组首要的工作是设计学生成绩数据库结构,按照数据库设计的步骤,先要做需求分析工作,即:对江扬职业技术学院学生成绩管理工作进行调查,全面了解用户的各种需求。

任务 分析

和用户密切合作,了解用户手工管理学生成绩的工作流程和学生成绩管理中所涉及的部门、人员、数据、报表及数据的加工处理等情况,收集与学生成绩管理相关的资料,并对收集的资料进行整理和分析。

完成任务的具体步骤如下:
(1) 确定需求调查的方法。
(2) 设计调查的内容。
(3) 进行调查并收集数据资料。
(4) 对调查收集的数据进行整理、分析。
(5) 绘制业务流程图和编制数据字典。

任务 资讯

1.1.1 数据库系统的基本概念

(1) 数据库(DataBase,简称 DB)。数据库,顾名思义,是存放数据的仓库。它是指长期存储在计算机内、有组织的、可共享大量数据的集合。数据库中的数据按照一定的数据模型组织、描述和存储,具有较小的冗余度、较高的数据独立性和易扩展性,并可为各种用户共享。

(2) 数据库管理系统(DataBase Management System,简称 DBMS)。数据库管理系统是位于用户与操作系统之间的一层数据管理软件,它主要包括数据定义、数据操纵、数据库的运行管理、数据库的建立和维护等功能。目前,数据库管理系统主要有 Visual FoxPro、Access、Oracle、SQL-Server、DB2、MySQL 等。

(3) 数据库管理员(DataBase Administrator,简称 DBA)。数据库的管理工作只靠一个DBMS 远远不够,还要有专门的人员来完成,这些人员被称为数据库管理员。他们负责全面管理和控制数据库系统,其主要工作有数据库设计、数据库维护和改善数据库系统性能等。

(4) 数据库系统(DataBase System,简称 DBS)。将数据库技术引进计算机系统后形成了数据库系统。数据库系统一般是由数据库、数据库管理系统及其开发工具、应用系统、数据库管理员和用户等部分组成的,其中数据库管理系统是数据库系统的核心。

1.1.2 现实世界数据化过程

现实世界中的客观事物是不能直接被计算机进行处理的,必须将它们进行数据化后才能在计算机中进行处理,数据化要经历"三个世界、两次抽象"才能实现,如图1-1所示。

图1-1 现实世界中客观对象的抽象过程

在数据库系统中,一般采用数据模型这个工具来对现实世界数据进行抽象。首先将现实世界中的客观对象抽象为某一种不依赖于具体计算机系统的概念模型,然后再把概念模型转换为计算机中某一DBMS支持的数据模型。

现实世界数据化过程可由数据库设计人员通过数据库的设计来实现。

1.1.3 数据库设计

用计算机管理任何数据,首先要做的工作是设计数据库,就如建造一座高楼大厦要先设计图纸一样。只有一个设计良好的数据库,才能给用户提供正确、有效的数据资源。

数据库设计是指对于一个给定的应用环境,构造最优的数据库模式,建立数据库及其应用系统,使之能够有效地存储数据,满足各种用户的应用需求。

数据库设计包括数据库结构设计和应用系统设计两方面,本书重点介绍数据库结构设计,应用系统设计不作介绍。数据库结构设计一般分为需求分析、概念设计、逻辑设计和物理设计4个阶段。

1.1.3.1 需求分析

需求分析阶段是整个数据库设计过程的起点和基础,其主要任务是对用户进行全面调查,充分了解原系统工作概况、业务流程、局限性与不足之处,收集相关资料,明确用户的各种需求。其需求包括信息需求、处理需求、安全性与完整性需求。

(1) 信息需求。是指用户需要从数据库中获得信息的内容与性质。由信息要求可以导出数据要求,即在数据库中需要存储哪些数据。

(2) 处理需求。是指用户要求完成什么处理功能,对处理的响应时间有什么要求,用什么处理方式。

(3) 安全性和完整性需求。是指用户对数据的安全性和数据的正确性、一致性的要求。

1.1.3.2 概念设计

概念设计是整个数据库设计的关键。主要是通过对用户需求进行综合、归纳与抽象,形成一个独立于具体DBMS的概念模型。

1.1.3.3 逻辑设计

逻辑设计是将概念设计阶段中产生的概念模型转换为某个DBMS所支持的数据模型,并对其进行优化。

1.1.3.4 物理设计

物理设计主要是对数据库在物理设备上的存储结构和存取方法的设计。物理设计是以逻辑设计的结果作为输入,结合具体数据库管理系统功能及其提供的物理环境与工具、应用环境与数据存储设备,进行数据的存储组织和方法设计,并实施性能预测。从逻辑模型到物理模型的转换一般是由 DBMS 完成的。

1.1.4 需求调查的内容与方法

1.1.4.1 需求调查的内容

需求调查的内容可以从以下 4 个方面进行考虑:

(1) 组织机构情况。了解部门组成情况和各部门的职责等。

(2) 各部门的业务活动情况。了解各部门的业务流程,即了解各个部门输入和使用什么数据、如何加工处理这些数据、输出哪些信息、输出到哪些部门以及输出结果的格式等。

(3) 对新系统的各种要求。在熟悉业务活动的基础上,协助用户明确对新系统的各种要求,包括信息要求、处理要求、安全性与完整性要求。

(4) 确定新系统的边界。对调查的结果进行分析,确定哪些功能由计算机完成、哪些活动由人工完成。

1.1.4.2 需求调查方法

常用的调查方法有:

(1) 跟班实习。指设计人员深入客户所在公司,亲自参加实际业务,从而准确地理解用户的需求。

(2) 开调查会。一般采用座谈会的形式。会议通常由开发小组成员主持,开发人员在会上可与参加会议的人员自由交谈,听取他们的介绍,了解业务活动情况及需求情况。

(3) 请专人介绍。请专人介绍本部门工作流程,以及对各个环节的功能划分和要求。

(4) 询问。对调查中的某些问题,可以找专人询问。

(5) 设计调查表。设计详细的业务调查表,让用户填写回答。

(6) 查阅文档资料。通过查阅与原系统有关的数据、报表、档案,充分了解用户的业务流程、基本数据的格式和内容。

做需求调查时,根据不同的问题和条件,可使用不同的调查方法,也可以同时使用多种调查方法。

在调查前要注意先写好调查提纲,做到有的放矢。在调查过程中要耐心倾听他人叙述,认真做好记录,遇到不懂的业务内容或模棱两可的回答,一定要重复询问,弄懂搞清,决不疏忽遗漏。在调查结束后要及时整理内容,对于那些不太清楚的问题要反复与用户沟通调查,直到搞清楚为止。

1.1.5 分析和整理数据

分析和整理资料的目的是分析和表达用户的需要。可以在资料收集过程中或资料收集完成后进行分析和整理工作。分析和整理工作主要是对数据进行抽象,即对实际事件进行处理,抽取共同的本质特征,忽略其细节,并用各种概念精确描述。

1.1.5.1 业务流程分析

业务流程分析是在业务功能的基础上将其细化,利用调查的资料将业务处理过程中的每一个步骤用图形或文字进行描述。在描述业务流程的过程中可以发现问题,分析不足,优化业务处理过程。

业务流程图的符号有6种,如图1-2所示。

(1) 外部实体。是指该实体与系统有关的外部单位。如学生、教师等。

(2) 处理框。主要表示各种处理。如修改成绩单、修改基本信息表等。

(3) 实物框。是指要传递的具体实物或单据。如学生基本情况表、学生成绩单等。

(4) 数据存储。是指在加工或转换数据的过程中需要储存的数据。如课程记录、成绩记录等。

(5) 流程线。是指数据的流向。

(6) 判定框。是指问题的审核或判断。如对某学生情况的审核。

图1-2 业务流程图符号

1.1.5.2 数据字典

对数据库结构设计来讲,数据字典是进行详细的数据收集和数据分析所获得的主要结果,是各类数据描述的集合。

数据字典通常包括数据项、数据结构、数据流、数据存储和处理过程5个部分。

(1) 数据项。它是不可再分的数据单位,是数据的最小组成单位。对数据项的描述包括数据项名、数据项含义说明、别名、数据类型、长度、取值范围和取值含义等。

(2) 数据结构。用于描述数据项之间的关系。若干个数据项可以组成一个数据结构。

(3) 数据流。是指数据结构在系统内传输的路径。

(4) 数据存储。是指数据结构停留或保存的地方。

(5) 处理过程。是描述处理过程的说明性信息。

任务 实施

学院的学生成绩主要是由教务处进行管理,学院中与学生成绩管理相关的人员有教务员、教师、学生和班主任等,需求分析要求对所有相关的人员进行需求调查。

(1) 确定调查方法。项目小组决定采用如下调查方法:

1) 邀请专门管理学生成绩的教务员作介绍。

2) 找相关人员多次反复询问。

3）查阅与学生成绩管理相关的文档资料。

（2）编写调查提纲，进行需求分析。调查前，项目小组编写调查提纲如下：

1）你们部门有多少人？主要工作是什么？
2）学院有多少学生？学生成绩管理工作量情况如何？
3）学生成绩管理的业务流程是怎样的？
4）管理成绩时感到特别麻烦的事情是什么？
5）成绩管理中需要做而做不了的事情有哪些？
6）用计算机管理学生成绩，你们希望解决什么问题？
7）用计算机管理学生成绩，你们对数据操作有何要求？
8）你们的计算机使用情况如何？

（3）需求调查。

1）现场调查。请教务员作专门介绍，见附录1。
2）资料收集。这里只给出收集的部分资料。
① 新生入学后填写的学生基本情况表，见表1-2。

表1-2 学生基本情况表

学号		姓名		性别	
出生日期		籍贯		民族	
政治面貌		联系电话		班级名称	
家庭住址					
备注					

班主任：

② 每学期由每一位任课教师填写的学生成绩表，见表1-3。

表1-3 学生成绩表
2009-2010-2学期考试考查成绩单

班级：　　　　　　　　　　　　　　　　　　　　　　　　　　　　　　　　课程：

学号	学生姓名	成绩	备注	学号	学生姓名	成绩	备注

任课教师：

③ 学生毕业时所发的学生成绩总表,见表1-4。

表1-4 学生成绩总表

系部名称:					班级名称:				学号:		姓名:
学期:2008-2009-1						学期:2008-2009-2					
课程名称	类别	学时	学分	成绩		课程名称	类别	学时	学分		成绩
学期:						学期:					
课程名称	类别	学时	学分	成绩		课程名称	类别	学时	学分		成绩

(4) 用户需求分析。

1) 业务流程分析。经过对调查收集的数据进行整理和分析后,画出学生成绩管理业务流程图,如图1-3所示,这张图反映了学生成绩管理的总体业务概况。

从图1-3中可知学生成绩管理过程如下:

① 新生入学后,教务处为每个新生编排班级和学号,并为新生班分配一名班主任。

② 每个新生填写学籍卡中的学生基本情况表,班主任对学生情况进行核实,无误后,交教务员,教务员按班级将学籍卡装订成册,存教务处。

③ 每学期末,每位教师将所教授课程的学生成绩单交系教学秘书,由系教学秘书按班级汇总后交给教务处,教务员根据收到的学生成绩单将每个学生的成绩填写到学籍卡中。

④ 每学期末,教务员按班级汇总学生成绩,交给班主任,班主任邮寄成绩单给学生家长。

⑤ 每学期末,教务员根据下学期课程情况和任课教师情况,安排课程。

⑥ 每学期初,教务处统计上学期补考学生名单。补考后,教务员填写学籍卡中补考学生的成绩。

⑦ 学生毕业前,教务处统计毕业补考学生名单。补考后,教务员填写学籍卡中补考学生的成绩。

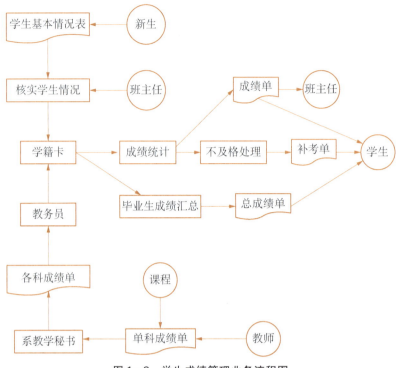

图1-3 学生成绩管理业务流程图

⑧ 学生毕业前,教务处发给每位学生全程的学习成绩单。

2)具体需求分析。经调查得出用户的下列实际需求:

① 信息需求。

a. 学生信息。每个新生入校后都要填写学生基本情况表,主要包括学号、姓名、性别、出生日期、籍贯、民族、政治面貌、联系电话、家庭地址、班级名称、班主任和备注等。

b. 课程信息。每学期期末要填写下学期开设课程的信息,主要包括课程编号、课程名称、课程类别、学时、学分和学期等。

c. 教师信息。每学期期末要填写下学期任课教师的信息,主要包括教师编号、教师姓名、性别、职称和系名称等。

d. 成绩信息。每学期末由任课教师填写成绩单,主要包括学期、班级、学号、学生姓名、课程编号、课程名称、任课教师、成绩和成绩备注等。

② 处理需求。

a. 教务员。输入并维护学生基本信息、教师信息、课程信息等;可查询学生基本信息、教师信息、学生成绩信息、课程信息等;对各种信息进行统计和输出。

b. 教师。输入并维护所授课程的成绩;可查询所授课程信息和成绩信息;可对课程成绩做统计和输出,如统计最高分、最低分、均分、总分、成绩排名、各分数段人数、及格率等信息。

c. 学生。可查询本人的基本信息、成绩信息及本人在班级成绩中的名次。

d. 班主任。查询本班学生的基本信息和成绩信息;对本班各课程成绩汇总,统计并输出每个学生成绩的总分、均分和班级排名等。

③ 安全性与完整性需求。

a. 设置访问用户的标识,以鉴别是否为合法用户。

b. 对不同用户设置不同的权限。教务员可进行日常事务的处理,可增加、删除、更新所有信息;学生只能查询自己的基本信息和成绩信息;教师可对所授课程成绩进行输入和查询,并能查询所授课程的信息;班主任可输入、修改和查询本班学生的基本信息,并可查询本班学生的成绩信息。

c. 保证数据的正确性、有效性和一致性。例如,在输入数据时,如超出数据范围,应及时提醒用户。

(5) 数据字典。通过调查分析得到数据字典,见表 1-5。这里只列出数据字典的数据项部分。

表 1-5 数据字典

数据项名	数据类型	长度	说　　明
学号	字符	10	2位入学年份+2位系编号+4位班级序号+2位个人序号
姓名	字符	10	
性别	字符	2	取值男、女
出生日期	日期	8	
籍贯	字符	16	
民族	字符	10	
政治面貌	字符	10	
联系电话	字符	20	
班级名称	字符	30	
班主任	字符	10	
家庭地址	字符	40	
备注	字符	100	
课程编号	字符	6	2位学年+2位系编号+2位课程序号
课程名称	字符	20	
课程类别	字符	10	
学时	数字	2	非负数
学分	数字	1	非负数
学期	字符	11	
教师编号	字符	4	2位系编号+2位教师序号
教师姓名	字符	10	
教师性别	字符	2	
职称	字符	10	
系名称	字符	30	
成绩	数字	3	取值范围 0~100
成绩备注	字符	40	

任务 总结

需求分析阶段是数据库设计最困难、最耗时间的一步。需求分析的结果将直接影响到后面各个阶段的设计,如果做得不好,可能会导致整个数据库设计返工重做。此阶段是一个有用户参与的阶段,在实施过程中要与用户多交流,必须耐心细致地了解现行业务处理流程,收集全部数据资料。对用户需求进行分析与表达后,必须提交给用户,征得用户的认可。此过程要反复多次,这是因为用户不懂计算机,而设计人员又不懂用户的业务,只有不断地相互沟通,才能将用户的各方面需求搞清楚,从而达到用户的要求。

任务 1.2　学生成绩管理系统的概念设计

任务 描述

项目小组经过对用户全面地调查、分析,编写出业务流程和数据字典,并通过与用户多次沟通确认,完成了需求分析阶段的任务,开始进入数据库设计的概念设计阶段。

任务 分析

根据需求分析阶段收集到的材料,进行综合、归纳与抽象,列举出实体、属性与码,确定实体间的联系类型,画出 E-R 图。

完成任务的具体步骤如下:
(1) 确定实体。
(2) 确定属性及码。
(3) 确定实体间关系。
(4) 画出局部 E-R 图。
(5) 画出全局 E-R 图。

任务 资讯

1.2.1　概念模型

概念模型是一种独立于计算机系统、用于信息世界的数据模型,它是按用户的观点对数据进行建模。它对实际的人、物、事和概念进行人为处理,抽取所关心的特性,并把这些特性用各种概念准确地描述出来。概念模型是数据库设计人员和用户之间进行交流与沟通的工具,最常用的概念模型是实体联系模型,简称 E-R 模型。采用 E-R 模型来描述现实世界有两点优势:一是它接近于人的思维模式,很容易被人所理解;二是它独立于计算机,和具体的 DBMS 无关，用户更容易接受。

1.2.1.1 实体联系模型涉及的主要概念

（1）实体。客观存在并可以相互区别的事物称为实体。如一名学生、一名教师、一门课程等。

（2）属性。实体所具有的特性称为实体的属性。如学号、姓名、出生日期等。

（3）码。唯一确定实体的属性或属性组合称为码。如课程编号是课程实体的码。

（4）域。属性的取值范围称为该属性的域。如性别的域为(男,女)。

（5）实体集。具有相同属性和性质的实体的集合称为实体集。如所有教师就是一个实体集。

（6）联系。事物内部以及事物之间是有联系的，这些联系在概念模型中表现为实体内部的联系和实体之间的联系。实体内部的联系是指某一实体内部各个属性之间的关系，而实体之间的联系是指不同实体集之间的联系。

1.2.1.2 实体间的联系类型

实体间的联系分为以下3类：

（1）一对一的联系(1∶1)。如果对于实体集 A 中的每一个实体，在实体集 B 中至多有一个实体与它有联系；反之亦成立，则表示实体集 A 与实体集 B 具有一对一的联系，用 $1∶1$ 表示。

例如，一个系只能有一个系主任，而一个系主任只在一个系中任职，则系主任与系之间具有一对一的联系。

（2）一对多的联系($1∶n$)。如果对于实体集 A 中的每一个实体，在实体集 B 中可能有多个实体与它有联系；反之，如果对于实体集 B 中的每一个实体，在实体集 A 中至多有一个实体与它有联系，则表示实体集 A 与实体集 B 具有一对多的联系，用 $1∶n$ 表示。

例如，一个系有若干名教师，而每个教师只能属于一个系，则系与教师之间具有一对多联系。

（3）多对多的联系($m∶n$)。如果对于实体集 A 中的每一个实体，在实体集 B 中可能有多个实体与它有联系，反之亦成立，则表示实体集 A 与实体集 B 具有多对多的联系，用 $m∶n$ 表示。

例如，一门课程同时有多个学生选修，而一个学生可以同时选修多门课程，则课程与学生之间具有多对多的联系。

1.2.2 概念模型的表示方法

E-R 模型是直观描述概念模型的有力工具，它直接从现实世界中抽象出实体及实体间联系。E-R 模型可用 E-R 图表示，其方法如下：

（1）实体集。用矩形表示，矩形内写明实体名。

（2）属性。用椭圆形表示，并用无向边将其与相应的实体集连接起来。

例如，班主任实体具有工号、姓名、性别、出生日期、班级编号、联系电话、家庭住址等属性，用 E-R 图表示，如图 1-4 所示。

图 1-4 班主任实体 E-R 图

(3) 联系。用菱形表示,菱形框内写上联系名,用无向边分别与有关实体集连接起来,在无向边旁标出联系的类型。如果联系具有属性,则该属性仍用椭圆框表示,仍需要用无向边将属性与其联系连接起来。

例如,班主任与班级之间的联系类型为一对一联系,其联系 E-R 图如图 1-5 所示。

图 1-5 班主任与班级联系 E-R 图

1.2.3 E-R 模型的设计

1.2.3.1 确定实体与属性

根据需求分析的结果,抽象出实体及实体的属性。在抽象实体及属性时要注意,实体和属性虽然没有本质区别,但是要求:

(1) 属性必须是不可分割的数据项,不能包含其他属性。

(2) 属性不能与其他实体具有联系。例如,系虽然可以作为班级的属性,但是该属性仍然含有系编号与系名称等属性,因此,系也需要抽象为一个实体。

当实体和属性确定之后,需要确定实体的码。码可以是单个属性,也可以是几个属性的组合。

1.2.3.2 确定实体间联系及类型

依据需求分析的结果,确定任意两个实体之间是否有联系、是何种联系。例如,一门课程可以由多个教师讲授,而一个教师只讲一门课程,课程与教师之间的联系类型为一对多的联系($1:n$)。

1.2.3.3 画出局部 E-R 图

根据所确定的实体、属性及联系画出局部 E-R 图。

1.2.3.4 画出全局 E-R 图

局部 E-R 模型设计完成之后,下一步就是集成各局部 E-R 模型,形成全局 E-R 模型,即视图的集成。视图集成可以有两种方式：

(1) 一次集成法。将多个局部 E-R 图一次综合成一个系统的全局 E-R 图。

(2) 逐步集成法。以累加的方式每次集成两个局部 E-R 图，这样逐步集成一个系统的全局 E-R 图。

第一种方法比较复杂，做起来难度大；第二种方法可降低复杂度。在实际应用中，可以根据系统复杂性选择这两种方式。

视图集成可分成两个步骤：

(1) 合并。消除各局部 E-R 图之间的冲突，生成初步 E-R 图。

(2) 优化。消除不必要的冗余，生成基本 E-R 图。

任务 实施

(1) 确定实体。通过调查分析，了解到"学生成绩管理系统"的实体有学生、教师、课程、成绩等。

(2) 确定实体属性。

1) 学生实体主要包含学号、姓名、性别、出生日期、籍贯、民族、政治面貌、联系电话、家庭地址、班级名称、班主任、备注等属性。

2) 课程实体主要包含课程编号、课程名称、课程类别、学时、学分、学期等属性。

3) 教师实体主要包含教师编号、教师姓名、性别、职称、系名称等属性。

4) 成绩实体主要包含学号、学生姓名、课程编号、课程名称、成绩、成绩备注等属性。

(3) 确定实体中的码。

1) 学生实体中学号属性作为实体的码。

2) 课程实体中课程编号属性作为实体的码。

3) 成绩实体中由课程编号属性和学号属性共同组成实体的码。

4) 教师实体中教师编号属性作为实体的码。

(4) 确定实体之间的联系及类型。

1) 学生通过选修与课程产生多对多联系。一个学生可以选修多门课程，一门课程可以有多个学生选修。

2) 课程通过考试与成绩产生一对多联系。一门课程可以具有许多成绩，一个成绩属于一门课程。

3) 教师通过任教与课程产生多对多的联系。一个教师可以任教多门课程，一门课程可由多个教师教授。

(5) 画出局部 E-R 图。根据确定的实体、属性和联系，画出局部 E-R 图。

1) 学生实体与课程实体之间的 E-R 图，如图 1-6 所示。

2) 课程实体与成绩实体之间的 E-R 图，如图 1-7 所示。

3) 教师实体与课程实体之间的 E-R 图，如图 1-8 所示。

(6) 画出全局 E-R 图。集成各局部 E-R 模型，形成全局 E-R 模型，如图 1-9 所示。

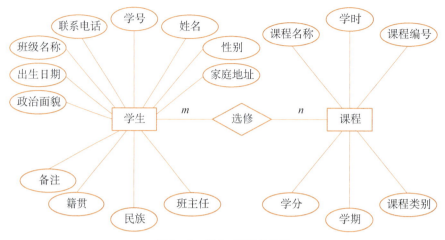

图 1-6　学生-课程 E-R 图

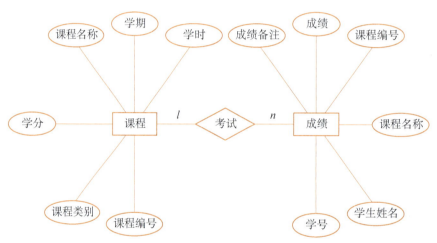

图 1-7　课程-成绩 E-R 图

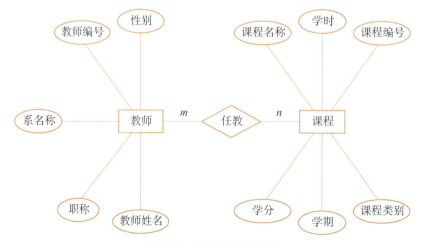

图 1-8　教师-课程 E-R 图

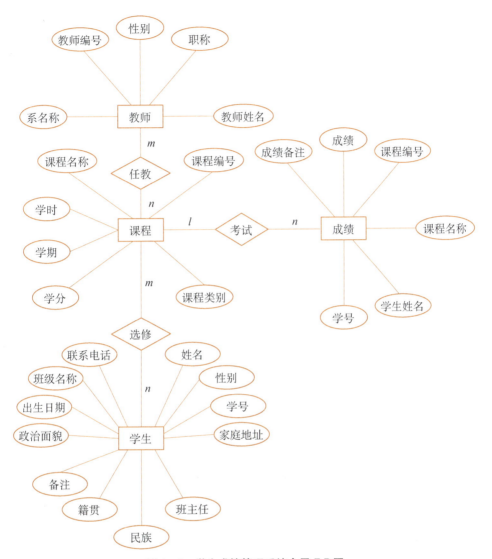

图 1-9 学生成绩管理系统全局 E-R 图

任务 总结

概念结构设计阶段是一个关键性阶段,它决定着数据库设计的成败。在此阶段设计时要分清实体和属性,其最终的成果是全局 E-R 图,不同的设计人员画出的 E-R 图有可能不相同。在此阶段最重要的是要经常和用户进行沟通,确认需求信息的正确性和完整性,用户的积极参与是数据库设计成功的关键。

任务 1.3　学生成绩管理系统的逻辑设计

任务 描述

项目小组根据学生成绩数据库概念设计阶段得到的全局 E-R 图,设计出"学生成绩管理系统"数据库的逻辑结构。

任务 分析

将概念设计阶段设计的全局 E-R 图先转换为关系模式,然后对其进行规范化,得到最终的关系模式。

完成任务的具体步骤如下:
(1) 将全局 E-R 图转换成关系模式。
(2) 对关系模式进行规范化。
(3) 设置关系模式之间联系的键。

任务 资讯

1.3.1　关系模型

为了建立用户所需要的数据库,要把所设计的概念模型转换为某个具体的 DBMS 所支持的数据模型。通常数据模型可分为网状模型、层次模型和关系模型。目前数据库系统普遍采用的数据模型是关系模型,采用关系模型作为数据组织方式的数据库系统称为关系数据库系统,这里只讨论关系数据库的逻辑设计问题。

1.3.1.1　关系模型基本概念

关系模型是用二维表结构表示实体及实体之间联系的数据模型。每个关系由它的行和列组成,见表 1-6。

现通过学生信息表来介绍关系模型的基本概念。

(1) 关系。通常将关系模型称为关系或表,一个关系对应一张表。
(2) 元组。表中除表头外的一行即为一个元组,也称为记录。
(3) 属性。表中的一列即为一个属性(或字段),每个属性都有个名称为属性名(或字段名),即表中的列名。如"学号"、"姓名"。

表 1-6　学生信息表

学号	姓名	性别	出生日期	籍贯
080101	王小勇	男	1988.10	江苏苏州

续 表

学号	姓名	性别	出生日期	籍贯
080102	黄浩	男	1988.7	江苏扬州
080103	吴兰芳	女	1989.5	江苏无锡
080104	张扬	男	1988.7	江苏镇江

(4) 码。表中的某个属性或属性组,它可以唯一确定一个元组。如表1-6中的"学号"。

(5) 域。属性的取值范围。如性别属性的域是("男","女")。

(6) 分量。元组中的一个属性值。如学号"09010108"。

(7) 关系模式。关系模式是对关系的描述,一般表示如下:

关系名(属性名1,属性名2,……,属性名n)

通常在对应属性名下面用下划线表示关系模式的码。

如学生(学号,姓名,性别,出生日期,系别,专业,年级)。

1.3.1.2 关系模型特点

关系模型的结构是二维表,但不是所有的二维表都属于关系模型,只有具有下列特点的二维表才是关系模型:

(1) 关系中的每一个属性都是不可再分的基本数据项。

(2) 每个属性的名字不能相同。

(3) 行和列的顺序无关紧要。

(4) 关系中不能存在完全相同的行。

例如,表1-7中联系方式列不是基本数据项,因它被分为"住宅电话"和"移动通讯"两列,所以,此二维表不是关系模型。

表1-7 非关系模型表

教师编号	姓名	性别	系部编号	联系方式	
				住宅电话	移动通讯
001	王少林	男	01	76547890	13815466942
002	李渊	男	02	78657946	12569435678
003	张玉芳	女	01	71234567	12535689765
……	……	……	……	……	……

如规范为关系模型,可将"联系方式"列去掉,分为"住宅电话"列和"移动通讯"列,见表1-8,此二维表是关系模型。

表1-8 关系模型表

教师编号	姓名	性别	系部编号	住宅电话	移动通讯
001	王少林	男	01	76547890	13815466942
002	李渊	男	02	78657946	12569435678

续 表

教师编号	姓名	性别	系部编号	住宅电话	移动通讯
003	张玉芳	女	01	71234567	12535689765
……	……	……	……	……	……

1.3.2 E-R 图转换为关系模式的原则

概念设计中得到的 E-R 图是由实体、属性和联系组成的,而关系数据库逻辑设计的结果是一组关系模式的集合。所以,将 E-R 图转换为关系模型实际上就是将实体、属性和联系转换成关系模式。在转换中要遵循以下原则:

(1) E-R 图中的一个实体转换为一个关系模式,实体的属性就是关系的属性,实体的码就是关系的码。

(2) E-R 图中的一个联系转换为一个关系模式,该关系的属性是联系的属性以及与该联系相关的实体的码。而关系的码则由联系的方式决定:

若联系为 1∶1,则每个实体的码均可作为该关系的码。

若联系为 1∶n,关系的码是 n 端实体的码。

若联系为 $m∶n$,关系的码是各个实体码的组合。

(3) 具有相同码的关系模式可合并。

1.3.3 关键字概念

1.3.3.1 关键字(关键码,码或键)

关键字用来唯一标识表中每一行的属性或属性组。

1.3.3.2 候选关键字(候选码)

候选关键字是可以用来作关键字的属性或属性组。一个表可以有多个候选关键字。例如,对于表 1-9 所示的系部表中的"系部编号"属性和"系部名称"属性,因为这两个属性的值在系部表中是唯一的,所以,这两个属性都是候选关键字。

表 1-9 系部表

系部编号	系部名称	系主任
01	计算机系	王朝国
02	农经系	吴庆云
03	园艺系	钱长江
……	……	……

1.3.3.3 主关键字(主键、主码)

在一个表中指定一个候选关键字为主关键字,它的值必须是唯一的,并且不允许为空值,即:主关键字属性必须要输入数据,并且其值不能有重复。例如,表 1-8 关系模型表中的"教师编号"属性和表 1-9 系部表中的"系部编号"属性,可作为表的主键。一个表必须有且只有一个主键,如果一个表中没有可作主键的属性或属性组,则在这个表中添加 ID 编号列作为主键,该列没有实际含义。

1.3.3.4 公共关键字

公共关键字就是连接两个表的公共属性。例如,系部编号为表 1-8 关系模型表和表 1-9 系部表的公共关键字。

1.3.3.5 外关键字(外键、外码)

在一个表中,一个属性它不是所在表的主键而是另一个表的主键,这个属性就是所在表的外键。通常将主键所在的表称主表(父表),外键所在的表称从表(子表)。使用外键主要是建立表和表之间的联系。例如,表 1-8 关系模型表中的"系部编号"属性就是一个外关键字,因为此属性在表 1-9 系部表中是主键而在表 1-8 关系模型中是非主键。

1.3.4 数据模型的规范化

1.3.4.1 问题的提出

通常,我们把收集来的数据存储在一个二维表中,有时会有大量数据重复出现的现象,这给以后的数据操作可能带来一些问题。表 1-10 是一个描述学生基本情况的关系模式,它存在以下问题:

表 1-10 学生基本情况表

学号	姓名	性别	出生日期	籍贯	系名称	系主任
080101	王小勇	男	1988.10	江苏苏州	计算机系	王朝国
080102	黄浩	男	1988.7	江苏扬州	计算机系	王朝国
080103	吴兰芳	女	1989.5	江苏无锡	计算机系	王朝国
080104	张扬	男	1988.7	江苏镇江	计算机系	王朝国
……	……	……	……	……	……	……

(1) 数据冗余。在关系中"系名称"和"系主任"重复出现,重复次数与系人数相同,数据冗余太大,浪费存储空间。

(2) 更新异常。"系名称"和"系主任"重复出现,在修改数据时,可能会出现遗漏、输入错误等情况,会造成数据不一致。

(3) 插入异常。如果一个系刚成立,尚无学生,就无法把这个系及其系主任的信息存入数据库。

(4) 删除异常。如果某个系的学生全部毕业了,在删除该系学生信息的同时,把这个系及其系主任的信息也丢掉了。

鉴于存在以上种种问题,说明表 1-10 不是一个好的关系模式。

1.3.4.2 关系模式规范化

为减少数据冗余,避免出现插入异常、更新异常和删除异常,通常需要把得到的关系模式进行规范化,以保证数据的正确性、一致性和存储效率。规范化主要是确定数据依赖,消除冗余的联系,确定各关系模式分别属于第几范式,确定是否要对它们进行合并或分解。

关系规范化共有 6 级,即第一范式(1NF)、第二范式(2NF)、第三范式(3NF)、BC 范式、第四范式(4NF)和第五范式(5NF)。这 6 种范式一级比一级有更严格的要求。一般将关系规范到 3NF 即可。

(1) 第一范式。一个关系的每个属性都是不可再分的基本数据项,则该关系满足第一范式。简单地说,第一范式包括下列指导原则:

1) 关系中不能有重复的属性。

2) 实体中某个属性只能存放一个值,不能有多个值。

在任何一个关系数据库中,满足第一范式是对关系的基本要求,不满足第一范式的数据库就不是关系数据库。

在表 1-11 中,同一属性出现了多个值,违反了第一范式。在表 1-12 中,因出现了重复的属性"课程编号 1"和"课程编号 2"等,所以,违反了第一范式。

表 1-11 同一属性出现多个值的成绩表

学号	课程编号	课程名称	成绩
080101	001,003	高等数学,网页制作技术	70,80
080102	001,003	高等数学,网页制作技术	79,85
080103	001,003	高等数学,网页制作技术	82,90
080104	001,003	高等数学,网页制作技术	86,89

表 1-12 出现重复属性的成绩表

学号	课程编号 1	课程名称 1	成绩 1	课程编号 2	课程名称 2	成绩 2
080101	001	高等数学	70	003	网页制作技术	80
080102	001	高等数学	79	003	网页制作技术	85
080103	001	高等数学	82	003	网页制作技术	90
080104	001	高等数学	86	003	网页制作技术	89

解决方法是消除重复的属性和一个属性存放多个值,使成绩表满足第一范式,见表 1-13。

表 1-13 满足第一范式的成绩表

学号	课程编号	课程名称	成绩
080101	001	高等数学	70
080102	001	高等数学	79
080103	001	高等数学	82
080104	001	高等数学	86
080101	003	网页制作技术	80
080102	003	网页制作技术	85
080103	003	网页制作技术	90
080104	003	网页制作技术	89

(2)第二范式。关系满足第一范式,而且它的每一个非主关键字完全依赖主关键字,则该关系满足第二范式。

所谓"完全依赖",是指不能存在仅依赖主关键字一部分的属性。

例如,在表1-14中,"学号"属性和"课程名称"属性组合组成主关键字,非主关键字"姓名"只依赖"学号"主关键字,而不依赖"课程名称"主关键字,所以,"姓名"属性只依赖部分主关键字,此关系不满足第二范式。

解决方法是将部分函数依赖关系中的主关键字和非主关键字从该关系中分离出来,组成一个新关系,将关系中余下的其他属性加上主关键字构成关系,见表1-15和表1-16。

表1-14 不满足第二范式的成绩表

学号	姓名	课程名称	成绩
080101	王小勇	高等数学	70
080101	王小勇	网页制作技术	80
080102	黄浩	高等数学	79
080102	黄浩	网页制作技术	85
080103	吴兰芳	高等数学	82
080103	吴兰芳	网页制作技术	90

表1-15 满足第二范式的成绩表

学号	课程名称	成绩
080101	高等数学	70
080101	网页制作技术	80
080102	高等数学	79
080102	网页制作技术	85
080103	高等数学	82
080103	网页制作技术	90

表1-16 学生表

学号	姓名
080101	王小勇
080102	黄浩
080103	吴兰芳

(3)第三范式。关系满足第二范式的要求,而且该表中的每一个非主关键字不传递依赖于主关键字,则该关系满足第三范式。

例如,在表1-17中,"学号"属性是主关键字,非主关键字"班主任"和"学号"之间存在通过"班级名称"进行函数依赖关系的传递,所以,该关系不满足第三范式。

消除这种函数传递依赖关系的方法是将"班级名称"和"班主任"属性从该关系中分离出来组成一个新关系,并为两个关系添加一个公共关键字"班级编号",见表1-18和表1-19。

表1-17 不满足第三范式的学生表

学号	姓名	性别	班级名称	班主任
080101	王小勇	男	08网络1班	吴刚
080102	黄浩	男	08网络1班	吴刚
080103	吴兰芳	女	08网络1班	吴刚
080104	张扬	男	08网络1班	吴刚

表1-18 满足第三范式的学生表

学号	姓名	性别	班级编号
080101	王小勇	男	08011
080102	黄浩	男	08011
080103	吴兰芳	女	08011
080104	张扬	男	08011

表1-19 班级表

班级编号	班级名称	班主任
08011	09网络1班	吴刚
08012	09网络2班	李小明
08021	09计算机1班	王鹏宇
08022	09计算机2班	吴玉芳

一个关系模式若不是第三范式,就会产生插入异常、删除异常、冗余度大等问题。

任务 实施

(1)将E-R图转换成关系模式。按照E-R图转换成关系模式原则,将"学生成绩管理系统"全局E-R图转换成如下关系模式:

学生(学号,姓名,性别,出生日期,民族,籍贯,政治面貌,班级名称,班主任,家庭地址,联系电话,备注)

课程(课程编号,课程名称,课程类别,学时,学分,学期)

成绩(学号,课程编号,学生姓名,课程名称,成绩,成绩备注)

教师(教师编号,教师姓名,性别,职称,系名称)

选修(学号,课程编号)

任教(教师编号,课程编号)

在上面的关系模式中,成绩关系模式与选修关系模式具有相同的组合码"学号"和"课程编号",所以,将二者合并为一个成绩关系模式。

(2) 对关系模式进行规范化。将得到的关系模式规范化到 3NF,以避免出现插入异常、更新异常、删除异常和冗余度大等问题。

1) 对学生表进行规范化。经分析,学生表满足 1NF 和 2NF,不满足 3NF。学生表中的主关键字是"学号","班主任"和"学号"之间存在通过"班级名称"进行函数依赖关系的传递,所以,此关系模式不满足 3NF。

解决的方法是消除这种函数传递依赖关系。将"班级名称"属性、"班主任"属性分离出来组成一个班级表,并为两个表添加一个公共关键字"班级编号"。一个学生表规范化成两个表,即学生表和班级表,如图 1-10 所示。

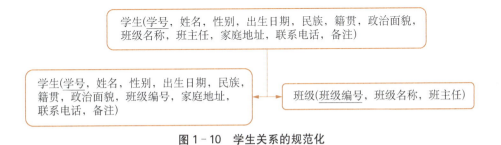

图 1-10 学生关系的规范化

2) 对课程表进行规范化。经分析,课程表满足 1NF、2NF 和 3NF。

3) 对成绩表进行规范化。经分析,成绩表满足 1NF,不满足 2NF。成绩表的主键是由"学号"和"课程编号"两个属性组成的组合主键,非主关键字有"学生姓名"、"课程名称"、"成绩"、"成绩备注",其中,"姓名"和"课程名称"属性部分依赖于主键。因"姓名"属性只依赖于主键中的"学号"属性,它与主键中的"课程编号"无关。"课程名称"属性只依赖于主键中的"课程编号"属性,它与主键中的"学号"无关,所以,成绩表不满足 2NF。

解决的方法是将"学号"属性、"姓名"属性分离出来组成一个表;将"课程编号"属性和"课程名称"属性分离出来组成另一个表。由于这两个分离出来的关系属性在学生表和课程表中已存在,所以,可删除分离出来的这两个表。将成绩表中余下的"成绩"和"成绩备注"属性与主关键字"学号"和"课程编号"属性构成一个成绩表,如图 1-11 所示。规范化后的成绩表满足 1NF、2NF 和 3NF。

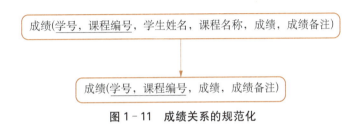

图 1-11 成绩关系的规范化

4) 对教师表进行规范化。经分析,教师表满足 1NF、2NF 和 3NF。

5) 对班级表进行规范化。经分析,班级表满足 1NF、2NF 和 3NF。

6) 对任教表进行规范化。经分析，任教表满足 1NF、2NF 和 3NF。

对规范化后的学生表、班级表、课程表、成绩表、教师表和任教表进一步地规范，发现在教师表中插入、修改、删除"系名称"属性值时可能出现数据不一致的情况，例如，有可能输入"计算机"或"计算机系"等。所以，将"系名称"分离出来组成另一个表。一个教师表规范为两个表，即教师表和系表，如图 1-12 所示。

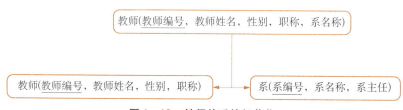

图 1-12 教师关系的规范化

（3）设置关系模式之间的联系键——外键。

为班级表和教师表分别增加外键"系编号"，以实现班级表与系表的联系和教师表与系表的联系。

经过 E-R 图转换成关系模式和对关系模式的优化，最终得到如下 7 个关系模式：

学生(<u>学号</u>,姓名,性别,出生日期,民族,籍贯,政治面貌,家庭地址,联系电话,备注,班级编号)

班级(<u>班级编号</u>,班级名称,班主任,系编号)

系(<u>系编号</u>,系名,系主任)

教师(<u>教师编号</u>,教师姓名,性别,职称,系编号)

课程(<u>课程编号</u>,课程名称,课程类别,学时,学分,学期)

成绩(<u>学号</u>,<u>课程编号</u>,成绩,成绩备注)

任教(<u>教师编号</u>,<u>课程编号</u>)

任务 总结

为了防止在以后的数据库操作中可能出现插入、更新、删除异常等情况,当将 E-R 图转换成关系模式后,必须要对关系模式进行规范化。要注意并不是规范化程度越高,系统性能就越好,因为当查询涉及两个或多个关系模式的属性时,系统经常进行连接运算,可能系统效率反而较低,所以,一般规范到 3NF 就可以了。

任务 1.4　学生成绩管理系统的物理设计

任务 描述

项目小组根据逻辑设计阶段得到的关系模式,选择 SQL Server 2008 作为 DBMS,设计学生成绩数据库的物理结构。

任务 分析

物理设计是为逻辑数据模型建立一个完整的能实现的数据库结构,包括存储结构和存取方法等,其大部分工作都由 DBMS 完成,我们需要设计的是确定数据库文件的长度和数据列的类型等。将数据库逻辑设计的关系模式转化为 SQL Server 2008 数据库系统所支持的实际数据模型——数据表对象,并形成数据库中各个表格之间的关系。

完成任务的具体步骤如下:

(1) 将关系模式转成 SQL Server 2008 表结构的形式,设置每个字段的列名、数据类型、是否为空值等。

(2) 对表进行数据完整性约束设置。

任务 资讯

1.4.1 SQL 标识符

数据库对象的名称即为标识符。它是用户定义的可识别的有特定意义的字符序列,用户定义标识符时必须符合标识符规则,否则将会出现错误。

SQL Server 标识符可划分为常规标识符与分隔标识符两类。

1.4.1.1 常规标识符

常规标识符的命名规则如下:

(1) 第一个字符必须由字母 a~z、A~Z,以及来自其他语言的字母字符或者下划线(_)、@或♯构成。后续字符可以是 Unicode 标准字符集中定义的字母、十进制数字、基本拉丁字符、符号(♯、_、@、$)。

(2) 在定义标识符时,不能占用 T-SQL 的保留字。

(3) 在标识符中不能含有空格或其他的特殊字符。

(4) 标识符中的字符数量不能超过 128 个。

1.4.1.2 分隔标识符

对于不符合常规标识符的命名规则的标识符,必须用分隔标识符,即用方括号或双引号进行分隔。

分隔标识符主要适用于以下两种情况:

(1) 当对象名称中包含有 SQL Server 的保留字时,需要使用分隔标识符。如[ORDER]、[VIEW]等。

(2) 当对象名称中使用了未列入限定字符的字符时(如空格),或当关键字作为名称的一部分时,需要使用分隔标识符。如[Person NAME]、[My Table]。

1.4.1.3 标识符的命名法则

(1) 尽可能使标识符反映出对象本身所蕴含的意义或类型。

(2) 尽可能使用最简短的标识符。

(3) 命名时，尽量使用清晰自然的名字命名。

1.4.2 SQL Server 系统数据类型

SQL Server 2008 提供了一系列系统定义的数据类型，系统数据类型是 SQL Server 预先定义好的，可以直接使用。SQL Server 2008 常用数据类型见表 1-20。

表 1-20 常用数据类型

数据类型			描 述
数字类型	整型数据	bigint	取值范围最大的整型数据，其存储空间为 8 个字节
		int	最常用的整数类型，其存储空间为 4 个字节
		smallint	取值范围−32 768～32 767，其存储空间为 2 个字节
		tinyint	取值范围 0～255，其存储空间为 1 个字节
	小数数据	decimal numeric	decima[(p[,s])]和 numeric[(p[,s])]表示定点精度和小数位数，有效值从−10^38+1～10^38−1；p 表示精度，s 表示小数位数
	近似数据	float	−1.79E−308～1.79E+308 之间的浮点数字数据
		real	−3.40E−38～3.40E+38 之间的浮点数字数据，存储大小为 4 字节
	货币数据	money	取值范围较大的货币数据类型，存储空间为 8 个字节
		smallmoney	取值范围较小的货币数据类型，存储空间为 4 个字节
字符类型	ASCII 数据	char(n)	char(n)表示长度为 n 个字节的固定长度的字符数据，n 取值 1～8 000；存储大小为 n 个字节
		varchar(n)	varchar(n)表示长度为 n 个字节的可变长度的字符数据，n 取值 1～8 000；存储大小为输入数据的字节的实际长度
		text	可变长度的字符数据，用于存储大于 8 KB 的 ASCII 字符
	Unicode 数据	nchar(n)	nchar(n)表示包含 n 个字符的固定长度的 Unicode 字符数据，n 取值 1～4 000；存储大小为 n 字节的两倍
		nvarchar(n)	nvarchar(n)表示包含 n 个字符的可变长度的 Unicode 字符数据，n 取值 1～4 000；字节的存储大小是所输入字符个数的两倍
		ntext	可变长度的 Unicode 字符数据，数据的最大长度为 $2^{30}-1$ 个字符
日期和时间类型		datetime	datetime 日期范围为 1753 年 1 月 1 日至 9999 年 12 月 31 日，精度为 3.33 毫秒；存储空间为 8 个字节

续 表

数据类型		描 述
	smalldatetime	日期范围为 1900 年 1 月 1 日至 2079 年 6 月 6 日,精度为 1 分钟;存储空间为 4 个字节
	date	保存日期数据,默认的格式为 YYYY-MM-DD
	time	保存时间数据,其精度可以达到 100 纳秒
位类型	bit	可以取值为 1 或 0,一般用作判断
二进制类型	binary(n)	binary(n)表示固定长度的 n 个字节二进制数据,n 取值 1~8 000
	varbinary(n)	varbinary(n)表示 n 个字节变长二进制数据,n 取值 1~8 000
	image	image 数据类型的列可以用来存储超过 8 KB 的可变长度的二进制数据,如图像、图形、word 文档、excel 文档等
其他类型	Cursor, sql_variant, table, timestamp, uniqueidentifier, XML, hierarchyid	

说明:

数字类型中的数字可以参加各种数学运算。

字符类型主要用来存储由字母、数字和其他特殊符号组成的字符串。在引用字符串时要用单引号括起来。

字符类型的数据分为两类:一类 ASCII 数据主要存储 ASCII 字符,另一类是 Unicode 数据主要存储 Unicode 字符,一个 Unicode 字符其存储空间是 ASCII 字符的两倍。

字符类型中有固定长度的字符数据,如 char(n)、nchar(n);有可变长度的字符数据,如 varchar(n)、nvarchar(n)。二者的区别在于存放固定长度的 n 个字符数据,若输入字符长度不足 n 时,则用空格补足。而可变长度的 n 个字符数据则按输入字符实际长度存储。

其他类型。使用这些数据类型可以完成特殊数据对象的定义、存储和使用。

以上是系统数据类型,在实际应用中,有时这些数据类型不能满足实际需要。因此,SQL Server 也提供了用户自定义数据类型的功能。

1.4.3 数据完整性

数据完整性是指数据的准确性和一致性。利用数据完整性限制数据库表中输入的数据,减少数据输入错误的机会,来防止数据库中存在不正确的数据。关系模型中有 3 类完整性约束:实体完整性、参照完整性(引用完整性)和用户自定义完整性。

(1) 实体完整性。规定表中必须有一个主键,而使表中每一条记录都是唯一的。例如,学生表中以"学号"为主键。

(2) 参照完整性。用于保证相关联的表之间数据的一致性。其作用表现在如下 3 个方面:

1) 禁止向外键列中插入主键列中没有的值。

2) 禁止修改外键列值,而不修改主键列的值。

3) 禁止先从主键列所属的表中删除数据行。

例如，向成绩表中添加某门课程的成绩，这门课程必须在课程表中存在。

（3）用户自定义完整性。用于限制用户向表中列输入的数据，它是一种强制性的数据定义。例如，成绩列的值在 0～100 之间。

任务 实施

将逻辑设计阶段设计的关系模式根据 SQL Server 的特点设计出表中的字段及每个字段的列名、数据类型、长度、是否为空值和完整性约束等。在为表和表的字段命名时要符合标识符规则，最后设计出的表结构见表 1-21 至表 1-27。

表 1-21 Student 表结构

字段名称	别名	数据类型	长度	是否允许空值	说明
S_id	学号	char	10	否	主键，"2 位入学年份＋2 位系编号＋4 位班级序号＋2 位个人序号"
S_name	姓名	char	10	否	
S_sex	性别	char	2	是	取值"男"、"女" 默认"女"
Born_date	出生日期	smalldatetime		是	
nation	民族	char	10	是	默认"汉"
place	籍贯	char	16	是	
politic	政治面貌	char	10	是	默认"团员"
tel	联系电话	char	20	是	
address	家庭住址	varchar	40	是	
Class_id	班级编号	char	8	否	外键
resume	备注	varchar	100	是	

表 1-22 Class 表结构

字段名称	别名	数据类型	长度	是否允许空值	说明
Class_id	班级编号	char	8	否	主键，"2 位入学年份＋2 位系编号＋4 位班级序号"
Class_name	班级名称	char	30	否	不能有重复值
tutor	班主任	char	10	是	
Dept_id	系编号	char	2	否	外键

表 1-23 Dept 表结构

字段名称	别名	数据类型	长度	是否允许空值	说明
Dept_id	系编号	char	2	否	主键
Dept_name	系名称	varchar	30	否	不能有重复值
Dept_head	系主任	char	10	是	

表 1-24 Course 表结构

字段名称	别名	数据类型	长度	是否允许空值	说明
C_id	课程编号	char	6	否	主键,"2 位学年+2 位系编号+2 位课程序号"
C_name	课程名称	char	20	否	
C_type	课程类型	char	10	是	
period	学时	int		是	非负数
credit	学分	int		是	非负数
semester	学期	char	11	否	

表 1-25 Score 表结构

字段名称	别名	数据类型	长度	是否允许空值	说明
S_id	学号	char	10	否	主键
C_id	课程编号	char	6	否	主键
grade	成绩	int		是	取值范围 0～100
resume	成绩备注	varchar	40	是	

表 1-26 Teacher 表结构

字段名称	别名	数据类型	长度	是否允许空值	说明
T_id	教师编号	char	4	否	主键
T_name	姓名	char	8	否	
T_sex	性别	char	2	是	取值"男"、"女"
title	职称	char	10	是	
Dept_id	系编号	char	2	是	外键

表 1-27 Teach 表结构

字段名称	别名	数据类型	长度	是否允许空值	说明
T_id	教师编号	char	4	否	主键
C_id	课程编号	char	6	否	主键

任务总结

数据库的物理结构主要是指数据库的存储结构和存取方法等,它依赖所使用的数据库管理系统。数据的存储决定了数据库占用多少存储空间,数据的处理决定了操作时间的效率。所以,数据库的物理设计目标是提高数据库的性能和有效地利用存储空间。

拓展训练

一、选择题

1. 数据库管理系统的英文缩写是(　　)。
   A. DBMS B. DBS
   C. DBA D. DB
2. SQL Server 2008 是一个(　　)的数据库管理系统。
   A. 网状型 B. 层次型
   C. 关系型 D. 以上都不是
3. 数据库系统是采用了数据库技术的计算机系统,数据库系统由数据库、数据库管理系统、应用系统和(　　)组成。
   A. 系统分析员 B. 程序员
   C. 数据库管理员 D. 操作员
4. 数据库(DB)、数据库系统(DBS)和数据库管理系统(DBMS)之间的关系是(　　)。
   A. DBS 包括 DB 和 DBMS B. DBMS 包括 DB 和 DBS
   C. DB 包括 DBS 和 DBMS D. DBS 就是 DB,也就是 DBMS
5. 在概念模型中,客观存在并可相互区别的事物称(　　)。
   A. 实体 B. 元组
   C. 属性 D. 节点
6. 公司中有多个部门和多名职员,每个职员只能属于一个部门,一个部门可以有多名职员,部门和职员的联系类型是(　　)。
   A. 多对多 B. 一对一
   C. 多对一 D. 一对多
7. 概念设计是整个数据库设计的关键,它通过对用户需求进行综合、归纳与抽象,形成一个独立于具体数据库管理系统的(　　)。
   A. 数据模型 B. 概念模型
   C. 层次模型 D. 关系模型
8. 在概念设计阶段,表示概念结构的常用方法和描述工具是(　　)。
   A. 层次分析法和层次结构图 B. 数据流程分析法和数据流程图
   C. 实体-联系方法(E-R 图) D. 结构分析法和模块结构图
9. 下面的选项不是关系数据库基本特征的是(　　)。
   A. 不同的列应有不同的数据类型 B. 不同的列应有不同的列名

C. 与行的次序无关 D. 与列的次序无关

10. 在关系数据库设计中,对关系进行规范化处理,使关系达到一定的范式,如达到 3NF,这是(　　)阶段的任务。
    A. 需求分析阶段 B. 概念设计阶段
    C. 物理设计阶段 D. 逻辑设计阶段

11. 在进行数据库设计时,对表做规范化设计一般规范到(　　)就足够了。
    A. 第一范式 B. 第二范式
    C. 第三范式 D. 第四范式

12. 在进行数据库设计时,设计者应当按照数据库的设计范式进行数据库设计,以下关于三大范式说法错误的是(　　)。
    A. 第一范式的目标是确保每列的原子性
    B. 第三范式在第二范式的基础上,确保表中的每行都和主键相关
    C. 第二范式在第一范式的基础上,确保表中的每列都和主键相关
    D. 第三范式在第二范式的基础上,确保表中的每列都和主键直接相关,而不是间接相关

13. 关于主键描述正确的是(　　)。
    A. 包含一列 B. 包含两列
    C. 包含一列或者多列 D. 以上都不正确

14. 一个关系候选码可以有 1 个或多个,而主码有(　　)。
    A. 多个 B. 0 个
    C. 1 个 D. 1 个或多个

15. 如果在一个关系中存在某个属性,虽然不是该关系的主码,却是另一个关系的主码时,称该属性为这个关系的(　　)。
    A. 候选码 B. 主码
    C. 外码 D. 连接码

16. 现有关系:学生(学号,姓名,课程号,系号,系名,成绩),为消除数据冗余,至少需要分解为(　　)。
    A. 1 个表 B. 2 个表
    C. 3 个表 D. 4 个表

17. 从 E-R 图导出关系模式时,如果实体间的联系是 $M:N$,下列说法中正确的是(　　)。
    A. 将 N 方码和联系的属性纳入 M 方的属性中
    B. 将 M 方码和联系的属性纳入 N 方的属性中
    C. 增加一个关系表示联系,其中纳入 M 方和 N 方的码
    D. 在 M 方属性和 N 方属性中均增加一个表示级别的属性

18. SQL Server 的字符型系统数据类型主要包括(　　)。
    A. int、money、char B. char、varchar、text
    C. datetim D. char、varchar、int
    E. binary、int

19. 关系数据规范化是为解决关系数据中(　　)问题而引入的。

A. 插入、删除和数据冗余 B. 减少数据操作的复杂性
C. 保证数据的安全性和完整性 D. 提高查询速度
20. 关于数据库的设计范式，以下说法错误的是（　　）。
A. 数据库的设计范式有助于规范化数据库的设计
B. 数据库的设计范式有助于减少数据冗余
C. 设计数据库时，在对表做规范化设计时，一般规范到 3NF 就可以满足需要
D. 设计数据库时，一定要严格遵守设计范式，满足的范式级别越高，系统性能就越好

二、填空题

1. ＿＿＿＿是数据库系统的核心，它负责数据库的配置、存取、管理和维护等工作。
2. 数据库是指长期存放在计算机内的、有组织的、可共享的相关＿＿＿＿的集合。
3. 数据库数据具有＿＿＿＿、＿＿＿＿和＿＿＿＿3 个基本特点。
4. ＿＿＿＿是目前最常用也是最重要的一种数据模型。采用该模型作为数据组织方式的数据库系统称为＿＿＿＿。
5. 在数据库运行阶段，对数据库经常性的维护工作主要是由＿＿＿＿完成的。
6. 关系数据模型中，二维表的列称为＿＿＿＿，二维表的行称为＿＿＿＿。
7. 用户可以在表中选一个候选码为＿＿＿＿，其属性值不能为＿＿＿＿。
8. 已知系(系编号,系名称,系主任,电话,地点)和学生(学号,姓名,性别,入学日期,专业,系编号)两个关系,系关系的主码是＿＿＿＿,系关系的外码是＿＿＿＿,学生关系的主码是＿＿＿＿,学生关系的外码是＿＿＿＿。
9. 实体之间的联系有＿＿＿＿、＿＿＿＿、＿＿＿＿3 种。
10. E-R 模型是对现实世界的一种抽象，它的主要成分是＿＿＿＿、属性和＿＿＿＿。
11. ＿＿＿＿是数据库中存放数据的基本单位。
12. 域是实体中相应属性的＿＿＿＿，性别属性的域包含有＿＿＿＿两个值。
13. 在一个关系中不允许出现重复的＿＿＿＿，也不允许出现具有相同名字的＿＿＿＿。
14. 主码是一种＿＿＿＿码，主码中的＿＿＿＿个数没有限制。
15. 若一个关系为 R(学号,姓名,性别,年龄),则＿＿＿＿可以作为该关系的主码,姓名、性别和年龄为该关系的＿＿＿＿属性。
16. 一个多对多联系转换为一个关系模式,该关系模式的码为＿＿＿＿。
17. 数据完整性是指数据的＿＿＿＿和＿＿＿＿。
18. 数据完整性的类型有＿＿＿＿完整性、＿＿＿＿完整性和用户定义完整性。

三、简答题

1. 什么是数据库管理系统？它的主要功能是什么？
2. 数据库设计步骤包括哪几个阶段？各阶段的主要任务是什么？
3. 什么是关系？其主要特点是什么？
4. E-R 模型转化为关系模式应遵循的原则是什么？
5. 什么是数据库的完整性？主要包括哪些内容？

工作任务单

表 1-28 工作任务单 1

名称	社区图书管理系统数据库设计		序号	1
任务目标	① 基本掌握数据库结构设计的整体流程 ② 培养学生的沟通、团结协作能力和自主学习能力			
项目描述	图书管理是一项繁琐而复杂的工作,现某社区图书室想开发一个图书管理系统软件来辅助图书的管理工作;这样可方便图书的管理,减少图书管理员的工作量,提高管理效率;请设计社区图书管理系统后台数据库的结构			
工作要求	① 按时按质提交项目 ② 符合使用习惯			
工作条件	① 装有 Windows XP 和多媒体软件的计算机系统 ② 软件安装工具包 ③ 必要的参考资料			
任务完成方式	" "小组协作完成," "个人独立完成			
工作流程		注意事项		
		① 注意按照操作流程进行 ② 遵守机房操作规范		

考核标准(技能和素质考核)

1. 专业技能考核标准(占 90%)

项目	考核标准	考核分值	备注

2. 学习态度考核标准(占 10%)

考核点及占项目分值比	建议考核方式	评价标准		
		优(85~100 分)	中(70~84 分)	及格(60~79 分)
实训报告书质量	教师	认真总结实训过程,发现和解决问题;认真按照要求项目填写;书面整洁,字迹清楚	认真总结实训过程,发现和解决问题;按照要求项目填写;书面整洁,字迹清楚	不认真总结实训得失;基本按照要求项目填写;书面不整洁,字迹一般
工作职业道德	教师	安全文明工作,具有良好的职业操守;爱护计算机等公共设施;按照布置的工作任务和要求去完成	安全文明工作,职业操守较好;爱护计算机等公共设施;基本按照布置的工作任务和要求去完成	安全文明工作,具有良好的职业操守;基本爱护计算机等公共设施;基本按照布置的工作任务和要求去完成

续 表

考核点及占项目分值比	建议考核方式	评价标准		
		优(85~100分)	中(70~84分)	及格(60~79分)
团队合作精神	教师	具有良好的团队合作精神,热心帮助小组其他成员;能与团队成员有效沟通;能合理分配小组成员工作任务	具有良好的团队合作精神,热心帮助小组其他成员;能合理分配小组成员工作任务;基本能与团队成员有效沟通	具有良好的团队合作精神,热心帮助小组其他成员;基本能合理分配小组成员工作任务;基本能与团队成员有效沟通
语言沟通能力	教师	能用专业语言正确流利地展示项目成果;能准确地回答教师提出的问题	能用专业语言正确流利地展示项目成果;基本能准确地回答教师提出的问题	基本能用专业语言正确流利地展示项目成果;基本能准确地回答教师提出的问题

3. 完成情况评价

自我评价	
小组评价	
教师评价	
问题与思考	

数据库系统实现

教学导航

表 2-1 教学导航 2

能力目标	① 能自己安装和配置 SQL Server 2008 ② 能使用数据库管理工具操纵 SQL Server 2008 ③ 能用不同的方法创建"学生成绩管理系统"数据库 ④ 能管理"学生成绩管理系统"数据库 ⑤ 能创建、修改和删除"学生成绩管理系统"数据表 ⑥ 能对"学生成绩管理系统"数据库中的表进行录入、删除和修改数据操作
知识目标	① 掌握 SQL Server 2008 数据库的安装、数据库管理系统配置和管理工具的使用 ② 掌握创建"学生成绩管理系统"数据库 ③ 掌握管理"学生成绩管理系统"数据库 ④ 熟悉 SQL Server 2008 数据库中文件和文件组的相关概念 ⑤ 掌握创建"学生成绩管理系统"数据表 ⑥ 掌握管理"学生成绩管理系统"数据表
职业素质目标	① 培养获取必要知识的能力 ② 培养团队协作的能力 ③ 培养沟通能力
教学方法	项目教学法、任务驱动法
考核项目	见工作任务单 2-1 和 2-2
考核形式	过程考核
课时建议	16 课时(含课堂同步实践)

任务 2.1　SQL Server 2008 的安装和配置

任务引入

宏进电脑公司在经过充分的需求分析后,"学生成绩管理系统"项目设计进入了系统数据库的物理实现阶段。先要选择一个合适的数据库管理系统,才能在这个平台上进行相应的数据库物理设计和实现,它涉及以下内容:安装和配置数据库管理系统,通过数据库管理工具操纵数据库,创建和管理"学生成绩管理系统"数据库,创建和管理"学生成绩管理系统"数据表。

任务 描述

宏进电脑公司在前面需求分析的基础上,选择了微软公司的 SQL Server 2008,创建"学生成绩管理系统",并在江扬职业技术学院的服务器上进行了安装和配置。

任务 分析

项目组根据学校软硬件以及今后系统的维护等实际情况,选择了 SQL Server 2008 作为数据库管理系统,并在一台服务器上安装好 SQL Server 2008。

完成任务的具体步骤如下:
(1) 安装 SQL Server 2008。
(2) 配置 SQL Server 2008。
(3) 使用 SQL Server 2008 管理工具。

任务 资讯

2.1.1 常用数据库

在数据库技术日益发展的今天,主流数据库代表成熟的数据库技术,了解常用的数据库,就能知道当前数据库技术发展的程度,以及未来的发展趋势。

20 世纪八九十年代是关系数据库产品发展和竞争的时代。在市场逐渐淘汰了第一代数据库系统的大局下,SQL Server、Oracle、DB2、MySQL 等一批很有实力的关系数据库产品走到了主流商用数据库的位置。

2.1.1.1 Oracle 简介

Oracle 是甲骨文(Oracle)公司的数据库产品,是目前世界上使用最为广泛的数据库管理系统。作为一个通用的数据库系统,它具有完整的数据管理功能;作为一个关系数据库,它是一个完备关系的产品;作为分布式数据库,它实现了分布式处理功能。它的所有知识,只要在一种机型上学习了,便能在各种类型的机器上使用。

Oracle 数据库系统是世界上最好的数据库系统,20 世纪 90 年代末期,随着网络浪潮的到来,Oracle 推出了更新的版本(9i),全面支持 Internet 应用,在企业级的领域内保持自己的优势;不久之后,Oracle 10g 问世,它是业界第一个完整的智能化的新一代 Internet 基础架构,可用于快速开发使用 Java 和 XML 语言的互联网应用和 Web 服务;2007 年 7 月宣布推出的数据库 Oracle 11g 是 Oracle 数据库的最新版本。

2.1.1.2 DB2 简介

DB2 是 IBM 公司的产品,起源于 System R 和 System R*。它支持从 PC 到 UNIX,从

中小型机到大型机，从 IBM 到非 IBM(HP 及 Sun UNIX 系统等)各种操作平台。它既可以在主机上以主/从方式独立运行，也可以在客户/服务器环境中运行。

DB2 数据库核心又称作 DB2 公共服务器，可以运行于多种操作系统之上，并分别根据相应平台环境作了调整和优化，以便能够达到较好的性能，但是，DB2 服务器端的最佳运行环境还是 IBM 自己的操作系统平台 OS/400。由于 IBM 公司在商用服务器领域内的长期优势，在全球 500 强的企业中，超过 80% 的企业使用过 DB2 作为数据库平台。

2.1.1.3　MySQL 简介

MySQL 是一种开放源代码的关系型数据库管理系统(RDBMS)，MySQL 数据库系统使用最常用的数据库管理语言——结构化查询语言(SQL)进行数据库管理。MySQL 因为其速度、可靠性和适应性而备受关注。大多数人都认为在不需要事务化处理的情况下，MySQL 是管理内容最好的选择。

MySQL 数据库使用系统核心提供的多线程机制提供完全的多线程运行模式，MySQL 和 PHP 的结合绝对完美，很多大型的网站也用到 MySQL 数据库。

2008 年 1 月 16 日，MySQL 被 Sun 公司收购。2009 年 4 月 20 日，Sun 公司又被 Oracle 公司收购。MySQL 已成为全球最受欢迎的开源数据库，Oracle 收购后也必须顺应市场的潮流、顺应客户的需求。

2.1.1.4　SQL Server 2008 简介

SQL Server 起源于 Sybase SQL Server，是由 Microsoft 公司开发和推广的关系数据库管理系统，最初由 Microsoft、Sybase 和 Ashton-Tate 3 家公司共同开发，并于 1988 年推出了第一个 OS/2 版本。以下是 Microsoft 公司推出的 SQL Server 的 5 个版本和日期。

(1) 1996 年：SQL Server 6.5。

(2) 1998 年：SQL Server 7.0。

(3) 2000 年：SQL Server 2000。

(4) 2005 年：SQL Server 2005。

(5) 2008 年：SQL Server 2008。

SQL Server 2008 是 2008 年正式发布的一个 SQL Server 版本，它在 SQL Server 2005 的基础上进行开发，不仅对原有的功能进行了改进，而且增加了许多新的特性，如新添加了数据集成功能，改进了分析服务、报告服务以及 Office 集成等，使其成为至今为止最强大、最全面的 SQL Server 版本。SQL Server 2008 将提供更高、更安全、更具延展性的管理能力，从而成为一个全方位企业资料、数据的管理平台，这个平台拥有以下 3 个特点：

(1) 可信任。使得公司可以以很高的安全性、可靠性和可扩展性来运行它们最关键的应用程序。

(2) 高效率。使得公司减少开发和管理数据基础设施的时间和成本。

(3) 智能化。提供了一个全面的平台，可以在用户需要的时候发送观察信息。

SQL Server 2008 提供的主要版本有：

(1) 企业版(SQL Server 2008 Enterprise Edition)。这是最全面的版本，支持所有的 SQL Server 2008 提供的功能，能够满足大型企业复杂的业务需求。

(2) 开发版(SQL Server 2008 Developer Edition)。它覆盖了企业版所有的功能，但是，只允许作为开发和测试系统，不允许作为生产系统。

（3）标准版（SQL Server 2008 Standard Edition）。它适合于中小型企业的需求，在价格上比企业版有优势。

（4）工作组版（SQL Server 2008 Workgroup Edition）。对于那些在大小和用户数量上没有限制的数据库的小型企业，该版本是理想的数据管理解决方案。它可以用作前端 Web 服务器，也可以用于部门或分支机构的运营。

（5）免费版（SQL Server 2008 Express）。SQL Server 2008 Express 是一个产品的入门级版本，确实有其局限性，不过仍然是值得信赖的数据库。在微软的 VS 2008 和 VS 2010 中，集成了该版本。

在设计上，SQL Server 大量利用了 Windows 操作系统的底层结构，尤其是 NT 内核系列服务器的操作系统。它基本上不能移植到其他操作系统上，就算勉强移植，也无法发挥很好的性能。

SQL Server 作为一个商业化的产品，它的优势是微软产品所共有的易用性。微软所有的产品都遵循相似、统一的操作习惯，一个对数据库基本概念熟悉的 Windows 用户，可以很快地学会使用 SQL Server，上手比较容易；Windows 系统的易用性，也让数据库管理员可以更容易、更方便、更轻松地进行管理。

2.1.2 SQL Server 2008 管理工具

SQL Server 2008 安装后，为系统提供了大量的管理工具，在开始菜单中可以查看安装了哪些工具。通过这些管理工具可以对系统实现快速、高效的管理；另外，还可以使用这些图形化工具和命令实用工具进一步配置 SQL Server 2008。SQL Server 2008 中的管理工具，见表2-1。

表2-2 SQL Server 管理工具

管 理 工 具	说　　明
SQL Server Management Studio	对象资源管理器，用于编辑和执行查询，并用于启动标准向导任务
SQL Server Profiler	提供用于监视 SQL Server 数据库引擎实例
数据库引擎优化顾问	可以协助创建索引、索引视图和分区的最佳组合
SQL Server Business Intelligence Development Studio	用于 Anlysis Services、Integration Services 和 Reporting Services 项目在内的商业解决方案的集成环境
Reporting Services 配置管理器	提供报表服务器配置的统一的查看、设置和管理方式
SQL Server 配置管理器	管理服务器和客户端网络配置设置
SQL Server 安装中心	安装、升级或更改 SQL Server 2008 实例中的组件
SQL Server 联机丛书	有关 SQL Server 的电子帮助资料系统

任务　实施

（1）SQL Server 2008 安装和配置。用户可以根据不同的需求选择合适的版本进行安装,这里我们以 Windows XP 操作系统作为工作平台(其他操作系统差别不大),介绍 SQL Server 2008 开发版的安装步骤。

1) 插入自动运行的光盘或双击已经下载的 SQL Server 2008 安装程序中的 setup.exe,进入"SQL Server 安装中心",如图 2-1 所示。默认选中的是"计划"选项页,从中可以查看 SQL Server 2008 安装时对软、硬件的要求,以及各项与安装升级有关的帮助信息。

提示:.NET Framework 3.5 是微软公司推出的应用程序开发的框架平台。如果系统没有安装.NET Framework 3.5,SQL Server 2008 安装程序会要求先安装.NET Framework 3.5。若安装文件是镜像文件(如 iso 文件),请自行安装虚拟光驱软件(如 Daemon Tools 或者 UltraISO)加载镜像文件,运行 setup.exe。如果是 Windows 7 系统的话,运行 setup.exe 后会出现如图 2-2 所示画面,勾上"不再显示此消息"复选框,点击"运行程序"就可以了。

图 2-1 "SQL Server 安装中心"对话框

图 2-2 "Windows 7 系统下兼容性问题"对话框

2) 在"SQL Server 安装中心"界面中,单击左侧的"安装"选项页,显示相应安装信息,如图 2-3 所示。

图 2-3 "SQL Server 安装中心-安装"对话框

3) 单击"全新 SQL Server 独立安装或向现有安装添加功能"项,进入"安装程序支持规则"对话框,如图 2-4 所示。

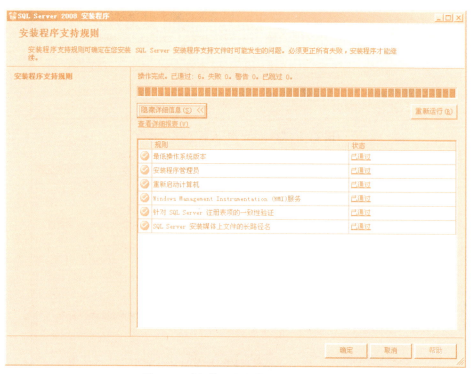

图 2-4 "安装程序支持规则"对话框

提示： 如果本机已安装有 SQL Server 2000 或 SQL Server 2005 版本的话，可通过升级的方式来实现安装。

4) 进行相关操作检查，如果全部通过，单击【确定】按钮，进入"安装程序支持文件"对话框，如图 2-5 所示。

图 2-5 "安装程序支持文件"对话框

5) 继续单击【安装】按钮，回到"安装程序支持规则"对话框，如图 2-6 所示。

图 2-6 "安装程序支持规则"对话框

6) 单击【下一步】按钮,进入"安装类型"对话框,选择"执行 SQL Server 2008 的全新安装"单选按钮,如图 2-7 所示。

图 2-7 "安装类型"选择对话框

7) 单击【下一步】按钮,进入"产品密钥"对话框中,选择"输入产品密钥"单选按钮,然后输入产品密钥,如图 2-8 所示。

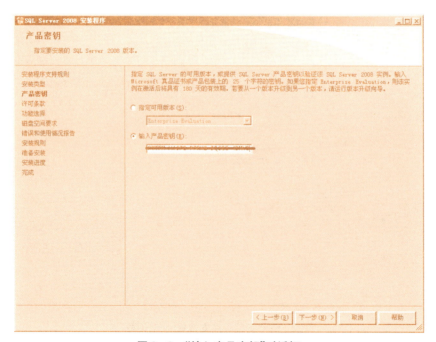

图 2-8 "输入产品密钥"对话框

8) 单击【下一步】按钮,在"许可条款"对话框中,选择"我接受许可条款"复选框,如图2-9所示。

图2-9 "许可条款"对话框

9) 单击【下一步】按钮,进入"功能选择"对话框中,单击【全选】按钮,选中所有要安装的内容,如图2-10所示,然后单击【下一步】按钮。

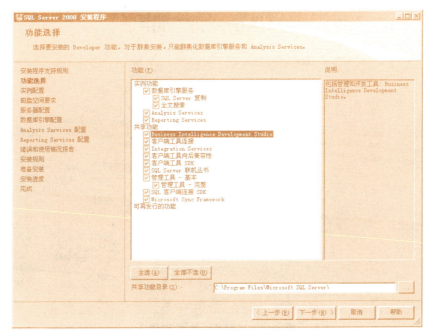

图2-10 "功能选择"对话框

提示：根据自己的需要选择相应功能。如果只是学习的话，建议勾选数据库引擎服务、Business Intelligence Development Studio、客户端工具连接、SQL Server 联机丛书、客户端工具 SDK、管理工具-基本和完整。如果觉得自己硬盘够大，全部勾选也可以。

10) 在"实例配置"对话框中，选择"默认实例"单选按钮，其他采用默认设置，如图 2-11 所示，单击【下一步】按钮。

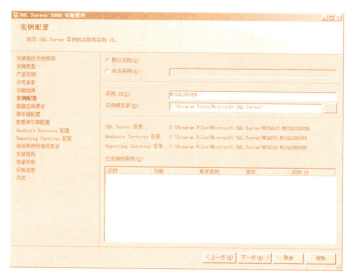

图 2-11 "实例配置"对话框

11) 在"磁盘空间要求"对话框中，单击【下一步】按钮，进入"服务器配置"对话框。在"服务帐户"选项页中，给每个服务选择帐户名"NT AUTHORITY \ NETWORK SERVICE"，并对启动类型进行设置。也可直接选择"对所有 SQL Server 服务使用相同的帐户"按钮进行设置，如图 2-12 所示，然后单击【下一步】按钮。

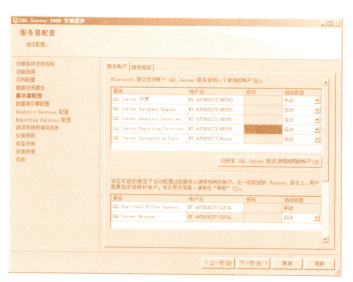

图 2-12 "服务器配置"对话框

12) 在"数据库引擎配置"对话框中,单击"帐户设置"选项页,选择身份验证模式为"混合模式",并设置"内置的 SQL Server 系统管理员帐户"的密码,单击"指定 SQL Server 管理员"的【添加】按钮,弹出"选择用户或组"对话框。在"选择用户或组"对话框中的"输入对象名称来选择"栏中输入"Administrator",单击【检查名称】按钮,显示"＊＊＊\Administrator",可以设置数据库引擎的帐户设置、数据目录和 FILESTREAM 等项,如图 2-13 所示。

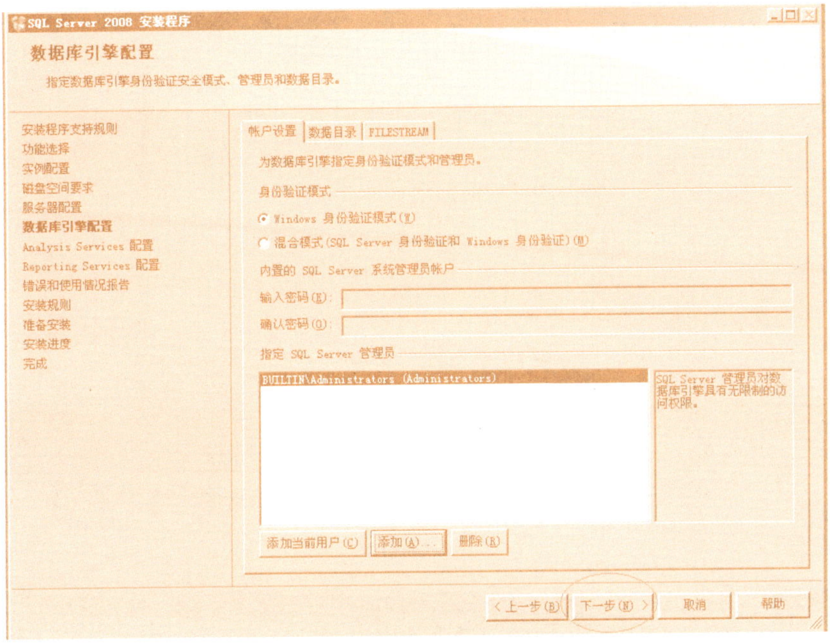

图 2-13 "数据库引擎配置"对话框

提示: 在"帐户设置"选项卡中选择身份验证模式。身份验证模式是一种安全模式,用于验证客户端与服务器的链接,有 Windows 身份验证模式和混合模式两个选项。这里选择"混合模式",并为内置的系统管理员帐户"sa"设置密码,为了便于介绍,这里密码设为"123456",在实际操作过程中,密码要尽量复杂以提高安全性。单击【添加当前用户】按钮,添加当前 Windows 帐户为 SQL Server 管理员。

13) 单击【下一步】按钮,进入"Analysis Services 配置"对话框中,用同样的方法添加"Administrator"用户,如图 2-14 所示。

14) 单击【下一步】按钮,进入"Reporting Services 配置"对话框,选择"安装本机模式默认配置",如图 2-15 所示。

15) 单击【下一步】按钮,进入"错误和使用情况报告"对话框,如图 2-16 所示。

16) 单击【下一步】按钮,进入"安装规则"操作检查对话框,通过检查后,继续单击【下一步】按钮,进入"准备安装"对话框,如图 2-17 所示。

17) 单击【安装】按钮进行系统安装,进入"安装进度"对话框,如图 2-18 所示。

18) 等待一段时间后安装完成,窗口中将显示已经成功安装的功能组件,如图 2-19 所示。

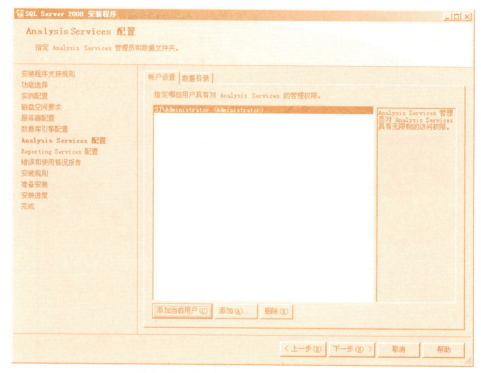

图 2-14 "Analysis Services 配置"对话框

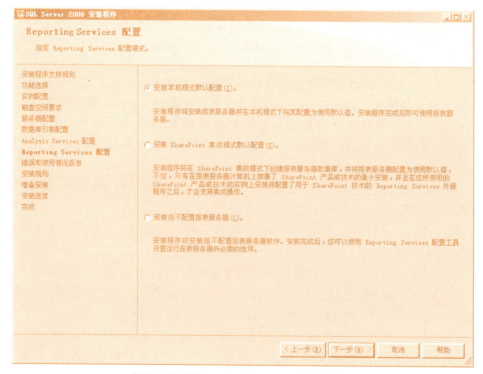

图 2-15 "Reporting Services 配置"对话框

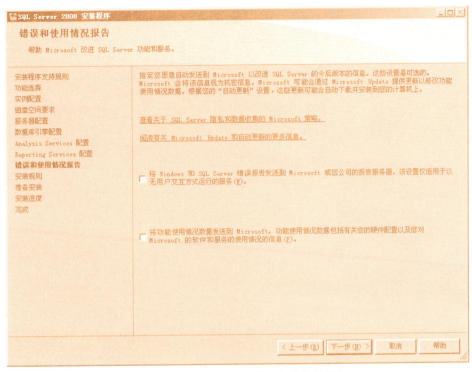

图 2-16 "错误和使用情况报告"对话框

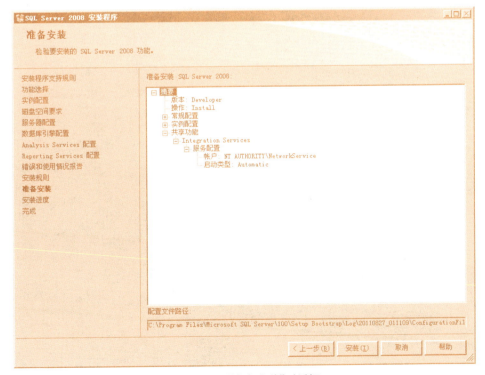

图 2-17 "准备安装"对话框

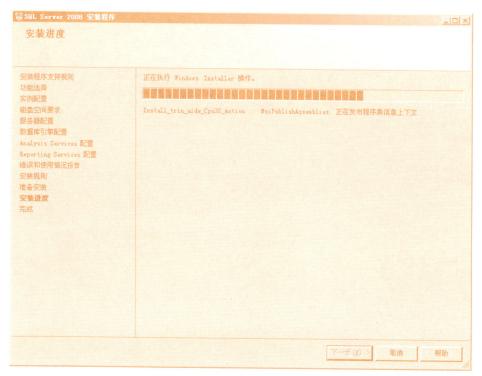

图 2-18 "安装进度"对话框

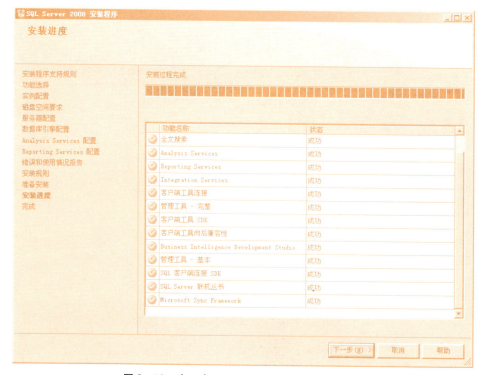

图 2-19 窗口中显示已经成功安装的功能组件

19)单击【下一步】按钮,进入"完成"对话框,如图 2‐20 所示。

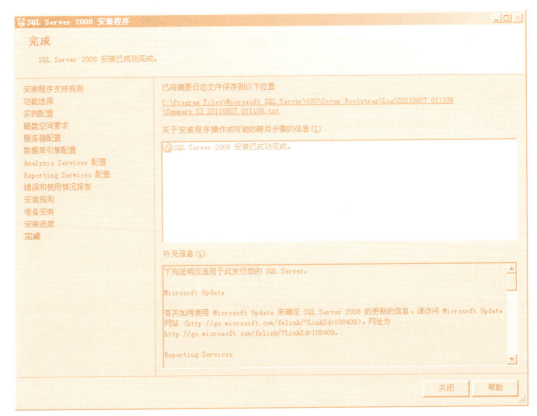

图 2‐20 "完成"对话框

20)最后会出现一个"需要重新启动计算机"的对话框,如图 2‐21 所示。

图 2‐21 "需要重新启动计算机"对话框

(2) SQL Server 2008 管理工具的使用。

1) SQL Server Management Studio 集成管理器。SQL Server 2008 使用的图形界面管理工具是 SQL Server Management Studio(简称 SSMS),这是一个集成统一的管理工具组,在 SQL Server 2005 版本之后已经开始使用这个工具组开发、配置 SQL Server 数据库。SQL Server 2008 继续使用这个工具组,并对其进行了一些改进。

打开 SQL Server Management Studio 的方法如下:

① 单击"开始"菜单→"程序"→"SQL Server 2008"→"SQL Server Management Studio",打开"连接到服务器"窗口,选择要连接的服务器和身份验证方式。

② 在"服务器名称"栏中选择本机的计算机名称,也可输入"."或"local"(代表本机),并

在"身份验证"下拉列表中,选择"Windows 身份验证"或"SQL Server 身份验证",单击下方【连接】按钮,如图 2-22 所示,进入 SQL Server Management Studio 窗口。

图 2-22 "连接到服务器"对话框

SQL Server Management Studio 窗口是一个由多个子窗口组成的集成应用环境,这些子窗口都可以在"视图"菜单中进行选择。如果用户需要,可以将之设置为"MDI 环境",具体操作可以选择"工具"菜单→"选项"命令,在打开的"选项"对话框中进行设置,系统默认以选项卡的方式显示这些窗口,如图 2-23 所示。

图 2-23 SQL Server Management Studio 窗口

其主要子窗口包含如下：

① 对象资源管理器。"对象资源管理器"以树型列表列出了 SQL Server Management Studio 连接的服务器，以及服务器下的各种 SQL Server 对象，包括数据库、安全性、服务器对象、复制、管理和 SQL Server 代理等节点。通过"对象资源管理器"可以对上述节点中的对象执行各项操作，如创建、修改数据库、数据表等。

② 已注册的服务器。显示当前已注册的服务器。窗格顶部的列表（包括 SQL Server、分析服务器、集成服务器、报表服务器和 SQL Mobile）允许用户在特定类型的服务器之间快速切换。

③ 模板资源管理器。SQL Server 为便于用户使用，提供常用操作的模板，如数据库创建、数据库备份等，这些模板都集中在"模板资源管理器"中，用户可以根据需要选择对应的模板，然后修改模板提供的代码来完成所需要的操作。

④ 解决方案资源管理器。"解决方案资源管理器"可以集成 Business Intelligence Development Studio 工具，来创建和管理商业智能应用项目。

⑤ SQL 查询编辑器。该窗口可以编写 T-SQL 代码，对数据库进行各项操作，如查询数据、修改数据表等。该窗口支持彩色关键词模式，即可以以多字体颜色方式区分 T-SQL 语句中的关键词和用户数据等。单击工具栏上的"新建查询"可以打开"查询设计器"窗口。

2) SQL Server 配置管理器。单击"开始"菜单→"程序"→"Microsoft SQL Server 2008"→"配置工具"→"SQL Server 配置管理器"命令来启动，打开"SQL Server Configuration Manager"窗口，启动后的界面如图 2-24 所示。

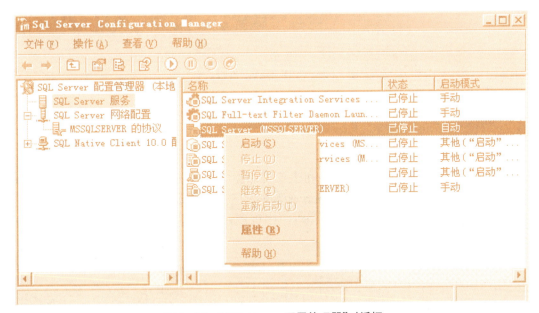

图 2-24 "SQL Server 配置管理器"对话框

SQL Server 配置管理器包括"SQL Server 服务"、"SQL Server 网络配置"、"SQL Native Client10.0 配置"等项，供数据库管理人员做服务启动/停止与监控、服务器端支持的网络协议、用户用来访问 SQL Server 的网络相关设置等工作。例如，启动 SQL Server 服务，选中该服务后,点击工具栏上的"启动服务"按钮;或者点击右键,在快捷菜单中选择"启动"选项。

3) SQL Server 联机丛书。SQL Server 联机丛书是微软公司提供的有关 SQL Server 的电子帮助资料系统。由于联机丛书内容丰富,涵盖 SQL Server 相关内容的各方面知识,再加上友好的使用界面,使联机丛书成为对 SQL Server 使用人员很有帮助的学习和使用手册。

要使用联机丛书,可执行以下步骤:单击"开始"菜单→"程序"→"Microsoft SQL Server 2008"→"文档和教程"→"SQL Server 联机丛书"命令,打开"联机丛书"窗口,如图 2-25 所示。

图 2-25 "SQL Server 联机丛书"

任务 总结

本任务对当前主流数据库的发展和主要特点作了简要说明,详细介绍了 SQL Server 2008 的安装、启动和连接,以及 SQL Server 2008 的基本组成和管理工具。

通过本任务学习,读者将对 SQL Server 2008 有初步的认识,并为进一步学习 SQL Server 2008 奠定基础。

任务 2.2 创建学生成绩管理系统数据库

任务 描述

宏进电脑公司在和江扬职业技术学院相关人员交流后,得知学院有在校生 5 000 人,共有 5 系、1 部、30 个专业、120 个教学班级，平均每个班开设 28 门课程，还有若干门选修课程。现在要求使用 SQL Server 2008 创建"学生成绩管理系统"数据库。

任务 分析

每个 SQL Server 数据库均由一组操作系统文件存储在磁盘上，这些操作系统文件存储了数据库中的所有数据和对象，所以，在创建数据库前必须先确定数据库的名称、对应的各物理文件的名称、初始大小、存放位置，以及用于存储这些文件的文件组。

完成任务的具体步骤如下：
(1) 估算数据库的规模大小。
(2) 确定数据库文件、名称、所有者、大小和存放位置。
(3) 完成创建"学生成绩管理系统"数据库。

任务 资讯

2.2.1 系统数据库

SQL Server 2008 中的数据库包括两类：一类是系统数据库，另一类是用户数据库。系统数据库在 SQL Server 2008 安装时就被安装，存储系统的重要信息，与 SQL Server 2008 数据库管理系统共同完成管理操作，在 SQL Server 2008 中，默认的系统数据库有 master、model、msdb、tempdb 和 resource 数据库。用户数据库是由 SQL Server 2008 的用户在 SQL Server 2008 安装后创建，专门用于存储和管理用户的特定业务信息。

下面简单介绍 Microsoft SQL Server 2008 提供的系统数据库。

(1) master 数据库。master 数据库记录 SQL Server 系统的所有系统级别信息，包括如下 3 类：

1) 所有的登录帐户和系统配置设置。
2) 所有其他的数据库及数据库文件的位置。
3) SQL Server 的初始化信息。

(2) model 数据库。model 数据库是 SQL Server 实例上创建的所有数据库的模板。例如，使用 SQL 语句创建一个新的空白数据库时，将使用模板中规定的默认值来创建。

(3) msdb 数据库。msdb 数据库用于 SQL Server 代理计划警报、作业、Service Broker 和数据库邮件等。另外，有关数据库备份和还原的记录，也会写在该数据库里。

(4) tempdb 数据库。tempdb 数据库用于保存临时对象(全局或局部临时表、临时存储过程、表变量或游标)或中间结果集。每次启动 SQL Server 时都会重新创建 tempdb，并存储本次启动后所有产生的临时对象和中间结果集，在断开连接时又会将它们自动删除。

(5) resource 数据库。resource 数据库是一个特殊的数据库，也是 SQL Server 2005 中新增的数据库。resource 数据库是一个只读数据库，包含 SQL Server 2008 中的系统对象。系统对象在物理上保留在 resource 数据库中，但在逻辑上显示在每个数据库的 sys 架构中。因此，使用 resource 数据库，可以方便地升级到新的 SQL Server 版本，而不会失去原来系统数据库中的信息。

2.2.2 文件和文件组

创建数据库,就是以文件或文件组的形式存储在存储介质上。在 SQL Server 中,数据库在磁盘上存储的文件不但包括数据库文件本身,还包括事务日志文件。事务日志是对数据库修改的历史记录,SQL Server 用它来确保数据库的完整性,数据库的所有更新首先写到事务日志,然后应用到数据库。SQL Server 2008 数据库和事务日志包含在独立的数据库文件中,这意味着每个数据库至少需要两个关联的存储文件:一个数据文件和一个事务日志文件,也可以有辅助数据文件。因此,在一个 SQL Server 2008 数据库中可以使用 3 种类型的文件来存储信息。SQL Server 2008 将数据库映射为一组操作系统文件,数据信息和日志文件从不混合在相同的文件中,而且各文件仅能在一个数据库中使用。为了提高数据的查询速度,便于数据库的维护,SQL Server 2008 可以将多个数据文件组成一个或多个文件组。

(1) 主要数据文件。主要数据文件的文件扩展名是.mdf。主要数据文件在数据库创建时生成,可存储用户数据和数据库中的对象。每个数据库有一个主要数据文件。

(2) 次要数据文件。次要数据文件的文件扩展名是.ndf。次要数据文件可在数据库创建时生成,也可在数据库创建后添加,可以存储用户数据。次要数据文件主要用于将数据分散到多个磁盘上。如果数据库文件过大,超过了单个 Windows 文件的最大尺寸,可以使用次要数据文件将数据分开保存使用。每个数据库的次要数据文件个数可以是 0 至多个。

(3) 事务日志。事务日志的文件扩展名是.ldf。事务日志文件在数据库创建时生成,用于记录所有事务以及每个事务对数据库所做的修改,这些记录就是恢复数据库的依据。在系统出现故障时,通过事务日志可将数据库恢复到正常状态。每个数据库必须至少有一个日志文件。

(4) 文件组。为了便于分配和管理,可以将数据文件集合起来放到文件组中,类似文件夹。文件组主要用于分配磁盘空间并进行管理,每个文件组有一个组名,与数据库文件一样,文件组也分为主文件组(Primary File Group)和次文件组(Secondary File Group)。利用文件组可以优化数据存储,并可以将不同的数据库对象存储到不同的文件组中,以提高输入/输出读写的性能。

创建与使用文件组还需要遵守以下规则:
1) 主要数据文件必须存储在主文件组中。
2) 与系统相关的数据库对象必须存储在主文件组中。
3) 一个数据文件只能存储在一个文件组中,而不能同时存储在多个文件组中。
4) 数据库的数据信息和日志信息不能放在同一个文件组中,必须分开存放。
5) 日志文件不能存放在任何文件组中。

2.2.3 数据库中的数据存储方式

页是 SQL Server 中数据存储的基本单位。在 SQL Server 中,页的大小为 8 KB,每页的开头是 96 字节的标头,用于存储有关页的系统信息。此信息包括页码、页类型、页的可用空间以及拥有该页对象的分配单元 ID,在 SQL Server 数据库中存储 1 MB 需要 128 页。

SQL Server 以区作为管理页的基本单位。所有页都存储在区中,一个区包括 8 个物理上连续的页(即 64 KB)。SQL Server 有两种类型的区,即统一区和混合区。统一区指该区仅属于一个对象所有,也就是说,区中的 8 页由一个所属对象使用。混合区指该区由多个对象共享(对象的个数最多是 8),区中 8 页由不同的所属对象使用。

SQL Server 在分配数据页时,通常首先从混合区分配页给表或索引,当表或索引的数据容量增长到 8 页时,就改为从统一区给表或索引的后续内容分配数据页。

2.2.4 使用对象资源管理器创建数据库

(1) 启动 SQL Server Management Studio 程序,在"对象资源管理器"中展开服务器。右击"数据库"节点,然后在弹出的快捷菜单中选择"新建数据库"命令,如图 2-26 所示。

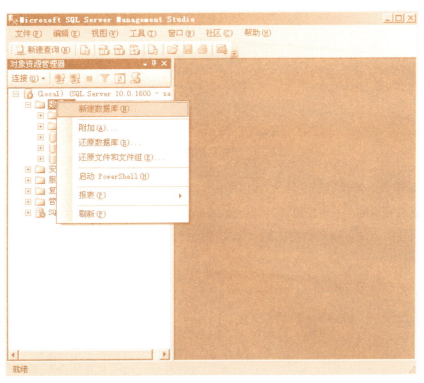

图 2-26 "新建数据库"快捷菜单

(2) 这时弹出"新建数据库"对话框,在这个窗口中有 3 个选择页,分别是"常规"、"选项"和"文件组",完成对这 3 个选项页中的内容设置后,就完成了数据库的创建工作,如图 2-27 所示。

(3) 在"常规"选项页中的"数据库名称"文本框中输入数据库的名称"student"。"数据库文件"列表中包括两行,一行是数据文件,一行是日志文件。该列表中各字段的含义如下:

1) 逻辑名称。指定数据库文件的文件名称,可以采用默认,也可自定,但要唯一。
2) 文件类型。用于区别当前文件是数据文件还是日志文件。
3) 文件组。指定数据库文件属于哪个文件组,一个数据库文件只存在于一个文件组。
4) 初始大小。设置文件的初始大小,数据文件的默认值是 3 MB,日志文件的默认值是 1 MB。

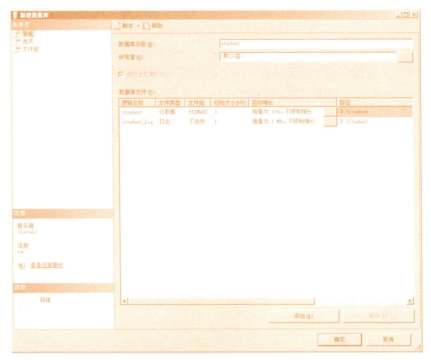

图 2-27 "新建数据库"对话框

5）自动增长。当设置的文件大小不够用时，系统会根据设定的增长方式使文件大小自动增长。单击右边的 [...] 按钮，弹出"更改 student 的自动增长设置"对话框，如图 2-28 所示。使用同样的方法可以对数据库的日志文件进行自动增长方式设置。

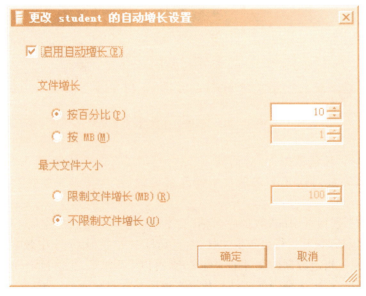

图 2-28 自动增长设置

6)路径。指定数据库文件的物理存储位置。单击"路径"选择右侧的 ... 按钮,打开"定位文件夹"对话框,更改 student 数据库文件的存储路径为"D:\student"。

(4)在"选项"选项页中,可以定义所创建数据库的排序规则、恢复模式、兼容级别、恢复、游标和状态等选项,本任务采用默认值。

(5)在"文件组"选项页中,可以设置数据库文件所属的文件组,可通过"添加"或"删除"按钮来更改数据库文件所属的文件组,本任务采用默认值,不做任何设置。

(6)设置完成后,单击"确定"按钮,返回"Microsoft SQL Server Management Studio"窗口,数据库创建成功。展开"数据库"节点,即可查看已建立的 student 数据库。

2.2.5 T-SQL 简介

T-SQL 语言是 SQL Server 创建应用程序所使用的语言,它是用户应用程序和 SQL Server 数据库之间的主要编程语言。用两种方法可以实现应用程序与 SQL Server 数据库的交互。一种是在应用程序中使用操作记录的命令语句,然后将这些语句发送给 SQL Server,并对返回的结果进行处理;另一种方法是在 SQL Server 中定义存储过程,其中包含对数据库的一系列操作。这些操作是被分析和编译后的 T-SQL 程序,它驻留在数据库中,可以被应用程序调用,并允许数据以参数的形式在存储过程与应用程序之间传递。

在表 2-3 中,列出了 T-SQL 参考的语法,并进行了说明。

表 2-3 T-SQL 参考的语法约定

约定	说明
大写	T-SQL 关键字
小写	用户提供的 T-SQL 语法的参数
|(竖线)	分隔括号或大括号中的语法项;只能使用其中一项
[](方括号)	可选语法项;不要键入方括号
{}(大括号)	必选语法项;不要键入大括号
[,...n]	指示前面的项可以重复 n 次,各项之间以逗号分隔
[...n]	指示前面的项可以重复 n 次,每一项由空格分隔

2.2.6 使用 T-SQL 语句创建数据库

语法格式如下:

```
CREATE DATABASE 数据库名称
[ ON
[ PRIMARY][<描述>[ ,...n]
[ ,<文件组>[ ,...n]
[ LOG ON{<描述>[ ,...n]}]
]
```

```
<描述>∷ =
{
(
NAME = 文件的逻辑名称,文件的物理名称(包含完整路径名)
[ , SIZE = size]
[ , MAXSIZE = {max_size}]
[ , FILEGROWTH = 增长速度[增长大小|百分比]]
)  [ , ...n ]
}
```

说明:
(1) 描述:数据文件或日志文件的描述。
(2) filename:文件的物理名称,必须包含完整路径名。
(3) size:文件的大小。
(4) maxsize:文件的最大尺寸。
(5) filegrowth:文件的增长速度。

创建数据库时考虑以下事项:
(1) 创建数据库的用户将自动成为该数据库的所有者。
(2) 在一个服务器上,最多可以创建 32 767 个数据库。
(3) 确定 SQL Server 2008 数据库大小,最小值为 3 MB,最大值由可用磁盘空间决定,但一般不超过 300 GB。
(4) 数据文件的容量要为日后在使用中可能产生增加存储空间的要求留有余地。
(5) 数据库名称必须遵循标识符规则。

数据库中存储了表、视图、索引、存储过程、触发器等数据库对象,这些数据库对象存储在系统数据库或用户数据库中,用来保存 SQL Server 数据库的基本信息及用户自定义的数据操作等。

【例 2-1】使用 SQL 语句,建立名为"score"的数据库,包含一个主文件、一个次数据文件和一个事务日志文件。主文件的逻辑名称为"score_data",初始大小为 3 MB,最大为 8 MB,增长速度为 10%。次文件的逻辑名称为"score_data1",初始大小为 2 MB,最大为 5 MB,增长速度为 1 MB。事务日志文件为"score_log",初始大小为 2 MB,最大大小不受限制,增长速度为 1 MB。

新建查询,在查询编辑器窗口输入如下 T-SQL 语句:

```
CREATE DATABASE score
ON PRIMARY
(
    NAME = score_data,
    FILENAME = 'D:\student\score_data.mdf',     --目录要存在
    SIZE = 3MB,
```

```
        MAXSIZE = 8MB,
        FILEGROWTH = 10 %
    ),
    (
        NAME = score_data1,
        FILENAME = 'D:\student\score_data1.ndf',
        SIZE = 2MB,
        MAXSIZE = 5MB,
        FILEGROWTH = 1MB
    )
LOG ON
(
        NAME = score_log,
        FILENAME = 'D:\student\score_log.ldf',
        SIZE = 2MB,
        FILEGROWTH = 1MB
)
```

提示：若 D 盘下没有 student 文件夹，则出现错误。应先创建 student 文件夹。

单击工具栏上的"执行"按钮执行上述 T-SQL 语句，如果成功执行，在结果窗格中显示"命令已成功完成。"的提示消息。

任务 实施

(1) 数据库数据文件大小的估算。对"学生成绩管理系统"数据文件初始大小进行估算。

1) 估算数据部分大小。由于在该系统中，专业表和班级表的数据量相对于成绩表来说很小，因此，下面主要考虑学生表和成绩表的数据量。

学生表数据：5 000＝5 000 行数据

成绩表数据：5 000×120×28＝16 800 000 行数据

页的大小为 8 KB，每页的开头是 96 字节的标头。现假设学生表的每行数据大小均为 200 字节，一个数据页可存储 (8×1 024 B－96 B)÷200 B≈40 条记录，学生表将占用 5 000÷40＝125 个数据页的空间；假设成绩表的每行数据大小均为 50 字节，一个数据页可存储 (8×1 024 B－96 B)÷50 B≈160 条记录，成绩表将占用 16 800 000÷160＝105 000 个数据页的空间。所以，数据部分所需的总字节数为 (125＋105 000)×8 KB÷1 024≈822 MB。

提示：每个数据的占用空间为 8 192 B(＝8 KB)，但用于存储数据页类型、可用空间等信息的数据页表头要占用 96 B，所以，每个数据页实际可用空间为 8 096 B。

2) 估算索引部分大小。索引的知识将在后面介绍。SQL Server 中有两种类型的索引，即聚集索引和非聚集索引。

对于聚集索引，索引大小为数据大小的 1%以下是一个比较合理的取值；对于非聚集索引,索引大小为数据大小的 15% 以下是一个比较合理的取值。所以,如果建立聚集索引,则索引的大小为 822 MB×1%＝8.22 MB;如果建立非聚集索引,则索引的大小为 822 MB×15%＝124 MB。

将数据部分与索引部分相加就是该数据库数据文件的初始大小,约为 955 MB。

由于本教材中的"学生成绩管理系统"数据库是个教学示例数据库,因此,在后面创建数据库的任务中没有按这里的估算值设置,而是将数据库数据文件的初始大小设为默认值,即 3 MB,增长为 10%。日志文件的默认值是 1 MB,增长为 1 MB。

(2) 确定数据库文件的名称、初始大小、存储位置。根据任务分析,现将"学生成绩管理系统"中的数据库名称、对应的各种操作系统文件的名称、初始大小、存放位置以及所有者确定如下:

1) 数据库的名称为"student"。

2) 数据库的主要数据文件名为"student.mdf";存放位置为"D:\student",初始大小为 3 MB,最大大小不受限制,增长速度为 10%。

3) 数据库的事务日志文件名称为"student_log.ldf";存放位置为"D:\student",初始大小为 1 MB,最大值为 10 MB,增长速度为 1 MB。

4) 数据库的所有者是对数据库具有完全操作权限的用户,这里选择默认设置。

(3) 创建"学生成绩管理系统"数据库。新建查询,在查询编辑器中输入如下 T-SQL 语句:

```
CREATE DATABASE student     --student 为数据库名称
ON PRIMARY                  --主数据文件
(
    NAME = student,
    FILENAME = 'd:\student\student.mdf',
    SIZE = 3MB,
    MAXSIZE = Unlimited,
    FILEGROWTH = 10 %
)
LOG ON                      --数据库的日志文件
(
    NAME = student_log,
    FILENAME = 'd:\student\student_log.ldf',
    SIZE = 1MB,
    MAXSIZE = 10MB,
    FILEGROWTH = 1MB
)
```

提示: 若 D 盘下没有 student 文件夹,则出现错误。应先创建 student 文件夹。

单击工具栏上的"分析"按钮,检查错误语法,如果通过,在消息窗格中显示"命令已成功完成。"的提示消息,如图 2-29 所示。

图 2-29　在查询窗口中执行 T-SQL 语句

任务 总结

本任务对 SQL Server 2008 中的系统数据库、文件和文件组和数据库容量的估算做了介绍,此外结合"学生成绩管理系统"数据库,重点阐述了数据库的创建。与之相关的知识点主要包括:

(1) SQL Server 2008 系统数据库:master、model、msdb、tempdb 和 resource 数据库。

(2) SQL Server 2008 的文件和文件组:主数据文件、辅助数据文件和事务日志文件。

(3) 创建数据库的两种方法:使用对象资源管理器方式和使用 T-SQL 语句。

任务 2.3　管理学生成绩管理系统数据库

任务 描述

宏进电脑公司创建好"学生成绩管理系统"数据库后,需要对"学生成绩管理系统"数据库进行改动,具体修改要求如下:

(1) 添加一个逻辑名为"student2"、物理名为"student2.ndf"的数据文件,文件初始大小为 4 MB,最大值为 10 MB,增长速度为 1 MB。

(2) 修改原有的数据文件 student,将初始大小修改为 5 MB,最大值和增长速度不变。

(3) 添加一个名为"student_log1"的日志文件,物理名为"student_log1.log",文件属性采用默认值。

(4) 删除日志文件 student_log1。

任务 分析

创建数据库后,在使用中可根据情况对数据库进行修改,SQL Server 2008 可以方便地查看数据库的状态,允许修改数据库的选项设置。

完成任务的具体步骤如下:
(1) 查看数据库状态信息。
(2) 添加次要数据文件。
(3) 修改主数据文件。
(4) 修改日志文件。
(5) 删除日志文件。

任务 资讯

数据库管理员在需要时可对数据库进行配置与修改,主要包括查看数据库信息、修改数据库名称和选项、收缩数据库容量和删除数据库等操作。

2.3.1 使用对象资源管理器管理数据库

2.3.1.1 查看数据库

启动 SQL Server Management Studio 窗口,在"对象资源管理器"窗格中找到要查看的数据库,然后在其上右击,在弹出的快捷菜单中选择"属性"选项,打开"数据库属性"窗口,即可查看数据库的基本信息、文件信息、选项信息、文件组信息和权限信息等,如图 2-30 所示。

2.3.1.2 修改数据库

数据库的修改主要包括修改数据库名称、增减数据文件和日志文件、修改文件属性和修改数据库选项等。

一般情况下,不建议用户修改创建好的数据库名称,因为许多应用程序可能已经使用了该数据库的名称,在更改了数据库的名称之后,还需要修改相应的应用程序中与之对应的数据库名称。

在 SQL Server Management Studio 窗口的"对象资源管理器"窗格中,找到要修改的数据库名称节点(如 student 数据库),在该节点上右击,弹出相应的快捷菜单,选择"重命名"项,即可直接修改数据库名称,如图 2-31 所示。

如果需要修改数据库文件逻辑名称,可以在该数据库名称节点上右击,选择"属性",在弹出的"数据库属性"对话框中选择"文件"选项页,如图 2-32 所示。

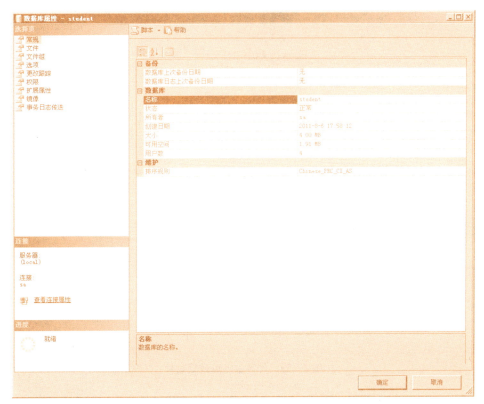

图 2-30 "数据库属性"对话框

图 2-31 修改数据库名称

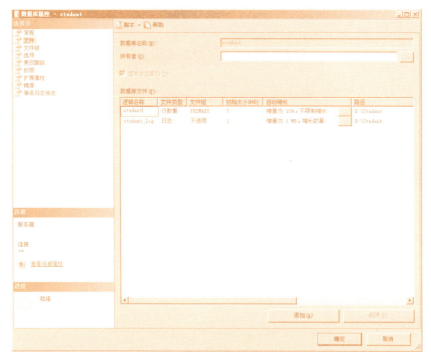

图 2-32　修改数据库逻辑名称

2.3.1.3　删除数据库

删除数据库是在数据库及其中的数据失去利用价值后,为了释放被占用的磁盘空间而进行的操作。当删除一个数据库时,会删除数据库中所有的数据和该数据库所对应的磁盘文件。删除之后再想恢复是很麻烦的,必须从备份中恢复数据库,或通过它的事务日志文件来恢复,所以,删除数据库应格外小心。

如果设计数据库时设置的容量过大,或删除了数据库中大量的数据,就需要根据实际需要收缩数据库以释放磁盘空间,可以通过使用对象资源管理器或者使用 T-SQL 语句修改数据库。

在 SQL Server Management Studio 窗口的"对象资源管理器"窗格中,右击要删除的数据库,在弹出的快捷菜单中选择"删除"命令,然后在打开的"删除对象"对话框中单击【确定】按钮,即可删除相应的数据库。

提示：不能删除系统数据库；用户数据库在使用状态下不能被删除。

2.3.1.4　收缩数据库

数据库在使用一段时间后,经常会出现因数据删除而造成数据库中空闲空间太多的情况,这时就需要减少分配给数据库文件和事务日志文件的磁盘空间,以免浪费磁盘空间。当数据库中没有数据时,可以通过修改数据库文件大小的属性直接改变其占用的空间,但当数据库中有数据时,这样做就会破坏数据库中的数据,因此,需要使用收缩的方式缩减数据库的空间。有两种方式可以收缩数据库,即自动收缩数据库和手动收缩数据库。

自动收缩数据库可以通过数据库"属性"的"选项"选项页完成。在右边的"其他选项"列表中找到"自动收缩"选项,并将其值改为"True",单击【确定】按钮即可,如图 2-33 所示。

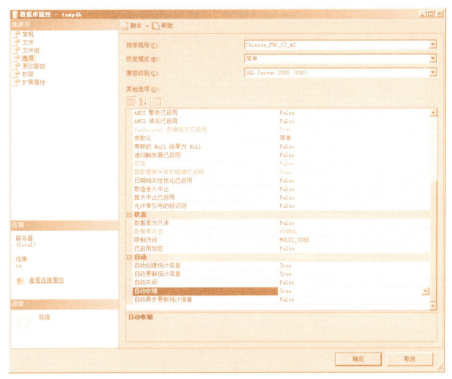

图 2-33 自动收缩数据库设置

手动收缩数据库分为手动收缩数据库和手动收缩数据库文件两种,如图 2-34 所示。

图 2-34 收缩数据库或文件

以收缩系统数据库 tempdb 为例,从图 2-35 的"收缩数据库"对话框中可以看出,要收缩的系统数据库 tempdb 数据库所占用的磁盘空间为 8.75 MB,还有 6.69 MB 没有使用,收缩以后,分配空间和可用空间都可能减少。

图 2-35　手动收缩数据库操作

　　收缩文件操作有 3 种不同的方式：可以仅仅释放未使用的空间；也可以直接指定数据大小收缩到多大；甚至可以把文件迁移到文件组的其他文件中，然后直接清空该文件，如图 2-36 所示。

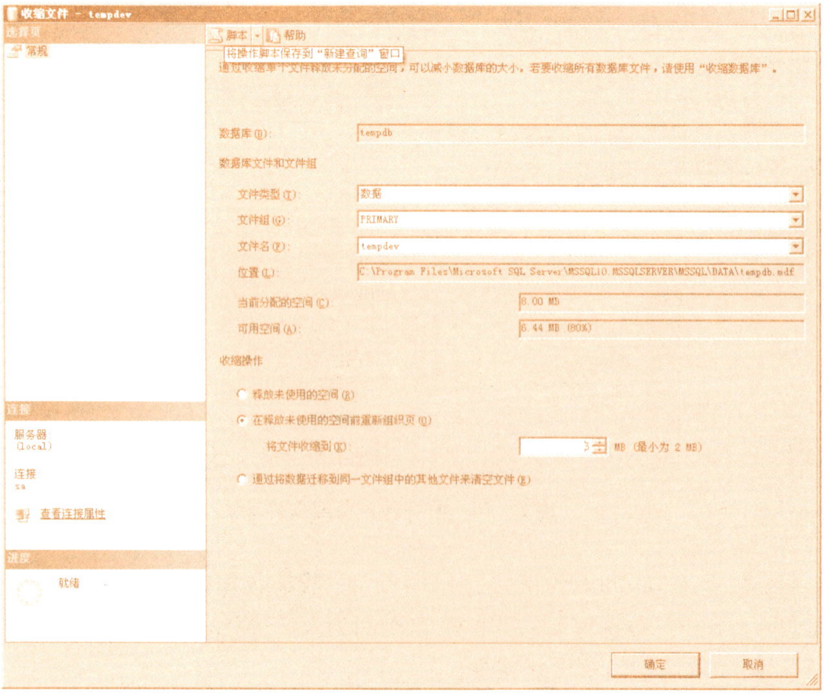

图 2-36　手动收缩数据库文件操作

2.3.2 使用 T-SQL 语句管理数据库

2.3.2.1 查看数据库

使用系统存储过程 sp_helpdb 可以查看数据库信息,语法格式如下:

```
[EXEC] SP_HELPDB [数据库名称]
```

数据库名称是可选项:如果指定了数据库名称,则显示该数据库的相关信息;如果省略了数据库名称,则显示服务器中所有的数据库信息。

2.3.2.2 修改数据库

语法格式如下:

```
ALTER DATABASE 数据库名称           --要修改的数据库的名称
{    ADD FILE 文件路径[,...n]       --添加数据文件
    |ADD LOG FILE 文件路径[,...n]   --添加日志文件
    |REMOVE FILE 逻辑文件名称        --删除文件,是物理删除
    |MODIFY FILE 文件路径            --修改数据库文件
    |MODIFY NAME = 新数据库名称      --重命名数据库
}
```

2.3.2.3 删除数据库

语法格式如下:

```
DROP DATABASE 数据库名称
```

当不再需要使用用户自定义的数据库时,即可删除该数据库。

【例 2-2】删除 score 数据库。

T-SQL 语句如下:

```
DROP DATABASE student
```

如果要一次同时删除多个数据库,则要用逗号将要删除的多个数据库名称隔开。

提示:使用 drop database 语句删除数据库不会出现确认信息,所以,使用这种方法要小心谨慎。此外,千万不要删除系统数据库,否则会导致 SQL Server 2008 系统无法使用。

2.3.2.4 收缩数据库

dbcc shrinkdatabase 语句是一种比前两种方式更加灵活的收缩数据库方式,可以对整个数据库进行收缩。

【例 2-3】将 student 数据库收缩到只保留 60%的空间。

T-SQL 语句如下:

```
DBCC SHRINKDATABASE('student', 60)
```

任务 实施

(1) 查看数据库信息。新建查询,在查询编辑器中输入 T-SQL 语句如下:

SP_HELPDB student

student 数据库查询结果,如图 2-37 所示。

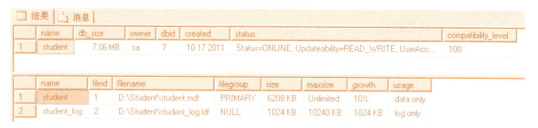

图 2-37　student 数据库查询结果

(2) 修改数据库信息。新建查询,在查询编辑器中输入 T-SQL 语句如下:
1) 添加次要数据文件。

ALTER DATABASE student
ADD FILE　　　　　　　　--添加文件
(
　　NAME = student2,
　　FILENAME = 'D:\student\student2.ndf',
　　SIZE = 4MB,
　　MAXSIZE = 10MB,
　　FILEGROWTH = 1MB
)

2) 修改主数据文件。

ALTER DATABASE student
MODIFY FILE　　　　　　　--修改主文件
(
　　NAME = student,
　　SIZE = 5MB
)

3) 添加日志文件。

ALTER DATABASE student

```
ADD LOG FILE                          --添加日志文件
(
    NAME = student_log1,
    FILENAME = 'D:\student\student_log1.ldf'
)
```

4) 删除日志文件。

```
ALTER DATABASE student
REMOVE FILE student_log1        --删除日志文件
```

5) 修改数据库名称。

```
ALTER DATABASE student MODIFY NAME = studentDB
```

提示：使用 alter database 语句修改数据库名称时，只要更改了数据库的逻辑名称，就对该数据库的数据文件和日志文件没有任何影响。

上面的操作也可以放在一起执行，在每一个部分中间加 go 语句，在 sybase 和 SQL Server 中用来表示事物结束、提交并确认结果，用 go 语句来标识批处理的结束。

任务 总结

本任务完成了在 SQL Server 2008 中，分别使用对象资源管理器的方法和 T-SQL 语句方法查看数据库信息、修改数据库（添加次要数据文件、修改主数据文件、修改日志文件、删除日志文件、收缩数据库容量和删除数据库）。

任务 2.4　创建学生成绩管理系统数据表

任务 描述

根据"数据库设计"学习情境中已经完成的表的设计，现要求在 SQL Server 2008 数据库中创建 student(学生)表、class(班级)表、dept(系部)表、course(课程)表、score(成绩)表、teacher(教师)表和 teach(任教)表。

任务 分析

创建"学生成绩管理系统"数据库 student 后，要将物理设计阶段设计好的表在数据库中逐一创建。可通过对象资源管理器和 T-SQL 语句方式来创建数据表。

完成任务的具体步骤如下：
(1) 创建 7 个数据表结构。
(2) 设置相应完整性约束。
(3) 创建数据表之间的关系图。

任务 资讯

在使用数据库的过程中，接触最多的就是数据库中的表。表是存储数据的地方，可用来存储某种特定类型的数据集合，是数据库中最重要的部分。

2.4.1 表的概述

表是用来存储和操作数据的逻辑结构，关系数据库中所有数据都表现为表的形式。管理好表也就管理好了数据库。表是关系模型中表示实体的方式，用来组织和存储数据，具有行列结构的数据库对象，数据库中的数据或者信息都存储在表中。

表的结构包括行(row)和列(column)。行是组织数据的单位，列主要描述数据的属性。对于每个表，用户最多可以定义 1 024 列。在一个表中，列名必须是唯一的，即不能有名称相同的两个列同时存在于一个表中。但是，在同一个数据库的不同表中，可以使用相同的列名。在定义表时，用户还必须为每列指定一种数据类型。

2.4.1.1 表的类型

在 SQL Server 2008 中，主要有 4 种类型的表，即系统表、普通表、临时表和已分区表。每种类型的表都有其自身的作用和特点。

(1) 系统表。系统表存储了有关 SQL Server 2008 服务器的配置、数据库设置、用户和表对象的描述等系统信息。一般来说，只能由 DBA 来使用该表。

(2) 普通表。普通表又称标准表，简称为表，就是通常提到的在数据库中存储数据的表，是最经常使用的对象。

(3) 临时表。临时表是临时创建的、不能永久生存的表。临时表又可以分为本地临时表和全局临时表。本地临时表的名称以符号"♯"开头，它们仅对当前的用户连接是可见的；全局临时表的名称以两个"♯♯"号开头，创建后对任何用户都是可见的。

(4) 已分区表。已分区表是将数据水平划分为多个单元的表，这些单元分布到数据库的多个文件组中。在维护整个集合的完整性时，使用分区可以快速而有效地访问或管理数据子集，从而使大型表或索引更易于管理。

2.4.1.2 创建表的要求

在创建数据表之前需要做的准备工作，主要是确定表中以下几个方面的内容，它们决定了数据库表的逻辑结构。

(1) 每个列的名称、数据类型及长度。
(2) 可以设置为空值的列。
(3) 哪些列为主键，哪些列为外键。
(4) 是否要使用以及何时使用约束、默认值或规则。
(5) 需要在哪些列上建立索引。

(6) 数据表之间的关系。

2.4.2 完整性约束

为了防止数据库中出现不符合规定的数据、维护数据的完整性,数据库管理系统必须提供一种机制来检查数据库中的数据是否满足规定的条件,这些加在数据库之上的约束条件就是数据库中数据完整性约束规则。例如,学号是唯一的;成绩只能介于 0~100 之间,不能有其他的数值;性别只能是"男"或"女"等。这些就需要去设置相关的约束。

(1) 主键(primary key)约束。主键约束使用数据表中的一列或多列数据来唯一地标识一行数据。也就是说,数据表中不能存在主键相同的两行数据,而且定义为主键的列不能为空。在管理数据时,应确保每个数据表都拥有自己唯一的主键,从而实现数据的实体完整性。

在多个列上定义的主键约束,表示允许在某个列上出现重复值,但是不能有相同列值的组合。

(2) 外键(foreign key)约束。外键约束定义了表与表之间的关系,主要用来维护两个表之间的一致性。当一个表中的一列或者多个列的组合与其他表中的主键定义相同时,就可以将这些列或者列的组合定义为外键,在两个表之间建立主外键约束关系。与主键约束相同,不能为 text 或者 image 数据类型的列创建外键约束。

当两个表之间存在主外键的约束关系,则有:

1) 当向外键表中插入数据时,如果插入的外键列值,在与之关联的主键表的主键列中没有对应相同的值,则系统会拒绝向外键表插入数据。

2) 当删除或更新主键表中的数据时,如果删除或更新的主键列值,在与之关联的外键表的外键列中存在相同的值,则系统会拒绝删除或更新主键表中的数据。

(3) 检查(check)约束。检查约束通过检查输入表列数据的值来维护值域的完整性,它就像一个过滤器依次检查每个要进入数据库的数据,只有符合条件的数据才允许通过。

检查约束同外键约束的相同之处在于都是通过检查数据值的合理性来实现数据完整性的维护。但是,外键约束是从另一个表中获得合理的数据,而检查约束则是通过对一个逻辑表达式的结果进行判断来对数据进行检查。

例如,限制学生的年龄在 10~20 岁之间,就可以在年龄列上设置检查约束,以确保年龄的有效性。

(4) 唯一性(unique)约束。唯一性约束确保在非主键列中不输入重复的值。可以对一个表定义多个唯一性约束,但只能定义一个主键约束。而且唯一性约束允许 NULL 值,这一点与主键约束不同。不过,当与参与唯一性约束的任何值一起使用时,每列只允许一个空值。外键约束可以引用唯一性约束。

(5) 默认(default)约束。默认约束是指在输入操作中没有提供输入值时,系统将自动提供给某列的值。

2.4.3 使用对象资源管理器创建和管理数据表

2.4.3.1 创建数据表

创建学生信息表,相关的表结构见"学习情境 1→任务 1.4 学生成绩管理系统的物理设计"中的表结构。

【例2-4】在student数据库中,创建学生表(student)。

操作步骤如下:

(1)启动 SQL Server Management Studio 程序,在"对象资源管理器"中展开"数据库"→"student"数据库节点。

(2)右击"表"节点,在弹出的快捷菜单中选择"新建表"命令,打开"表设计器"窗口。根据表 student 的物理设计要求,输入相应的列名、选择数据类型、是否为空及主键等情况,如图2-38所示。

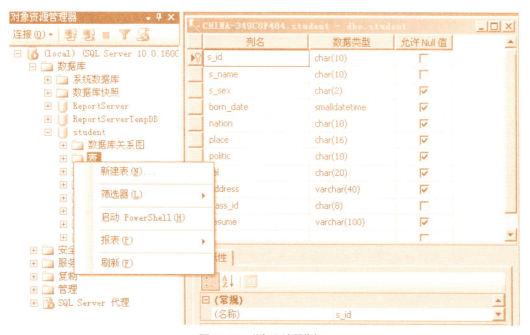

图2-38 "表设计器"窗口

(3)最后,点击工具栏上的"保存"按钮,或"文件"菜单中的"保存"命令,在弹出的"选择名称"对话框中,输入"student",点击"确定"按钮,如图2-39所示。

图2-39 "选择名称"对话框

依照此方法,分别建立系部表(dept)和班级表(class)。

2.4.3.2 修改数据表

(1)添加字段。在 SQL Server 2008 中,如果被修改的表中已经存在记录,则新添加的字段必须允许为空值,或同时为该字段创建 default 约束,才可以将列添加到指定的表中;否则返回错误提示。使用对象资源管理器向表中添加新的字段的操作步骤如下:

1) 启动 SQL Server Management Studio 程序，在"对象资源管理器"中依次展开"服务器"→"数据库"→"表"目录，找到需要修改的表。

2) 以 student 表为例，在 student 表上右击，在弹出的快捷菜单中选择"设计"选项，此时打开"表设计器"窗口。

3) 将光标置于"列名"的第一个空白单元格中，输入新的字段名，如图 2-40 所示。如果需要在中间插入字段，只需在对应的位置上右击，在快捷菜单中选择"插入列"选项。

图 2-40　为数据表添加字段

4) 添加完毕，保存退出。

（2）修改字段属性。

操作步骤如下：

1) 启动 SQL Server Management Studio 程序，在"对象资源管理器"中依次展开"服务器"→"数据库"→"表"目录，找到需要修改的表。

2) 以 student 表为例，在 student 表上右击，在弹出的快捷菜单中选择"设计"选项，此时打开"表设计器"窗口。

3) 在"表设计器"中选择要修改的字段，然后修改需要更改的项目，如列名、数据类型、长度、允许 null 值等。

提示： 当表中已经存在记录时，建议不要轻易修改字段的属性，以免产生错误。

4) 修改完毕，保存退出。

（3）删除字段。

操作步骤如下：

1) 启动 SQL Server Management Studio 程序，在"对象资源管理器"中依次展开"服务器"→"数据库"→"表"目录，找到需要修改的表。

2) 以 student 表为例，在 student 表上右击，在弹出的快捷菜单中选择"设计"选项，此时打开"表设计器"窗口。

3) 在"表设计器"中选择要删除的字段,右击,在弹出的快捷菜单中选择"删除列"选项。

4) 删除完毕,保存退出。

2.4.3.3 添加约束

【例2-5】使用对象资源管理器为 student 表建立 s_id 的主键约束、class_id 的外键约束、s_sex 为"男"或"女"的检查约束、nation 默认为"汉"和 politic 默认为"团员"的默认约束。

操作步骤如下:

(1) 选择 student 表,点击右键,在弹出的快捷菜单中选择"设计",打开"表设计器"窗口。

(2) 选择"s_id"字段,执行"表设计器"→"设置主键"菜单命令,或者点右键,选择"设置主键",此时该字段前出现主键标志,如图2-41所示。

图2-41 设置主键约束

提示: 如果主键由多个字段组成,可同时选择多个字段,再进行设置。

(3) 单击工具栏上的"关系"按钮,或者"表设计器"菜单中的"关系"命令,弹出"外键关系"对话框,单击【添加】按钮在窗口左边的子窗格中添加一个主外键关系并选中,再单击展开"表和列规范"选项,如图2-42所示。

(4) 单击"表和列规范"选项后面的按钮,弹出"表和列"对话框。在"主键表"下拉选项列表中选择表"class",在其下面的下拉选项列表中选择主键"class_id";在"外键表""student"下面对应的下拉列表中选择外键"class_id",如图2-43所示。

图2-42 student表"外键关系"对话框　　图2-43 "表和列"对话框

(5) 单击"表和列"对话框的【确定】按钮,回到"外键关系"对话框,修改名称框内容为"FK_student_class",单击【关闭】按钮,即可完成"class"和"student"两个表的主外键关系创建。

(6) 单击工具栏上的"管理CHECK约束"按钮或"表设计器"菜单中的"CHECK约束"命令,弹出"CHECK约束"对话框,如图2-44所示。

(7) 单击"CHECK约束"对话框中的【添加】按钮,在左边的窗格中添加一个CHECK约束,修改名称框中的内容为"CK_student_sex",单击"常规"→"表达式"栏目后面的按钮,弹出"CHECK约束表达式"对话框,并编写约束条件"s_sex='男' OR s_sex='女'",如图2-44所示。

图2-44 "CHECK约束"对话框　　　　图2-45 "CHECK约束表达式"对话框

(8) 在"表设计器"窗口中,选择所要修改的字段"nation",在下面的常规属性中,找到"默认值或绑定",在右侧的文本框中输入默认值"汉",如图2-46所示。以同样的方法,选择"politic"字段,设置默认值为"团员"。

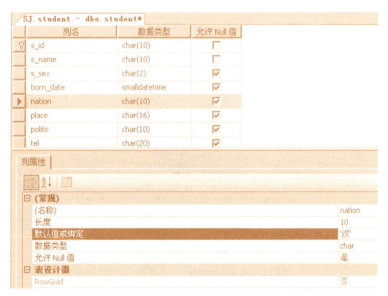

图2-46 设置默认值

(9) 按"Ctrl+S"组合键或单击工具栏上的【保存】按钮保存表设计。

【例2-6】使用对象资源管理器为class表建立"class_name"的唯一性约束。

(1)选择class表,点击右键,在弹出的快捷菜单中选择"设计",打开"表设计器"窗口。

(2)选择字段"class_name",点击右键,选择"索引/键",如图2-47所示。

(3)在弹出的"索引/键"对话框中,点击左下角的【添加】按钮,在"是唯一的"后面的下拉列表中,选择"是",将该"约束"的名称改为"UK_class",点击"常规"中的列选项右侧按钮,如图2-48所示。

图2-47 选择"索引/键"

图2-48 "索引/键"对话框

(4)在弹出的"索引列"对话框的列名下拉列表中,选择"class_name"字段,点击【确定】按钮,如图2-49所示。

图2-49 "索引列"对话框

2.4.3.4 删除约束

【例2-7】在对象资源管理器中,删除student表的主外键约束。

在对象资源管理器中,展开student表,再展开"键",出现相应的主外键约束名,选择"FK_student_class"项,点击右键,在快捷菜单中选择"删除"命令,如图2-50所示。

2.4.3.5 删除数据表

对于建立主外键关系的表,如果要删除主表,则首先要删除相关的子表,以保证数据的引用完整性。

例如，要删除建立的学生表（student），如果成绩表（score）中相关学生记录没有被删除，则将报告错误信息。删除表一定要谨慎，否则会因误删除操作丢失有用的数据。

在对象资源管理器中，选择相应的表，在表上右击，在弹出的快捷菜单中选择"删除"选项，此时弹出"删除对象"对话框，单击【确定】按钮即可成功删除该表。

图 2-50　删除主外键约束

2.4.4　使用 T-SQL 语句创建和管理数据表

2.4.4.1　创建数据表

语法格式如下：

```
CREATE TABLE 数据表名称
(
    列名 数据类型[NOT NULL|NULL] [IDENTITY(初始值,步长值)][DEFAULT<默认值>]
    [,...n]
    [, UNIQUE(列名[,...n])]
    [, PRIMARY KEY(列名[,...n])]
    [, FOREIGN KEY(列名)    REFERENCES 数据表名称[(列名)]]
    [, CHECK(条件)]
)
```

说明：

（1）列名：用户自定义属性的名称，应遵守标识符的命名规则。

（2）数据类型：用来指定该列存放何种类型的数据。

（3）not null|null：指定该列是否允许存放空值。

（4）identity(初始值,步长值)：用来指定标识列及其初始值和步长值。

（5）unique：指定唯一性约束。

（6）primary key：建立主键约束。

（7）foreign key：建立外键约束，括号中所指定的列即为外键；REFERENCES 用来指定外键所参照的表，表名后面的列名用来指定外键所参照的列。

（8）default：为指定的列定义一个默认值，当该列没有录入数据时，则用默认值代替。

（9）check：定义检查约束，使用指定条件对存入表中的数据进行检查，以确定其合法性，提高数据的安全性。

2.4.4.2　修改数据表

语法格式如下：

```
ALTER TABLE 数据表名称
{
ALTER COLUMN 字段名  数据类型[NULL|NOT NULL]
|ADD 字段名  数据类型[NULL|NOT NULL]
|ADD CONSTRAINT 约束名  约束类型
|DROP COLUMN 字段名[,...n]
|DROP CONSTRAINT 约束名
}
```

说明：

(1) alter table：表明是要修改表。

(2) alter column 列名：表明要更改的字段。

(3) add 列名：添加新的字段。

(4) add constraint：为表添加约束，各类型约束格式如下：

1) 添加主键约束。

```
ADD CONSTRAINT 约束名 PRIMARY KEY(列名[,...n])
```

2) 添加外键约束。

```
ADD CONSTRAINT 约束名 FOREIGN KEY(列名)REFERENCES 表名(列名)
```

3) 添加默认值约束。

```
ADD CONSTRAINT 约束名 DEFAULT<默认值>FOR<列名>
```

4) 添加唯一性约束。

```
ADD CONSTRAINT 约束名 UNIQUE(列名[,...n])
```

5) 添加检查约束。

```
ADD CONSTRAINT 约束名 CHECK(检查条件)
```

(5) drop column 列名：删除指定的列。

(6) drop constraint 子句：用来删除指定的约束。

2.4.4.3 删除约束

语法格式如下：

```
ALTER TABLE 表名
DROP CONSTRAINT 约束名
```

提示：若删除主外键约束的话，则无法建立关系图。

【例 2-8】删除 student 表中的 class_id 的外键约束和 s_sex 的检查约束。

T-SQL 语句如下：

```
ALTER TABLE student
DROP CONSTRAINT FK_student_class
DROP CONSTRAINT CK_student_sex
```

点击工具栏上的【执行】按钮，得到"命令已成功完成。"的消息。

2.4.4.4 删除数据表

语法格式如下：

```
DROP TABLE 表名
```

【例 2-9】删除学生表(student)和班级表(class)。

T-SQL 语句如下：

```
USE STUDENT
GO
DROP TABLE student
DROP TABLE class
```

点击工具栏上的【执行】按钮，得到"命令已成功完成。"的消息。

2.4.5 建立数据库表之间的关系和关系图

建立数据库表之间的关系体现了关系型数据库的主要特点，就是实施引用完整性约束，方便连接两个表或多个表，以便一次能查找到多个相关数据。

将多个数据置于多个不同的表中有两个好处：一是减少数据冗余，二是保证数据的完整性和正确性。

数据库关系图并非是指描述数据库之间的关系图，而是指某数据库的表（视图）之间的关系图，即数据库关系图描述的是数据库表之间的关系。表与表之间的关系是通过主键和外键实现的。

任务 实施

(1) 创建数据表。创建"学生成绩管理系统"数据库中的基本数据表，并添加相应的约束。相关的表结构见"学习情境 1→任务 1.4 学生成绩管理系统的物理设计"中的表结构，使用 T-SQL 语句创建。

1) 创建学生表(student)。

定义 s_id 为主键约束，s_sex 为"男"或"女"的检查约束。

① 在 SQL Server Management Studio 窗口工具栏中，单击【新建查询】按钮，打开一个"查询编辑器"窗口，输入创建 student 表的 T-SQL 语句如下：

```
USE student
GO
CREATE TABLE student
(
          s_id char(10)    NOT NULL,
          s_name char(10)    NOT NULL,
          s_sex char(2)    NULL,
          born_date smalldatetime NULL,
          nation char(10)    NULL,
          place char(16)    NULL,
          politic char(10)    NULL,
          tel char(20)    NULL,
          address varchar(40)    NULL,
          class_id char(8)    NOT NULL,
          PRIMARY KEY(s_id),
          CHECK(s_sex = '男' OR s_sex = '女'),
)
```

② 单击工具栏上的【执行】按钮。如果成功执行,在消息窗格中显示"命令已成功完成。"的提示消息,如图 2-51 所示。

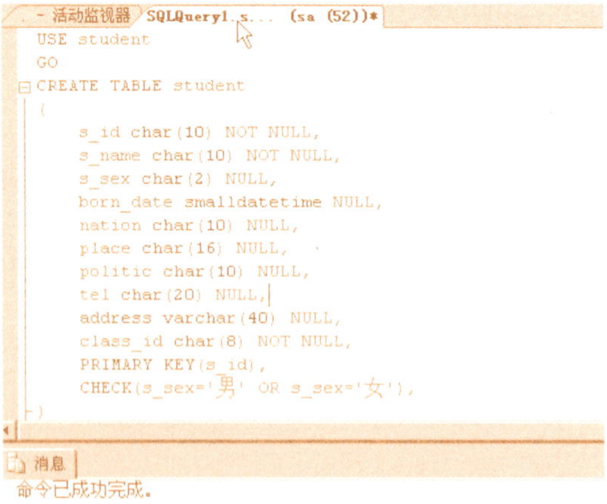

图 2-51 创建 student 表执行结果

③ 在"对象资源管理器"窗格中,展开 student 数据库,在"表"节点上右击,在弹出的快捷菜单中单击"刷新"命令,可以看到新建的 student 表。

2) 创建系部表(dept)。定义 dept_id 为主键约束。

```
USE student
GO
```

```sql
CREATE TABLE dept
(
    dept_id char(2)    PRIMARY KEY NOT NULL,
    dept_name varchar(30)   NOT NULL,
    dept_head char(10)   NULL,
)
```

单击工具栏上的【执行】按钮。如果成功执行,在消息窗格中显示"命令已成功完成。"的提示消息。

3) 创建班级表(class)。定义 class_id 为主键约束,dept_id 为外键约束。

```sql
CREATE TABLE class
(
    class_id char(8)    NOT NULL,
    class_name char(30)    NOT NULL,
    tutor char(10)    NULL,
    dept_id char(2)    NOT NULL,
    PRIMARY KEY(class_id),
    FOREIGN KEY(dept_id)    REFERENCES dept(dept_id)
)
```

单击工具栏上的【执行】按钮。如果成功执行,在消息窗格中显示"命令已成功完成。"的提示消息。

4) 创建课程表(course)。定义 c_id 为主键约束。

```sql
CREATE TABLE course
(
    c_id char(6)    NOT NULL PRIMARY KEY,
    c_nmae char(20)    NOT NULL,
    c_type char(10)    NULL,
    period int NULL,
    credit int NULL,
    semester char(11)    NULL,
)
```

单击工具栏上的【执行】按钮。如果成功执行,在消息窗格中显示"命令已成功完成。"的提示消息。

5) 创建成绩表(score)。定义 s_id 和 c_id 为组合主键,设置相应的外键约束,并设置 grade 的成绩检查约束。

```
CREATE TABLE score
(
    s_id char(10)    NOT NULL,
    c_id char(6)    NOT NULL,
    grade int NULL,
    resume char(100)    NULL,
    PRIMARY KEY(s_id, c_id),
    FOREIGN KEY(s_id)    REFERENCES student(s_id),
    FOREIGN KEY(c_id)    REFERENCES course(c_id),
    CHECK(grade >= 0 AND grade <= 100)
)
```

单击工具栏上的【执行】按钮。如果成功执行,在消息窗格中显示"命令已成功完成。"的提示消息。

6) 创建教师表(teacher)。定义 t_id 为主键,dept_id 为外键,t_sex 为"男"或"女"的检查约束。

```
CREATE TABLE teacher
(
    t_id char(4)    NOT NULL,
    t_name char(10)    NOT NULL,
    t_sex char(2)    NULL CHECK(t_sex IN ('男','女')),
    title nchar(10)    NULL,
    dept_id char(2)    NULL,
    PRIMARY KEY(t_id),
    FOREIGN KEY(dept_id)    REFERENCES dept(dept_id)
)
```

单击工具栏上的【执行】按钮。如果成功执行,在消息窗格中显示"命令已成功完成。"的提示消息。

7) 创建任课表(teach)。定义 c_id 和 t_id 的组合主键约束。

```
CREATE TABLE teach
(
    c_id char(6)    NOT NULL,
    t_id char(4)    NOT NULL,
    PRIMARY KEY(c_id, t_id)
)
```

单击工具栏上的【执行】按钮。如果成功执行,在消息窗格中显示"命令已成功完成。"的提示消息。

(2) 修改表结构。

1) 修改学生表(student)的表结构。添加 resume 字段为 100 字节长度的字符串类型，并设置 class_id 为外键约束，nation 默认为"汉"和 politic 默认为"团员"的默认约束，代码如下：

```
USE student
GO
ALTER TABLE student
ADD resume varchar(100)
ALTER TABLE student
ADD CONSTRAINT FK_student_class FOREIGN KEY(class_id)  REFERENCES class(class_id)
ALTER TABLE student
ADD CONSTRAINT DF_student_nation DEFAULT ('汉')  FOR nation
ALTER TABLE student
ADD CONSTRAINT DF_student_politic DEFAULT ('团员')  FOR politic
```

单击工具栏上的【执行】按钮。如果成功执行，在消息窗格中显示"命令已成功完成。"的提示消息。

2) 为课程表(course)添加 c_name 字段的唯一性约束。

```
USE student
GO
ALTER TABLE course
ADD CONSTRAINT UK_course UNIQUE(c_name)
```

单击工具栏上的【执行】按钮。如果成功执行，在消息窗格中显示"命令已成功完成。"的提示消息。

(3) 创建表之间的关系图。在前面创建数据表的过程中，创建了表之间的关系。接着创建表之间的关系图，可以在"对象资源管理器"中展开该数据库，选择"数据库关系图"，右键单击"新建数据库关系图"，然后根据提示信息新建数据库关系图，在向导中选择要显示关系的表，如图 2-52 所示。

对于数据表中没有创建的关联，可以通过在"新建的数据库关系图"中创建关系，选择一张表的某个字段，按住鼠标左键不放，拖到相应的关联表对应的字段，松开鼠标左键，弹出"表和列"对话框，相应地选择设置关系，点击【确定】按钮，如图 2-53 所示。

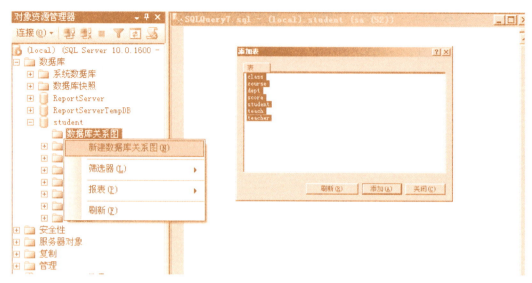

图 2-52 "添加表"对话框

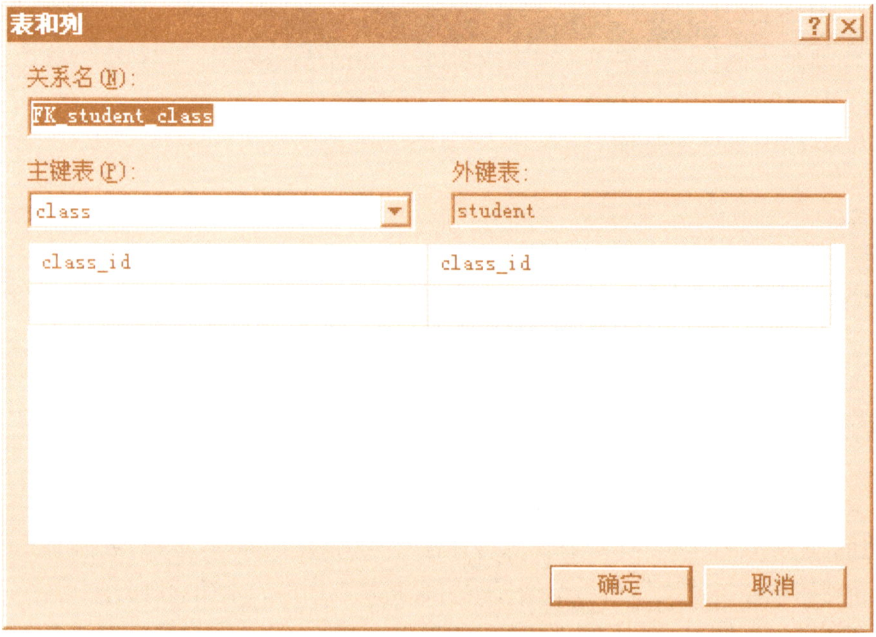

图 2-53 "表和列"对话框

建立的"学生成绩管理系统"数据库表之间的关系如图 2-54 所示。

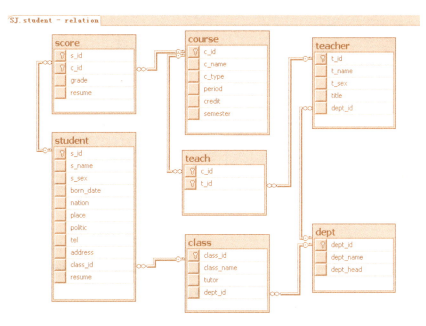

图 2-54 student 数据库表之间的关系图

任务 总结

本次任务主要完成"学生成绩管理系统"数据库中 7 张数据表的创建工作。创建数据库表首先创建表的结构,然后进行完整性约束的设置,最后创建表之间的关系和关系图。在创建过程中,可对表进行修改、删除等操作,进一步完善所创建的数据表。

任务 2.5 管理学生成绩管理系统数据表

任务 描述

完成"学生成绩管理系统"数据库创建后,数据库中没有存放任何数据。现在需要将学生成绩管理相关的数据存入数据库中,以便对数据进行应用和整理。

任务 分析

通过以上的任务描述,完成任务的具体步骤如下:
(1) 数据表中插入记录。
(2) 修改数据表记录。
(3) 删除数据表记录。
提示:本书所用的数据表中的测试数据见本书附录 2。

2.5.1 使用对象资源管理器管理数据

2.5.1.1 插入记录

一方面通过数据的插入来检测前面创建的表是否正确；另一方面，将数据插入数据库的各个表中，为今后的应用开发提供完整的测试数据。

图2-55 编辑"表"快捷菜单

【例2-10】向 student 表中插入一条记录，步骤如下：

（1）启动 Microsoft SQL Server Management Studio 程序，在"对象资源管理器"中依次展开"服务器"→"数据库"→"表"目录，找到需要插入数据记录的表。

（2）在 student 表上右击，在弹出的快捷菜单中选择"编辑前200行"选项，如图2-55所示。

提示：如果数据表中的数据记录超过200行，此时可以通过调整需要编辑的行数来实现编辑数据记录，实现方法如下：

单击工具栏中的"工具"菜单栏，选择"选项"菜单。在"选项"窗口中选择"SQL Server 对象资源管理器"目录下的"命令"选项，在窗口右边将显示"表和视图选项"，在"编辑前〈n〉行命令的值"文本框中，将原先的"200"调整为"2000"，如图2-56所示。

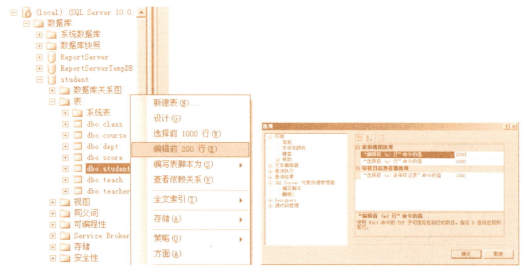

图2-56 调整编辑和选择的行数

完成后单击【确定】按钮,在"对象资源管理器"窗口中用鼠标右击 student 数据库下的任意表,菜单项中将显示有"编辑前 2000 行"选项。

(3) 在打开的窗口中即可插入数据,如图 2-57 所示。插入完成以后关闭窗口即可,数据将自动保存。

s_id	s_name	s_sex	born_date	nation	place	politic	tel	address	class_id	resu...
1004091103	顾思语	女	1991-08-15	汉	江苏无锡	党员	15534212525	江苏省无锡市	10040911	NULL
1004091201	刘莉	女	1990-01-28	汉	江苏丹阳	团员	18752748977	江苏省丹阳市大...	10040912	NULL
1004091202	顾倩	女	1991-06-11	汉	江苏镇江	党员	13352668833	江苏省镇江市	10040912	NULL
1004091203	阿诗玛	女	1992-11-13	汉	云南昆明	党员	15552500214	云南省昆明市	10040912	NULL
1004101101	许海建	女	1991-11-11	汉	湖北武汉	团员	18752511111	湖北武汉市	10041011	NULL
1004101102	陈林	女	1993-09-01	汉	湖南长沙	团员	18652511112	湖南长沙市	10041011	NULL
1004101103	顾正刚	男	1991-02-05	汉	江苏常州	团员	18752512121	江苏省常州市	10041011	NULL
1004101201	许洁	女	1989-05-01	汉	安徽合肥	团员	18752511234	安徽省合肥市	10041012	NULL
1004101202	孙莎莎	女	1992-09-12	汉	中国北京	团员	18652515643	中国北京市	10041012	NULL
1004101203	夏志	男	1990-06-05	汉	四川成都	党员	18552512222	四川省成都市	10041012	NULL
1004111101	夏伟	男	1992-11-01	汉	江苏盐城	党员	18952890121	江苏省盐城市	10041111	NULL
1004111102	孙鹏城	男	1990-05-01	汉	江苏徐州	团员	18852125621	江苏省徐州市铜山	10041111	NULL
1004111103	刘柳	女	1991-02-04	汉	江西南昌	团员	18752509809	江西省南昌市	10041111	NULL
1004111201	陈建	男	1991-03-01	汉	北京海淀区...	党员	18952578622	北京海淀区	10041112	NULL
1004111202	罗进	男	1990-08-01	汉	河北沧州	团员	18852453533	河北省沧州市	10041112	NULL
1004111203	章子怡	女	1992-02-04	汉	甘肃嘉峪关...	团员	18752234525	甘肃省嘉峪关市	10041112	NULL
10041112	王芳	女	1991-04-08	汉	河北石家庄	团员	15145678923	河北石家庄	10041112	NULL
NULL	NULL	NULL	NULL	NULL	NULL	NULL	NULL	NULL	NULL	NULL

图 2-57 插入记录

提示:在表中插入记录时,有时会出现提示"无法插入记录"对话框,如图 2-58 所示。这是因为 student 表和 class 表存在主外键关联,我们插入的"09010111"班级号,在 class 中没有这个班级号,只要在 class 表中添加"09010111"班级号的记录就可以了。

图 2-58 "无法插入记录"对话框

2.5.1.2 修改记录

如果关系表中的数据不正确或需要更新原始数据时,就要修改这些错误的数据或更新原始的数据。使用"对象资源管理器"修改记录和添加记录的操作相似。

在 SQL Server Management Studio 窗口中选择并右击表,然后在快捷菜单中选择"编辑前 200 行"选项,打开需要修改数据的表,修改相应记录。

2.5.1.3 删除记录

随着对数据的使用和修改,表中可能存在一些无用的数据,这些无用的数据不仅占用空间,还会影响修改和查询的速度,应及时将它们删除。

【例 2-11】在教师表(teacher)中,删除一条记录。

操作步骤如下:

(1) 启动 Microsoft SQL Server Management Studio 程序,在"对象资源管理器"中依次展开"服务器"→"数据库"→"表"目录,找到需要删除记录的表。

(2) 以 teacher 表为例,在 teacher 表上右击,在弹出的快捷菜单中选择"编辑前 200 行"选项,打开 teacher 表。

(3) 选择要删除的记录行,点击右键,在快捷菜单中选择"删除"选项,如图 2-59 所示。

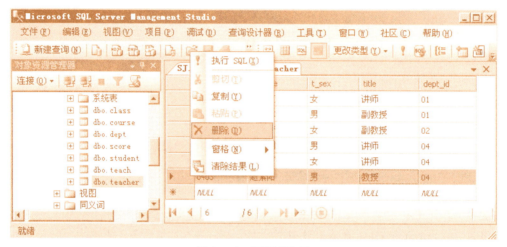

图 2-59 "删除"选项

(4) 在弹出"确认删除"对话框中单击【是】按钮,即可成功删除记录,如图 2-60 所示。

图 2-60 "确认删除"对话框

2.5.2 使用 T-SQL 语句管理数据

2.5.2.1 插入记录

使用 INSERT 语句一行一行插入数据是最常用的方法。

语法格式如下:

```
INSERT [INTO]表名[(列名列表)]VALUES(值列表)
```

说明：
（1）[INTO]是可选的，也可以省略。
（2）表名是必须的。
（3）表的列名是可选的，如果省略，将以此插入所有列。
（4）多个列名和多个值列表用逗号分隔。

2.5.2.2 修改记录

语法格式如下：

UPDATE 表名 SET 列名 = 更新值[WHERE<更新条件>]

说明：
（1）SET 后面可以紧随多个数据列的更新值，不限一个，使用逗号分隔。
（2）WHERE 子句是可选的，用来限制更新数据的条件。如果不限制，则整个表的所有数据行将被更新。

提示：需要注意的是，使用 update 语句，可以更新一行数据，也可以更新多行数据。

2.5.2.3 删除记录

使用 delete 语句删除数据是最常用的方法，其语法格式如下：

DELETE [FROM]表名[WHERE<删除条件>]

通过在 delete 语句中使用 where 子句，可以删除表中的单行、多行及所有行数据。如果 delete 语句中没有 where 子句的限制，表中的所有记录都将被删除。

delete 语句不能删除记录的某个字段的值，delete 语句只能对整条记录进行删除。使用 delete 语句只能删除表中的记录，不能删除表本身。删除表本身的命令可以使用 drop table 命令。

任务 实施

（1）使用 insert 语句添加记录。单击工具栏上的【新建查询】按钮，打开一个"查询编辑器"窗口。

方法一

```
INSERT student(s_id,s_name,s_sex,born_date,nation,place,politic,
               tel,address,class_id,resume)
VALUES('1004111205','张博','女','1991-05-12','汉','江苏徐州','团员',
       '0516-83456323','江苏省徐州市解放南路','10041112','')
```

单击工具栏上的【执行】按钮。在"消息"窗格中出现"(1 行受影响)"的提示，说明记录插入成功，运行结果如图 2-61 所示。

```
SQLQuery1.s... (sa (53))*   SJ.student - dbo.class   SJ.student - dbo.student
    INSERT student(s_id,s_name,s_sex,born_date,nation,place,politic,
             tel,address,class_id,resume)
    VALUES('1004111205','张博','女','1991-05-12','汉','江苏徐州','团员',
           '0516-83456323','江苏省徐州市解放南路','10041112','')
```

消息

(1 行受影响)

图 2-61　插入记录执行结果

提示：在上面的语句输入过程中，有自动提示功能，可以直接选择，如图 2-62 所示。

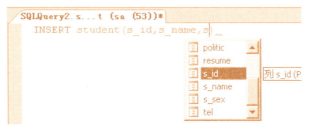

图 2-62　自动提示功能

方法二

```
INSERT INTO student              --INTO 关键字可省略
VALUES('1004111206','姚蓓','女','1990-09-22','汉','江苏昆山','团员',
'0512-86452367','江苏省昆山市玉山镇','10041112','')
```

单击工具栏上的【执行】按钮。在"消息"窗格中出现"(1 行受影响)"的提示，说明记录插入成功。

打开 student 表查看记录，如图 2-63 所示。

1004111101	夏伟	男	1992-11-01...	汉	江苏盐城	党员...	18952890121	江苏省盐城市	10041111	NULL
1004111102	孙鹏城	男	1990-05-01...	汉	江苏徐州	团员	18852125621	江苏省徐州市铜山	10041111	NULL
1004111103	刘柳	女	1991-02-04...	汉	江西南昌	团员	18752509809	江西省南昌市	10041111	NULL
1004111201	陈建	男	1991-03-01...	汉	北京海淀区	党员	18952578622	北京海淀区	10041112	NULL
1004111202	罗进	男	1990-08-01...	汉	河北沧州	团员	18852453533	河北省沧州市	10041112	NULL
1004111203	章子怡	女	1992-02-04...	汉	甘肃嘉峪关	团员	18752234525	甘肃省嘉峪关市	10041112	NULL
1004111204	王芳	女	1991-04-08...	汉	河北石家庄	团员	15145678923	河北石家庄	10041112	NULL
1004111205	张博	女	1991-05-12...	汉	江苏徐州	团员	0516-83456323	江苏省徐州市解...	10041112	
1004111206	姚蓓	女	1990-09-22...	汉	江苏昆山	团员	0512-86452367	江苏省昆山市玉...	10041112	
NULL	NULL	NULL	NULL	NULL	NULL	NULL	NULL	NULL	NULL	NULL

图 2-63　查看 student 表记录

(2) 使用 update 语句修改记录。将 course 表中的"计算机应用基础"课程名称修改为"信息技术"，并且课时调整为 56，其修改记录的 T-SQL 语句如下：

```
UPDATE course
SET c_name = '信息技术', period = 56
where c_id = '090407'
```

单击工具栏上的【执行】按钮。在"消息"窗格中出现"(1 行受影响)"的提示,说明记录修改成功,运行结果如图 2-64 所示。

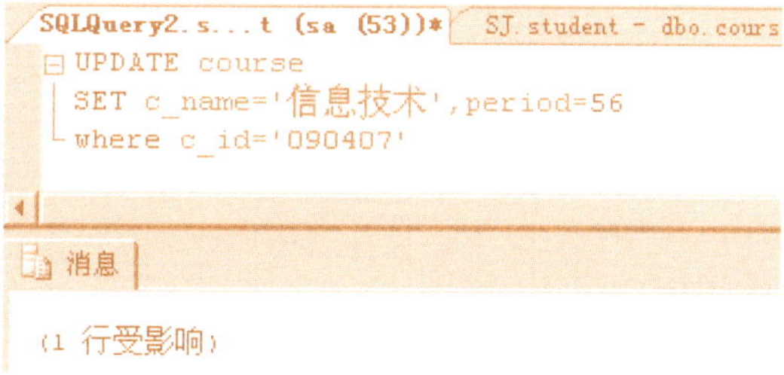

图 2-64　修改记录执行结果

(3) 使用 delete 语句删除记录。在 score 表中,要删除学号为"0902011101"学生的课程号为"090101"课程的成绩记录,其删除记录的 T-SQL 语句代码如下:

```
use student
DELETE score
WHERE s_id = '0902011101' AND c_id = '090101'
```

单击工具栏上的【执行】按钮。在"消息"窗格中出现"(1 行受影响)"的提示,说明记录删除成功,执行结果如图 2-65 所示。

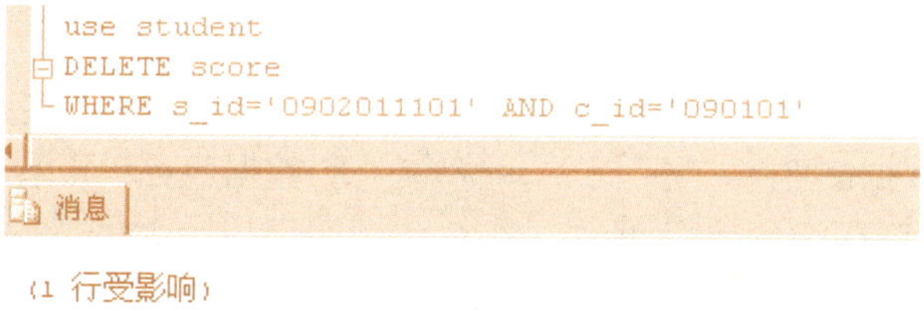

图 2-65　删除记录执行结果

delete 和 drop 的区别如下:delete 是删除记录,即使表中所有的记录被删除但表仍然存在;而 drop 是删除表,删除表的同时表中的记录自然也不存在。

使用 delete 语句删除数据,系统每次删除一行表中的记录,且在从表中删除记录行之前,在事务日志中记录相关的删除操作和删除行中的值,删除失败时可以用日志来恢复数据。

任务 总结

本任务主要介绍如何使用对象资源管理器方式和使用 T-SQL 语句方式对数据表进行

添加记录、修改记录和删除记录的操作方法。在添加、修改和删除记录时,要注意表与表之间主外键关联。

拓展训练

一、选择题

1. 某单位由不同的部门组成,不同的企业每天都会产生一些报告、报表等数据,以往都采用纸张的形式来进行数据的保存和分类,随着业务的扩展,这些数据越来越多,此时应该考虑(   )。
   A. 由多个人来完成这些工作
   B. 在不同的部门中,由专门的人员去管理这些数据
   C. 采用数据库系统来管理这些数据
   D. 把这些数据统一成一样的格式
2. 适合中小型企业的数据管理和分析平台的 SQL Server 2008 版本是(   )。
   A. 企业版   B. 标准版   C. 简易版   D. 开发版
3. 在 SQL Server 2008 数据库中,主数据文件的扩展名为(   )。
   A. mdf   B. ldf   C. ndf   D. log
4. SQL Server 2008 的数据库文件包括主数据文件、辅助数据文件和(   )。
   A. 索引文件   B. 日志文件   C. 备份文件   D. 程序文件
5. SQL Server 数据库的数据模型是(   )。
   A. 层次模型   B. 网状模型   C. 关系模型   D. 对象模型
6. SQL Server 2008 用于建立数据库的命令是(   )。
   A. CREATE TABLE   B. CREATE TABLE
   C. CREATE INDEX   D. CREATE VIEW
7. 下列说法正确的是(   )。
   A. 一个数据库可以定义多个主数据文件   B. 一个数据库只能定义一个日志文件
   C. 不能删除主数据文件   D. 数据库可以没有日志文件
8. 每个数据库有且只有一个(   )。
   A. 主要数据文件   B. 次要数据文件
   C. 日志文件   D. 索引文件
9. 用于存放系统及信息的数据库是(   )。
   A. master   B. tempdb   C. model   D. msdb
10. SQL Server 的字符型系统数据类型主要包括(   )。
    A. int,money,char   B. char,varchar,text
    C. datetime,binary,int   D. char,varchar,int
11. 某字段希望存放电话号码,该字段应选用(   )数据类型。
    A. char(10)   B. varchar(13)   C. text   D. int
12. 下列哪种数据类型不可以存储数据 256?(   )
    A. bigint   B. int   C. smallint   D. tinyint

13. 关系数据表的关键字可由( )字段组成。
    A. 一个　　　　　　B. 两个　　　　　　C. 多个　　　　　　D. 一个或多个
14. 修改数据库的 T-SQL 语句是( )。
    A. create table   B. alter database
    C. create database   D. alter table
15. 往某一数据库添加文件的命令是( )。
    A. create database 数据库名称 modify file
    B. alter database 数据库名称 modify file
    C. alter database 数据库名称 add file
    D. alter database 数据库名称 remove file
16. 在 SQL Server 2008 中,删除数据库使用( )语句。
    A. REMOVE　　　　B. DELETE　　　　C. ALTER　　　　　D. DROP
17. 为某个表添加一个新的字段的 T-SQL 语句是( )。
    A. create table table_name add column column_name data_type
    B. alter table table_name add column column_name data_type
    C. alter table table_name add column_name data_type
    D. alter table table_name modify column_name data_type
18. 下面是有关主键和外键之间的描述,正确的是( )。
    A. 一个表中最多只能有一个主键约束,但可以有多个外键约束
    B. 一个表中最多只能有一个主键约束和一个外键约束
    C. 在定义主外键约束时,应该首先定义主键约束,然后定义外键约束
    D. 在定义主外键约束时,应该首先定义外键约束,然后定义主键约束
19. 要在 SQL Server 中创建一个员工信息表,其中员工的薪水、医疗保险和养老保险分别采用 3 个列来存储,但是该公司规定:对任何一个员工,医疗保险和养老保险两项之和不能大于薪水的 1/3,这一项规则可以采用( )来实现。
    A. 主键约束　　　　B. 外键约束　　　　C. 检查约束　　　　D. 默认约束
20. 如果要删除 student 数据库中的 information 表,则可以使用命令( )。
    A. DELETE TABLE information   B. TRUNCATE TABLE information
    C. DROP TABLE information   D. ALTER TABLE information

二、填空题

1. 在基于 C/S 体系结构的系统中将应用软件分成两部分。在_____端定义数据库结构,存储数据,对数据的完整性、安全性进行统一管理,同时管理多用户的并发处理。
2. 显示数据库信息的系统存储过程是_____。
3. 删除数据库的 T-SQL 语句是_____。
4. 建立主键约束的作用是_____。
5. 插入记录、修改记录和删除记录的命令分别是_____、_____和_____。
6. 在 SQL_____Server_____2008 数据库中,数据表可以分为普通表、分区表、_____和_____。

7. 在一个已存在数据的表中增加一列，一定要保证所增加的列允许_____值。
8. 某个表中有一个"性别"字段，要求该字段只能接受的值为"男"或"女"，应该添加一个_____约束。
9. 使用 T-SQL 创建一个图书表 book，属性如下：图书编号、类别号、书名、作者、出版社；类型均为字符型；长度分别为 6、1、50、8、30；图书编号、类别号、书名 3 个字段不允许为空。

```
CREATE          book
(
    图书编号        (6)   NOT NULL,
    类别号 char(1)   NOT NULL,
    书名 varchar(50)           ,
    作者 char(8)   NULL,
    出版社 varchar(10)           ,
}
```

10. 删除 student 表中 class_id 的外键约束的 T-SQL 语句为_____。

三、简答题

1. SQL Server 2008 包含哪几种不同的版本？它可以提供什么服务？
2. SQL Server 2008 有哪几种系统数据库？它们的功能是什么？
3. SQL Server 2008 中有多少种约束？其作用分别是什么？

工作任务单

表 2-4　工作任务单 2-1

名称	创建和管理"社区图书管理系统"数据库	序号	2-1
任务目标	① 掌握 SQL Server 2008 的安装步骤 ② 熟悉 SQL Server 2008 的 SQL Server Management Studio 的使用方法 ③ 了解数据库管理工具及服务器的配置方法 ④ 掌握数据库的两种创建方法：使用 SQL Server Management Studio 创建和 T-SQL 语句创建 ⑤ 掌握对已经存在的数据库进行编辑和修改的方法 ⑥ 掌握使用不同的方法删除数据库		
项目描述	在充分需求分析的基础上，考虑社区软硬件以及今后系统的维护等实际情况，为"社区图书管理系统"数据库选择 SQL Server 2008 已知该社区图书室有藏书 6 000 册，本社区有 3 000 人，现要求利用 SQL Server 2008 创建和管理"社区图书管理系统"数据库		
工作要求	① 按时按质提交项目 ② 符合使用习惯		

续 表

工作条件	① 装有 Windows XP 和多媒体软件的计算机系统 ② 软件安装工具包 ③ 必要的参考资料	
任务完成方式	"　"小组协作完成，"　"个人独立完成	
工作流程		注意事项
		① 注意按照操作流程进行 ② 遵守机房操作规范

考核标准（技能和素质考核）

1. 专业技能考核标准（占 90%）

项目	考核标准	考核分值	备注

2. 学习态度考核标准（占 10%）

考核点及占项目分值比	建议考核方式	评价标准		
		优（85～100 分）	中（70～84 分）	及格（60～79 分）
实训报告书质量	教师	认真总结实训过程，发现和解决问题；认真按照要求项目填写；书面整洁，字迹清楚	认真总结实训过程，发现和解决问题；按照要求项目填写；书面整洁，字迹清楚	不认真总结实训得失；基本按照要求项目填写；书面不整洁，字迹一般
工作职业道德	教师	安全文明工作，具有良好的职业操守；爱护计算机等公共设施；按照布置的工作任务和要求去完成	安全文明工作，职业操守较好；爱护计算机等公共设施；基本按照布置的工作任务和要求去完成	安全文明工作，具有良好的职业操守；基本爱护计算机等公共设施；基本按照布置的工作任务和要求去完成
团队合作精神	教师	具有良好的团队合作精神，热心帮助小组其他成员；能与团队成员有效沟通；能合理分配小组成员工作任务	具有良好的团队合作精神，热心帮助小组其他成员；能合理分配小组成员工作任务；基本能与团队成员有效沟通	具有良好的团队合作精神，热心帮助小组其他成员；基本能合理分配小组成员工作任务；基本能与团队成员有效沟通
语言沟通能力	教师	能用专业语言正确流利地展示项目成果；能准确地回答教师提出的问题	能用专业语言正确流利地展示项目成果；基本能准确地回答教师提出的问题	基本能用专业语言正确流利地展示项目成果；基本能准确地回答教师提出的问题

续 表

3. 完成情况评价

自我评价	
小组评价	
教师评价	
问题与思考	

表 2-5　工作任务单 2-2

名称	创建和管理"社区图书管理系统"数据表	序号	2-2
任务目标	① 掌握使用 SQL Server Management Studio 创建表和 T-SQL 语句创建表的方法 ② 掌握修改和删除数据表的不同方法 ③ 熟悉各种约束的定义及其删除方法 ④ 了解数据表之间的关系和关系图 ⑤ 掌握使用不同的方法对数据表进行插入数据、修改数据和删除数据操作		
项目描述	完成"社区图书管理系统"数据库 book 创建后,就要将逻辑设计阶段设计好的表在数据库中逐一创建。可通过"对象资源管理器"和 T-SQL 语句方式来创建数据表。完成本任务,需要创建以下 5 张表:图书表、读者表、罚款表、类别表和借阅表,并添加约束、创建关系和关系图 能够通过不同的方法实现对数据表中插入记录、修改记录、删除记录的操作 "社区图书管理系统"数据库中所涉及的表,其结构见表 a 至表 e 1. 图书表(book 表),其结构见表 a		

表 a　book 表结构

字段名称	数据类型	长度	是否允许 null 值	说明
图书编号	char	6	否	主键
类别号	char	1	否	外键
书名	varchar	50	否	
作者	char	8	是	
出版社	varchar	30	是	
出版日期	smalldatetime		是	小于当前日期
定价	smallmoney		是	
登记日期	smalldatetime		否	
室藏总量	int		是	
库存量	int		是	
图书来源	char	4	是	
备注	varchar	40	是	

续 表

2. 读者表(reader 表),其结构见表 b

表 b　reader 表结构

字段名称	数据类型	长度	是否允许 null 值	说明
借书证号	char	6	否	主键
姓名	char	8	否	
性别	char	2	是	
联系电话	char	13	是	
联系地址	varchar	40	是	
借书限额	int		是	
借书量	int		是	

3. 借阅表(borrow 表),其结构见表 c

表 c　borrow 表结构

字段名称	数据类型	长度	是否允许 null 值	说明
借书证号	char	6	否	主键
图书编号	char	6	否	主键
借阅日期	smalldatetime		否	
应还日期	smalldatetime		是	借阅日期+1月
实还日期	smalldatetime		是	

4. 罚款表(penalty 表),其结构见表 d

表 d　penalty 表结构

字段名称	数据类型	长度	是否允许 null 值	说明
借书证号	char	6	否	主键
图书编号	char	6	否	主键
罚款日期	smalldatetime		否	
罚款类型	char	8	是	
罚款金额	smallmoney		是	

5. 类别表(category 表),其结构见表 e

表 e　category 表结构

字段名称	数据类型	长度	是否允许 null 值	说明
类别号	char	1	否	主键
图书类别	varchar	50	是	

续 表

工作要求	① 按时按质提交项目 ② 符合使用习惯		
工作条件	① 装有 Windows XP 和多媒体软件的计算机系统 ② 软件安装工具包 ③ 必要的参考资料		
任务完成方式	""小组协作完成,""个人独立完成		
工作流程		注意事项	
		① 注意按照操作流程进行 ② 遵守机房操作规范	

考核标准(技能和素质考核)

1. 专业技能考核标准(占 90%)

项目	考核标准	考核分值	备注

2. 学习态度考核标准(占 10%)

考核点及占项目分值比	建议考核方式	评价标准		
		优(85~100 分)	中(70~84 分)	及格(60~79 分)
实训报告书质量	教师	认真总结实训过程,发现和解决问题;认真按照要求项目填写;书面整洁,字迹清楚	认真总结实训过程,发现和解决问题;按照要求项目填写;书面整洁,字迹清楚	不认真总结实训得失;基本按照要求项目填写;书面不整洁,字迹一般
工作职业道德	教师	安全文明工作,具有良好的职业操守;爱护计算机等公共设施;按照布置的工作任务和要求去完成	安全文明工作,职业操守较好;爱护计算机等公共设施;基本按照布置的工作任务和要求去完成	安全文明工作,具有良好的职业操守;基本爱护计算机等公共设施;基本按照布置的工作任务和要求去完成
团队合作精神	教师	具有良好的团队合作精神,热心帮助小组其他成员;能与团队成员有效沟通;能合理分配小组成员工作任务	具有良好的团队合作精神,热心帮助小组其他成员;能合理分配小组成员工作任务;基本能与团队成员有效沟通	具有良好的团队合作精神,热心帮助小组其他成员;基本能合理分配小组成员工作任务;基本能与团队成员有效沟通

续 表

考核点及占项目分值比	建议考核方式	评价标准		
		优(85～100分)	中(70～84分)	及格(60～79分)
语言沟通能力	教师	能用专业语言正确流利地展示项目成果;能准确地回答教师提出的问题	能用专业语言正确流利地展示项目成果;基本能准确地回答教师提出的问题	基本能用专业语言正确流利地展示项目成果;基本能准确地回答教师提出的问题

3. 完成情况评价

自我评价	
小组评价	
教师评价	
问题与思考	

第3章 数据库系统应用

教学 导航

表3-1 教学导航3

能力目标	① 会使用 select 语句进行简单查询 ② 会对查询结果按指定字段排序 ③ 会使用表达式、运算符和函数进行查询 ④ 会使用 like、between、in 进行模糊查询 ⑤ 会使用 group by 进行分组查询 ⑥ 能创建、管理和使用视图 ⑦ 能对数据库表实施查询优化 ⑧ 能用流程控制语句进行简单的程序设计 ⑨ 能进行存储过程的创建、调用和管理 ⑩ 能进行触发器的创建和管理 ⑪ 能进行简单的事务编程
知识目标	① 掌握 select 语句基本结构 ② 掌握视图的概念,了解视图与查询及基本表的区别 ③ 掌握索引的概念和作用 ④ 了解 T-SQL 程序的主要语法,掌握常量和变量的概念 ⑤ 掌握流程控制语句的语法和使用方法 ⑥ 了解存储过程的概念,掌握存储过程的创建和调用的命令格式 ⑦ 理解触发器的基本概念及其执行过程 ⑧ 了解事务的运行机制
职业素质 目标	① 培养获取必要知识的能力 ② 培养团队协作的能力 ③ 培养沟通能力
教学方法	项目教学法、任务驱动法
考核项目	见工作任务单3
考核形式	过程考核
课时建议	16课时(含课堂同步实践)

任务 3.1　班级学生基本信息查询

任务 引入

学生成绩数据库设计和实现任务完成后，接下来就可以利用 SQL Server 平台实现对数据库的各种应用。其中包括 select 语句检索数据、T-SQL 语言设计程序、索引提高查询速度、视图定制数据、存储过程定制功能、事务维护数据的一致性和触发器自动处理数据等。

任务 描述

王老师是新生班 09 计算机应用技术 1 班（班级号为"09041011"）的班主任，新生马上要上课了，她需要本班学生的如下信息，以尽快地熟悉新生情况：

(1) 本班学生基本信息。
(2) 查询苏南地区（江苏苏州、江苏无锡、江苏常州）的学生信息。
(3) 按学号排列的班级学生名单，内容包括学号、姓名，用作任课教师的花名册。
(4) 本班学生相关数据的统计包括：男、女生人数；党、团员人数；来自不同地区的人数；不同年龄的人数。

任务 分析

此任务主要涉及数据的查询操作，这些查询操作实现在一个表上的投影和选择。
(1) 查询结果数据全部来自学生表（student），属单表查询。
(2) 查询结果数据列来自学生表的全部字段或部分字段。
(3) 查询结果数据行来自学生表全部记录或满足某些条件的记录。
(4) 查询结果数据要求按一定的顺序排列。
(5) 查询结果是对学生表数据的分组统计。

任务 资讯

3.1.1　查询简介

查询是对表中已经存在的数据而言的，可以简单地理解为"筛选"，将一定条件的数据抽取出来。数据表在接受查询请求的时候，可以简单地理解为"它将逐行判断"，判断是否符合查询条件。如果符合查询条件就提取出来，然后把所有被选中的行组织在一起，形成另外一个类似于表的结构，构成查询的结果，通常叫做记录集（RecordSet）。

由于记录集的结构和表的结构非常类似，都是由行组成的，因此，在记录集上也可以进行再次查询。

查询语句一般都在 SQL Server Management Studio 的查询窗口进行调试和运行。

3.1.2 select 查询

3.1.2.1 select 查询语句的语法格式

SELECT [ALL|DISTINCT]<字段列表>
[INTO 新表名]
FROM<表名列表>
[WHERE<查询条件>]
[GROUP BY<字段名>[HAVING<条件表达式>]]
[ORDER BY<字段名>[ASC|DESC]]

说明：

（1）all|distinct。其中，all 表示查询满足条件的所有行；distinct 表示在查询的结果集中，内容相同的记录只显示一条。

（2）〈字段列表〉。由被查询的表中的字段或表达式组成，指明要查询的字段信息。

（3）into 新表名。表示在查询的时候同时建立一个新的表，新表中存放的数据来自查询的结果。

（4）from〈表名列表〉。指出针对哪些表进行查询操作，可以是单个表，也可以是多个表。当查多个表时，表名与表名之间用逗号隔开。

（5）where〈查询条件〉。用于指定查询的条件。该项是可选项，即可以不设置查询条件，也可以设置一个或多个查询条件。

（6）group by〈字段名〉。对查询的结果按照指定的字段进行分组。

（7）having〈条件表达式〉。对分组后的查询结果再次设置筛选条件，最后的结果集中只包含满足条件的分组。必须与 group by 子句一起使用。

（8）order by〈字段名〉[asc|desc]。对查询的结果按照指定的字段进行排序，其中，[asc|desc]用来指明排序方式，asc 为升序，desc 为降序。

3.1.2.2 select 查询语句的基本格式

SELECT<字段列表>
FROM<表名>
[WHERE<查询条件>]

说明：根据 where 子句的查询条件，从 from 子句指定的表中找出满足条件的记录，再按 select 语句中指定的字段次序筛选出记录中的指定字段值。若不设置查询条件，则表示查询表中的所有记录。

3.1.3 单表查询

为了让大家能够熟练掌握 select 查询语句格式中各个部分的功能，我们先从单表查询开始,然后逐步延伸到多表的查询。

3.1.3.1 查询表中所有数据

将表中的所有数据都列举出来比较简单,可以使用"*"来解决。其语法格式如下:

(1) SELECT * FROM〈表名〉

(2) SELECT 所有列名 FROM〈表名〉

【例3-1】检索学生表中的所有信息。

```
SELECT * FROM student
```

或者

```
SELECT
s_id, s_name, s_sex, born_date, nation, place, politic, tel, address, class_
id, resume
FROM student
```

3.1.3.2 查询部分列数据

查询时只需显示表中部分列数据时,可以通过指定列名来显示。

【例3-2】检索学生表中学生的学号、姓名和班级号。

```
SELECT s_id, s_name, class_id FROM student
```

3.1.3.3 查询中使用列的别名

在默认情况下,查询结果中的列标题可以是表中的列名或者无列标题。也可以根据实际需要,对列标题进行修改,修改方法如下:

(1) SELECT 列名|表达式 列别名 FROM 表名

(2) SELECT 列名|表达式 AS 列别名 FROM 表名

(3) SELECT 列别名=列名|表达式 FROM 表名

【例3-3】查询学生的学号、姓名和籍贯。

```
SELECT s_id AS 学号,s_name AS 姓名,s_id AS 籍贯
FROM student
```

3.1.3.4 查询中使用常数列

有时需要将一些常量的默认信息添加到查询输出列中,以方便统计或计算。

【例3-4】查询成绩表中没有成绩的学生。

```
SELECT 学号=s_id,姓名=s_name,'江扬学院'AS 学校名称
FROM student
```

查询输出时多了"学校名称"一列,该列的所有数据都是"江扬学院"。

3.1.3.5 查询满足条件的记录

当用户只需要了解表中部分记录的信息时,就应该在查询的时候使用 where 子句设置

筛选条件,把满足筛选条件的记录查询出来。

设置查询条件的 select 查询语句基本语法格式如下:

SELECT<字段列表>
FROM<表名>
WHERE<查询条件>

说明:其中的查询条件可以是关系表达式和逻辑表达式。

(1) 关系表达式。用关系运算符号将两个表达式连接在一起的式子称为关系表达式,其返回值为逻辑真(true)或逻辑假(false)。关系表达式的格式如下:

<表达式 1><关系运算符><表达式 2>

关系运算符用来判断两个表达式的大小关系,除了 text、ntext 或 image 数据类型的表达式外,关系运算符几乎可以用于其他所有的表达式,where 子句中关系表达式常用的关系运算符的符号及其说明见表 3-2。

表 3-2　T-SQL 中的关系运算符

运算符	说明	运算符	说明
=	等于	<=	小于或等于
>	大于	!=	不等于(非 SQL-92 标准)
<	小于	<>	不等于
>=	大于或等于		

【例 3-5】查询所有男学生的学号、姓名、性别和出生日期。

SELECT s_id, s_name, s_sex, born_date
FROM student WHERE s_sex = '男'

【例 3-6】查询 1989 年以后出生的学生基本信息。

SELECT * FROM student WHERE born_date>'1989-12-31'

【例 3-7】查询除江苏南通以外所有学生的学号、姓名信息。

SELECT s_id, s_name FROM student Where place <> '江苏南通'

(2) 逻辑表达式。用逻辑运算符号将两个表达式连接在一起的式子称为逻辑表达式,其返回值为逻辑真(true)或逻辑假(false)。逻辑表达式的格式如下:

[<关系表达式 1>]<逻辑运算符><关系表达式 2>

where 子句中逻辑表达式常用的逻辑运算符的符号及其说明如表 3-3 所示。

表 3-3　T-SQL 中的逻辑运算符

运算符	说　　明
AND	当且仅当两个关系表达式都为 TRUE 时,返回 TRUE
OR	当且仅当两个关系表达式都为 FALSE 时,返回 FALSE
NOT	对关系表达式的值取反,优先级别最高
ALL	如果一组的比较都为 TRUE,则比较结果才为 TRUE
ANY	如果一组的比较中任何一个为 TRUE,则结果为 TRUE
SOME	如果一组的比较中,有些比较结果为 TRUE,则结果为 TRUE

【例 3-8】查询 1989 年以后出生的所有女生的基本信息。

SELECT* FROM student WHERE born_date>'1989-12-31' AND s_sex = '女'

【例 3-9】查询学生表中非团员的学生信息。

SELECT* FROM student WHERE NOT(politic = '团员')

【例 3-10】查询学生表中班级号为"09020111"或"09040911"的学生的学号、姓名、班级编号、家庭住址和备注信息。

SELECT s_id, s_name, class_id, address, resume FROM student WHERE
class_id = '09020111'or class_id = '09040911'

all、any、some 多用于子查询,具体示例在子查询中介绍。

3.1.3.6　查询返回限制的行数

一些查询需要返回限制的行数。例如,在测试的时候,如果数据库中有上万条记录,只要检查前面几行数据是否有效就可以了,没有必要查询输出全部的数据,以提高测试速度,这时就要用到限制返回行数的查询。

在 T-SQL 语句中,限制行数使用 top 关键字来约束,其语法格式如下:

SELECT [TOP n [PERCENT]]字段列表
FROM<表名>

说明:top n 用于指定查询结果返回的行数,其返回的结果为查询到的前 n 条记录。

【例 3-11】查询返回众多学生记录中前 5 位女生的姓名和地址信息。

SELECT TOP 5 s_id, address
FROM student WHERE s_sex = '女'

还有一种情况是需要从表中按一定的百分比提取记录,这时还需要用到 percent 关键字来限制。

【例 3-12】 查询返回众多学生记录中前 20% 的女生的姓名和地址信息。

```
SELECT TOP 20 PERCENT s_id, address
FROM student WHERE s_sex = '女'
```

3.1.3.7 按指定列名排序

在对数据表进行查询时，如果需要使查询结果按一定的顺序输出，那么，在 T-SQL 语句中，通过 order by 子句即可实现此功能。

在 select 查询语句语法格式中，order by 子句在所有子句的最后，它是对最后的查询输出结果进行排序。

排序的方式有两种：asc(升序)和 desc(降序)。若在指定的排序字段后面省略排序方式，则默认为 asc(升序)。

【例 3-13】 按出生日期的降序显示学生表中学生的姓名和出生日期。

```
SELECT s_name, born_date
FROM student
ORDER BY born_date DESC
```

【例 3-14】 查询成绩表中 60 分以上学生的学号、课程号和分数，并且按学生成绩和课程号依次升序排序。

```
SELECT s_id, c_id, grade
FROM score
WHERE grade＞60
ORDER BY grade, c_id
```

说明：如果在 order by 子句后面指定多个排序字段，那么，先按第一个字段排序，若第一个字段值相同，再按第二个字段排序，依此类推，这种排序称作多能排序。

order by 子句中可以使用列名或列号；可以对多达 16 列进行排序。

3.1.4 聚合(集合)函数

实际生活中，用户经常需要对结果集进行统计，如求和、平均值、最大值、最小值、个数等，这些统计可以通过聚合函数实现。常用的聚合函数见表 3-4。

聚合函数对表中指定的若干列或行进行计算，并在查询结果集中产生统计值。

聚合函数可直接放在 select 子句的列表中，通过与分组子句(group by)有效组合，可以得到分组统计值，即分类汇总值。

表 3-4 常用聚合函数

聚合函数	功能	说明
SUM	求和	返回表达式中所有值的总和

续表

聚合函数	功能	说明
AVG	求平均值	返回表达式中所有值的平均值
COUNT	统计	统计满足条件的记录数
MAX	求最大值	返回表达式中的最大值
MIN	求最小值	返回表达式中的最小值

语法格式如下：

聚合函数([ALL|DISTINCT]表达式)

说明：all 表示对数值集中所有的值进行聚合函数运算，distinct 表示去除数值集中重复的值，默认为 all。表达式可以是涉及一个或多个列的算术表达式。

【例 3-15】查找成绩表中"090406"号课程的最高分和最低分。

```
SELECT MAX(grade)'最高分',MIN(grade)'最低分'
FROM score
WHERE c_id = '090406'
```

【例 3-16】计算成绩表中"0902011101"号学生的总成绩。

```
SELECT MAX(grade)'最高分',MIN(grade)'最低分'
FROM score
WHERE s_id = '0902011101'
```

【例 3-17】计算成绩表中学号为"0902011101"的学生的平均成绩。

```
SELECT AVG(grade)'平均分'
FROM score
WHERE s_id = '0902011101'
```

【例 3-18】统计成绩表中每个学生的总分和平均分，把查询结果按总分的降序排列输出。

```
SELECT s_id, SUM(grade)'总分',AVG(grade)'平均分'
FROM score
GROUP BY s_id
ORDER BY 总分 DESC
```

【例 3-19】统计学生表中学生的总数。

```
SELECT COUNT(s_id)'学生总数'
FROM student
```

提示：如果 count 函数使用列名作为参数，则只统计内容不为空的行的数目。如果使用"＊"作为参数，则统计所有行的数目(包括值为空的行)。

3.1.5 对查询结果进行分组

聚合函数只返回单个汇总，而使用 group by 子句可以进行分组汇总，为结果集中的每一行产生一个汇总值。

group by 子句的基本格式如下：

SELECT<[字段列表],[聚合函数(字段名)]>
FROM<表名>
GROUP BY<字段列表>

说明：

(1) 若在 select 子句后存在字段列表，则其字段列表与 group by 子句后的字段列表必须一致。

(2) 在查询语句 select 子句后面的字段列表中，如果既有字段名，又有聚合函数，那么，字段名要么被包含在聚合函数中，要么出现在 group by 子句中。

(3) 如果在 group by 子句后面有多个字段，那么，先按第一个字段分组，若第一个字段值相同，再按第二个字段分组，依此类推。

【例 3-20】统计学生表中各个班学生的总人数。

```
SELECT class_id, COUNT(s_id)人数
FROM student
GROUP BY class_id
```

【例 3-21】统计成绩表中每个学生的总分和平均分。

```
SELECT s_id 学号,SUM(grade)总分,AVG(grade)平均分
FROM score
GROUP BY s_id
```

【例 3-22】统计学生表中每个班男生和女生各有多少人。

```
SELECT class_id, s_sex, COUNT(s_sex)'人数'
FROM student
GROUP BY class_id, s_sex
```

3.1.6 函数

SQL Server 提供了一些内部函数，每个函数都实现不同的功能，不同类别的函数都可以和 select 语句联合使用。

常用的 4 类函数分别是字符串函数、日期函数、数学函数和系统函数。

3.1.6.1 字符串函数

字符串函数用于对字符串数据进行处理，并返回一个字符串或数字。常用的字符串函数见表 3-5。

表 3-5 常用的字符串函数

函数名	描述	举例
CHARINDEX	用来寻找一个指定的字符串在另一个字符串中的起始位置	SELECT CHARINDEX('NAME','My name is sun', 1) 返回：4
LEN	返回传递给它的字符串长度	SELECT LEN('SQL Server 课程') 返回：12
LOWER	把传递给它的字符串转换为小写	SELECT LOWER('SQL Server 课程') 返回：sql server
UPPER	把传递给它的字符串转换为大写	SELECT UPPER('sql server 课程') 返回：SQL SERVER
LTRIM	清除字符左边的空格	SELECT LTRIM('　周德') 返回：周德（后面的空格保留）
RTRIM	清除字符右边的空格	SELECT RTRIM('周德　') 返回：周德（前面的空格保留）
LEFT	从字符串左边返回指定数目的字符	SELECT LEFT('数据库的应用',3) 返回：数据库
RIGHT	从字符串右边返回指定数目的字符	SELECT RIGHT('数据库的应用',3) 返回：的应用
REPLACE	替换一个字符串中的字符	SELECT REPLACE('杨一清','清','兰') 返回：杨一兰
STUFF	在一个字符串中，删除指定长度的字符，并在该位置插入一个新的字符串	SELECT STUFF('ABCDEFG', 2,3,'我的音乐我的世界') 返回：A 我的音乐我的世界 EFG
ASCII	返回字符串中最左边一个字符对应的 ASCII 码整数值	SELECT ASCII('abc') 返回：97
CHAR	返回整数所代表的 ASCII 码值对应的字符	SELECT CHAR(97) 返回：a
STR	将一个数值转换为字符串	SELECT STR(4455.44) 返回：4455

续　表

函数名	描　述	举　例
SPACE	返回一个由空格组成的字符串	SELECT SPACE(6) 返回：6个空格
SUBSTRING	返回字符串中从指定位置开始的 n 个字符	SELECT SUBSTRING('abc',2,2) 返回：bc

3.1.6.2　日期函数

日期函数用于操作日期值，不能直接对日期运用数学函数。例如，如果执行一条"当前日期+1"的语句，SQL Server无法理解要增加的是一日、一月还是一年。

日期函数帮助提取日期中的日、月和年，以便分别操作它们。常用的日期函数见表3-6。

表3-6　常用的日期函数

函数名	描　述	举　例
GETDATE	取得当前的系统日期	SELECT GETDATE( ) 返回：今天的日期 例如：2011-10-12 12:00:00.000
DATEADD	将指定的数值添加到指定的日期部分后的日期	SELECT DATEADD(mm,4,'01/01/99') 返回：以当前的日期格式返回05/01/99
DATEDIFF	两个日期之间的指定日期部分的间隔	SELECT DATEDIFF(mm,'01/01/99','05/01/99') 返回：4
DATENAME	日期中指定日期部分的字符串形式	SELECT DATENAME(dw,'01/01/2011') 返回：Saturday或星期六
DATEPART	日期中指定日期部分的整数形式	SELECT DATEPART(day,'01/15/2011') 返回：15
DAY	返回指定日期的日数	SELECT DAY('10.13.2011') 返回：13
MONTH	返回指定日期的月份	SELECT MONTH('10.13.2011') 返回：10
YEAR	返回指定日期的年份	SELECT YEAR('10.13.2011') 返回：2011

【例 3-23】 计算在 2010 年 10 月 1 日的基础上增加 50 天的日期;计算 2012 年国庆节距离 2010 年 10 月 1 日有多少天。

```
SELECT DATEADD(DAY, 50,'2010-10-1')
SELECT DATEDIFF(DAY, GETDATE(),'2012-10-1')
```

【例 3-24】 查询成绩表中 09040911 班学生的学号和年龄的大小,并按照年龄进行降序排列,年龄相同时按学号的降序排列。

```
SELECT s_id, YEAR(GETDATE())-YEAR(born_date)'年龄'
FROM student
WHERE class_id = '09040911'
ORDER BY 年龄 DESC, s_id
```

"YEAR(getdate())-YEAR(born_date)"是表达式,其含义是取得系统当前日期中的年份减去"出生日期"字段中的年份,就是学生的当前年龄。

SQL Server 可识别的日期部分参数及其缩写如表 3-7 所示。

3.1.6.3 数学函数

数学函数用于对数值型数据进行处理,并返回处理结果。常用的数学函数见表 3-7。

表 3-7 常用的数学函数

函数名	描 述	举 例
RAND	返回从 0 到 1 之间的随机 float 值	SELECT RAND() 返回:0.79288062146374
ABS	取数值表达式的绝对值	SELECT ABS(-43) 返回:43
CEILING	返回大于或等于所给数字表达式的最小整数	SELECT CEILING(43.5) 返回:44
FLOOR	取小于或等于指定表达式的最大整数	SELECT FLOOR(43.5) 返回:43
POWER	取数值表达式的幂值	SELECT POWER(5,2) 返回:25
ROUND	将数值表达式四舍五入为指定精度	SELECT ROUND(43.543,1) 返回:43.5
SIGN	对于正数返回+1,对于负数返回-1,对于 0 则返回 0	SELECT SIGN(-43) 返回:-1
PI()	返回常数 3.141 59	

续表

函数名	描　述	举　例
SQRT	取浮点表达式的平方根	SELECT SQRT(9) 返回：3

3.1.6.4 系统函数

系统函数用来获取有关 SQL Server 中对象和设置的系统信息，常用的系统函数见表 3-7。

表 3-8　常用的系统函数

函数名	描　述	举　例
CAST	将表达式转换为指定的数据类型	SELECT CAST(grade as decimal(4,1)) FROM score 返回：grade 数据类型转换为 decimal
CONVERT	用来转变数据类型	SELECT CONVERT（VARCHAR（5），12345） 返回：字符串 12345
CURRENT_USER	返回当前用户的名字	SELECT CURRENT_USER 返回：你登录的用户名
DATALENGTH	返回用于指定表达式的字节数	SELECT DATALENGTH ('中国 A 盟') 返回：7
HOST_NAME	返回当前用户所登录的计算机名字	SELECT HOST_NAME() 返回：你所登录的计算机的名字
SYSTEM_USER	返回当前所登录的用户名称	SELECT SYSTEM_USER 返回：你当前所登录的用户名
USER_NAME	从给定的用户 ID 返回用户名	SELECT USER_NAME(1) 返回：从任意数据库中返回"dbo"

提示：len()用于获取字符串的长度。datalength()用于获取表达式所占内存字节数。如果参数都为字符型数据时，二者可以通用。例如，select len('6')、select datalength ('6')返回都为 1；而 select datalength (6)返回 4，表示整型数据"6"占 4 个字节。

上述所有函数，都可以在 T-SQL 语句中混合使用，得到符合特殊要求的查询输出。除了以上介绍的 4 类函数，SQL Server 还提供了很多其他函数，如配置函数、文本图像函数等。

任务 实施

(1) 新建查询,在查询编辑器中输入 T-SQL 语句如下:

```
SELECT * FROM student WHERE class_id = '09041011'
```

执行上述 select 语句后,查询结果如图 3 - 1 所示。

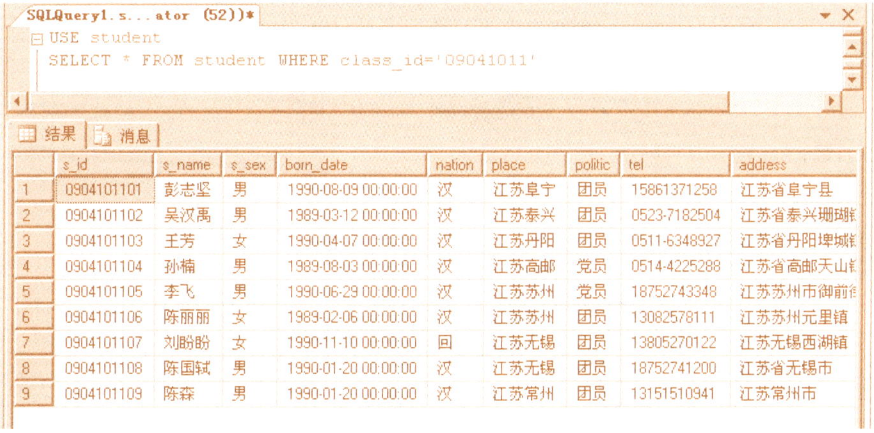
SQLQuery1.s...ator (52))*

```
USE student
SELECT * FROM student WHERE class_id='09041011'
```

结果　消息

	s_id	s_name	s_sex	born_date	nation	place	politic	tel	address
1	0904101101	彭志坚	男	1990-08-09 00:00:00	汉	江苏阜宁	团员	15861371258	江苏省阜宁县
2	0904101102	吴汉禹	男	1989-03-12 00:00:00	汉	江苏泰兴	团员	0523-7182504	江苏省泰兴珊瑚
3	0904101103	王芳	女	1990-04-07 00:00:00	汉	江苏丹阳	团员	0511-6348927	江苏省丹阳埤城
4	0904101104	孙楠	男	1989-08-03 00:00:00	汉	江苏高邮	党员	0514-4225288	江苏省高邮天山
5	0904101105	李飞	男	1990-06-29 00:00:00	汉	江苏苏州	党员	18752743348	江苏苏州市御前
6	0904101106	陈丽丽	女	1989-02-06 00:00:00	汉	江苏苏州	团员	13082578111	江苏苏州元里镇
7	0904101107	刘盼盼	女	1990-11-10 00:00:00	回	江苏无锡	团员	13805270122	江苏无锡西湖镇
8	0904101108	陈国轼	男	1990-01-20 00:00:00	汉	江苏无锡	团员	18752741200	江苏省无锡市
9	0904101109	陈森	男	1990-01-20 00:00:00	汉	江苏常州	团员	13151510941	江苏常州市

图 3 - 1　查询本班学生基本信息

(2) 新建查询,在查询编辑器中输入 T-SQL 语句如下:

```
SELECT * FROM student
WHERE place = '江苏苏州'OR place = '江苏无锡'or place = '江苏常州'
AND class_id = '09041011'
```

执行上述 select 语句后,查询结果如图 3 - 2 所示。

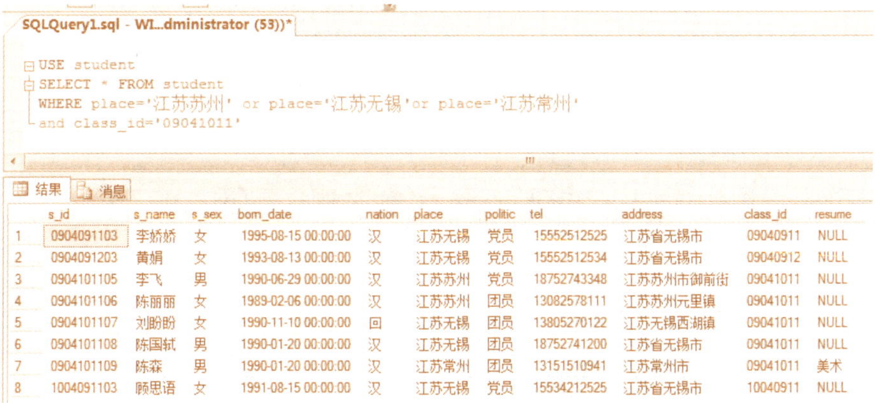
SQLQuery1.sql - WI...dministrator (53))*

```
USE student
SELECT * FROM student
WHERE place='江苏苏州' or place='江苏无锡'or place='江苏常州'
and class_id='09041011'
```

结果　消息

	s_id	s_name	s_sex	born_date	nation	place	politic	tel	address	class_id	resume
1	0904091103	李娇娇	女	1995-08-15 00:00:00	汉	江苏无锡	党员	15552512525	江苏省无锡市	09040911	NULL
2	0904091203	黄娟	女	1993-08-13 00:00:00	汉	江苏无锡	党员	15552512534	江苏省无锡市	09040912	NULL
3	0904101105	李飞	男	1990-06-29 00:00:00	汉	江苏苏州	党员	18752743348	江苏苏州市御前街	09041011	NULL
4	0904101106	陈丽丽	女	1989-02-06 00:00:00	汉	江苏苏州	团员	13082578111	江苏苏州元里镇	09041011	NULL
5	0904101107	刘盼盼	女	1990-11-10 00:00:00	回	江苏无锡	团员	13805270122	江苏无锡西湖镇	09041011	NULL
6	0904101108	陈国轼	男	1990-01-20 00:00:00	汉	江苏无锡	团员	18752741200	江苏省无锡市	09041011	NULL
7	0904101109	陈森	男	1990-01-20 00:00:00	汉	江苏常州	团员	13151510941	江苏常州市	09041011	美术
8	1004091103	顾思语	女	1991-08-15 00:00:00	汉	江苏无锡	党员	15534212525	江苏省无锡市	10040911	NULL

图 3 - 2　查询本班苏南地区学生的基本信息

（3）新建查询，在查询编辑器中输入 T-SQL 语句如下：

```
SELECT s_id AS 学号,s_name AS 姓名
FROM student
WHERE class_id = '09041011'
ORDER BY s_id
```

本查询通过 where 子句指定查询本班后，输出学生的 s_id、s_name 信息的同时，为其定别名以方便阅读，并按学号的升序输出结果。

执行上述的 select 语句后，查询结果如图 3-3 所示。

图 3-3　查询本班按学号排序后学生的名单

（4）新建查询，在查询编辑器中输入 T-SQL 语句如下：

本班学生相关数据的统计：男、女生人数；党、团员人数；来自不同地区的人数；不同年龄的人数。

1) 09041011 班级男女生人数统计。

```
SELECT s_sex as 性别,count(s_id) AS 人数 FROM student WHERE
class_id = '09041011' GROUP BY s_sex
```

2) 09041011 班级党团员人数统计。

```
SELECT politic as 政治面貌,count(s_id) AS 人数 FROM student WHERE
class_id = '09041011' GROUP BY politic
```

3) 09041011 班级不同地区人数统计。

SELECT place as 籍贯,count(s_id) AS 人数 FROM student WHERE class_id = '09041011' GROUP BY place

4) 09041011 班级不同年龄人数统计。

SELECT YEAR (getdate())-YEAR(born_date) AS 年龄,count(s_id) AS 人数 FROM student WHERE class_id = '09041011' GROUP BY YEAR (getdate())-YEAR(born_date)

本查询通过对 09041011 班级学生按性别、政治面貌、籍贯、年龄的分组，查询出相应的统计数据。由于学生表中没有设置年龄信息，通过日期函数的调用，计算出年龄后再分组进行统计。

执行上述 select 语句后，查询结果如图 3-4 所示。

图 3-4 统计本班学生相关数据

任务 总结

在 T-SQL 语句中，select 语句是功能最强大、使用频率最高的语句之一。此任务介绍了使用 select 语句进行单表查询的方法，包括条件查询、查询排序、返回指定行的 top 查询、聚合函数、分组查询等操作，还介绍了如何对查询结果进行编辑，如对查询字段进行说明、定义别名等。值得一提的是,select 子句后面还可以定义为由算术、字符串常量和函数等组成的表达式。

任务 3.2　全院学生信息查询

任务 描述

教务处负责学籍管理的潘老师为填写相关报表,需要获取学生如下信息:
(1) 查询学生生源地信息。
(2) 查询 19～21 岁的学生信息。
(3) 统计江苏籍的学生总人数。
(4) 统计学生总数。
(5) 按班级统计学生人数。

任务 分析

此任务主要涉及消除重复行数据,解决不确定具体条件情况下的模糊查询以及统计、计算方面的查询问题。
(1) 消除结果集中重复的记录。
(2) 查询满足特定条件的记录。
(3) 查询使用聚合函数生成汇总数据。

任务 资讯

3.2.1　消除结果集中重复的记录

在查询一些明细数据时,经常会遇到某个相同数据同时出现多次的情况,这类相同数据出现在查询结果中,可能会影响数据查看分析操作,因此,应将重复数据去除。

使用 distinct 关键字可从 select 语句的结果中消除重复行,其语法格式如下:

SELECT [DISTINCT]<选择列表>FROM<表名>

下面举例说明 distinct 使用前后的结果。
【例 3-25】查询课程表的课程类型。
使用 distinct 之前:

SELECT c_type FROM course
WHERE semester = '2009-2010-1'

执行结果如图 3-5 所示。

使用 distinct 之后：

SELECT DISTINCT c_type FROM course
WHERE semester = '2009-2010-1'

执行结果如图 3-6 所示。

图 3-5　使用 distinct 之前　　　　　图 3-6　使用 distinct 之前

由此可见，直接使用 select 语句返回的结果集中包括重复行，而使用 distinct 关键字后返回的结果集中删除了重复行。

3.2.2　特殊表达式

3.2.2.1　特殊运算符

特殊表达式在比较运算中有一些特殊的作用，具体的格式在实例中给出。where 子句中特殊表达式常用的特殊运算符号见表 3-9。

表 3-9　特殊运算符

运算符号	含　义
%	通配符，包含 0 个或多个字符的任意字符串
_	通配符，表示任意单个字符
[ ]	指定范围或集合中的任意单个字符
BETWEEN…AND	定义一个区间范围

续表

运算符号	含义
IS [NOT] NULL	检测字段值为空或不为空
LIKE	字符匹配操作符
[NOT] IN	检查一个字段值属于或不属于一个集合
EXISTS	检查某一字段是否存在值

3.2.2.2 特殊运算符的使用

特殊运算符用于特定查询条件的设置，它们在使用过程中有一些特殊的规定，有时也可以与逻辑运算符和关系运算符进行替换。

(1) 字符匹配操作符——LIKE。like 关键字是用于判断一个字符串是否与指定的字符串相匹配，其运算对象可以是 char、text、datetime 和 smalldatetime 等数据类型，返回逻辑值。like 表达式的语法格式如下：

字符表达式 1[NOT] LIKE 字符表达式 2

其中，not 是可选项。若省略 not，则表示字符表达式 1 与字符表达式 2 相匹配时返回逻辑真；若选择 not，则表示字符表达式 1 与字符表达式 2 不匹配时返回逻辑真。

【例 3-26】查询学生表中姓李的学生的基本情况。

SELECT* FROM student WHERE s_name LIKE '李％'

提示：在用通配符"％"或"_"时，只能用字符匹配操作符 like，不能使用"="运算符。反之，如果被匹配的字符串不包含通配符，则可以用"="代替 like。

SELECT* FROM student WHERE s_name LIKE '李飞'

【例 3-27】查询学生表中所有姓张和姓李学生的基本情况。

SELECT* FROM student WHERE s_name LIKE '[张,李]％'

提示：当使用 like 进行字符串比较时，要注意空格的使用，因为空格也是字符。

(2) 区间控制运算符——between...and。between...and 是用来判断所指定的值是否在给定的区间内，结果返回逻辑值，其语法格式如下：

表达式[NOT] BETWEEN 表达式 1AND 表达式 2

其中，"表达式 1"是区间的下限，"表达式 2"是区间的上限，not 是可选项。若省略 not，则表示表达式的值在指定的区间内，即返回逻辑真；若选择 not，则表示表达式的值不在指定的区间内，即返回逻辑假。

【例 3-28】查询学生表中 1990 年 1 月 1 日至 1991 年 12 月 31 日出生的学生的学号、姓名、出生日期。

```
SELECT s_id, s_name, born_date FROM student WHERE born_date BETWEEN '1990-1-1'AND'
1991-12-31'
```

其中,between...and 可以用关系运算符和逻辑运算符的结合运算来替代。本例的查询条件可以修改如下:

```
WHERE born_date> = '1990-1-1'AND born_date< = '1991-12-31'
```

上述两个条件采用的设置方法不同,但执行结果是一致的。

(3) 空值判断运算符——IS NULL。is null 用来判断字段值是否为空,结果返回逻辑值,其语法格式如下:

表达式 IS [NOT] NULL

其中,not 是可选项。若省略 not,则表示表达的值为空时,即返回逻辑真;若选择 not,则表示表达式的值不为空时,即返回逻辑真。

【例 3-29】查询学生表中备注内容为空的学生的学号、姓名与备注。

```
SELECT s_id, s_name, resume FROM student WHERE resume IS NULL
```

【例 3-30】查询学生表中备注内容不为空的学生的学号、姓名和备注。

```
SELECT s_id, s_name, resume FROM student WHERE resume IS NOT NULL
```

(4) 集合判断运算符——[NOT] IN。in 关键字用来判断指定的表达式的值是否属于某个指定的集合,结果返回逻辑值,其语法格式如下:

表达式[NOT] IN(表达式 1[,…])

其中,not 是可选项。若省略 not,则表示当表达式的值属于某个指定的集合时,结果返回逻辑真;若选择 not,则表示当表达式的值不属于指定的集合时,返回逻辑真。

【例 3-31】查询学生表中来自南通市和徐州市的学生的姓名、班级编号和来自的城市。

```
SELECT s_id, class_id, address FROM student WHERE RIGHT(address, 3)  IN ('南通市',
'常州市')
```

其中,in 可以用关系运算符和逻辑运算符的结合运算来替代。本例的查询条件可以修改如下:

```
WHERE RIGHT(address, 3) = '南通市' OR RIGHT(address, 3) = '常州市'
```

上述两个条件采用的设置方法不同,但执行结果是一致的。

任务　实施

（1）新建查询，在查询编辑器中输入如下 T-SQL 语句：

SELECT DISTINCT place FROM student

因为查询数据中包含重复信息，故设置 distinct 关键字消除重复数据。

执行上述 select 语句后，查询结果如图 3-7 所示。

图 3-7　查询学生生源地信息

（2）新建查询，在查询编辑器中输入如下 T-SQL 语句：

SELECT * FROM student
WHERE YEAR (getdate())-YEAR(born_date) BETWEEN 19 AND 21

本查询要查找的学生信息处于一个年龄范围，故在查询条件中使用 between...and 提供了查找的范围。若要查找属性值不在指定范围内的记录，可在 between 前加 not。

执行上述 select 语句后，查询结果如图 3-8 所示。

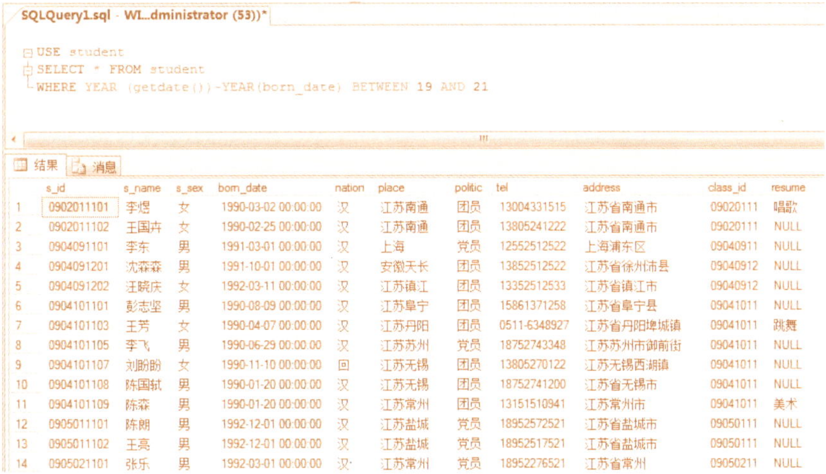

	s_id	s_name	s_sex	born_date	nation	place	politic	tel	address	class_id	resume
1	0902011101	李煜	女	1990-03-02 00:00:00	汉	江苏南通	团员	13004331515	江苏省南通市	09020111	唱歌
2	0902011102	王国卉	女	1990-02-25 00:00:00	汉	江苏南通	团员	13805241222	江苏省南通市	09020111	NULL
3	0904091101	李东	男	1991-03-01 00:00:00	汉	上海	党员	12552512522	上海浦东区	09040911	NULL
4	0904091201	沈森森	男	1991-10-01 00:00:00	汉	安徽天长	团员	13852512522	江苏省徐州沛县	09040912	NULL
5	0904091202	汪晓庆	女	1992-03-11 00:00:00	汉	江苏镇江	团员	13352512533	江苏省镇江市	09040912	NULL
6	0904101101	彭志坚	男	1990-08-09 00:00:00	汉	江苏阜宁	团员	15861371258	江苏省阜宁县	09041011	NULL
7	0904101103	王芳	女	1990-04-07 00:00:00	汉	江苏丹阳	团员	0511-6348927	江苏省丹阳埤城镇	09041011	跳舞
8	0904101105	李飞	男	1990-06-29 00:00:00	汉	江苏苏州	党员	18752743348	江苏苏州市御前街	09041011	NULL
9	0904101107	刘盼盼	女	1990-11-10 00:00:00	回	江苏无锡	团员	13805270122	江苏无锡西湖镇	09041011	NULL
10	0904101108	陈国轼	男	1990-01-20 00:00:00	汉	江苏无锡	团员	18752741200	江苏省无锡市	09041011	NULL
11	0904101109	陈森	男	1990-01-20 00:00:00	汉	江苏常州	团员	13151510941	江苏常州市	09041011	美术
12	0905011101	陈朗	男	1992-12-01 00:00:00	汉	江苏盐城	党员	18952572521	江苏省盐城市	09050111	NULL
13	0905011102	王亮	男	1992-12-01 00:00:00	汉	江苏盐城	党员	18952517521	江苏省盐城市	09050111	NULL
14	0905021101	张乐	男	1992-03-01 00:00:00	汉	江苏常州	党员	18952276521	江苏省常州	09050211	NULL

图 3-8　查询 19～21 岁学生的基本信息

(3) 新建查询,在查询编辑器中输入如下 T-SQL 语句:

```
SELECT COUNT(s_id) AS 总人数 FROM student WHERE place LIKE '江苏%'
```

执行上述 select 语句后,查询结果如图 3-9 所示。

(4) 新建查询,在查询编辑器中输入如下 T-SQL 语句:

```
SELECT COUNT(*)总人数 FROM student
```

执行上述 select 语句后,查询结果如图 3-10 所示。

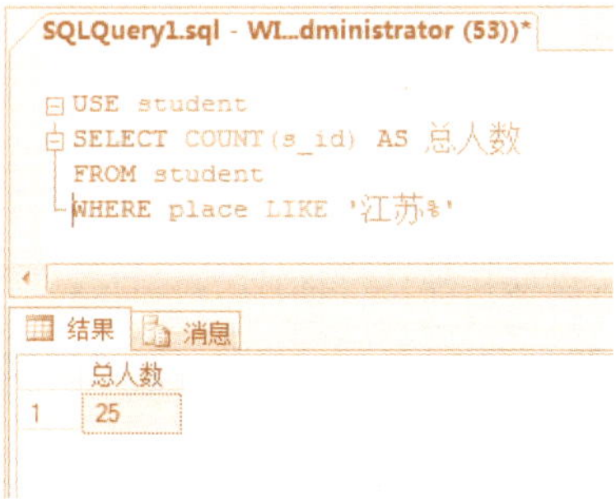

图 3-9　查询江苏籍学生的总人数

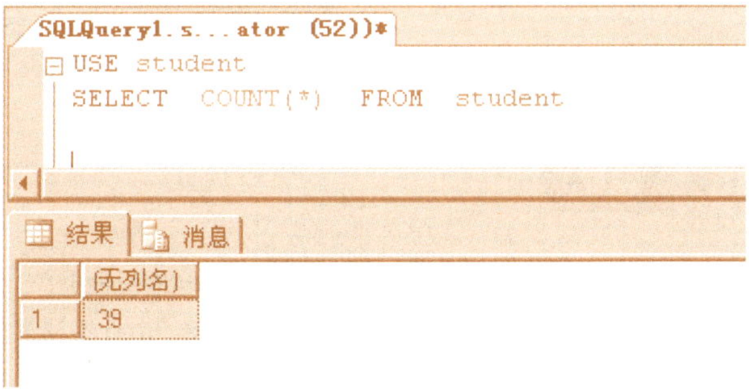

图 3-10　查询学生总数

或者在查询编辑器中输入并执行如下命令代码:

```
SELECT COUNT(s_id)总人数 FROM student
```

执行上述 select 语句后,查询结果如图 3-11 所示。

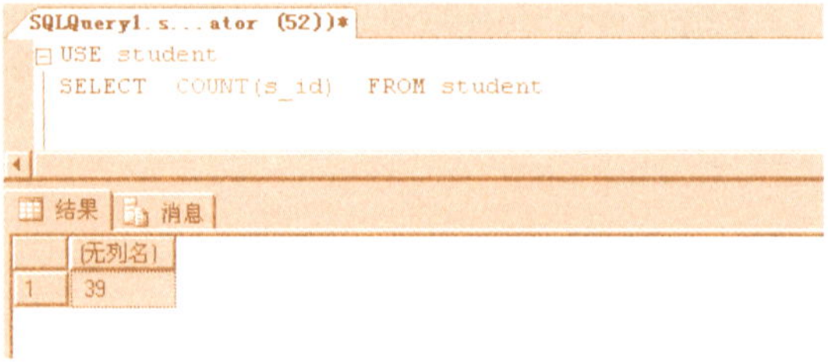

图 3‑11　查询学生总数

(5) 新建查询,在查询编辑器中输入如下 T-SQL 语句:

SELECT class_id AS 班级,COUNT(*) AS 人数
FROM student GROUP BY class_id

执行述 select 语句后,查询结果如图 3‑12 所示。

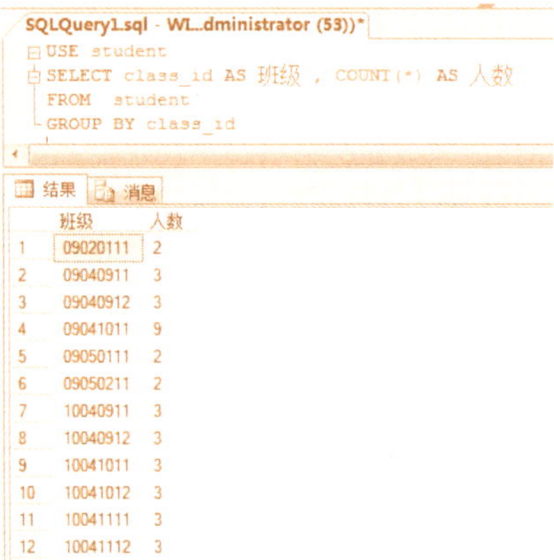

图 3‑12　按班级统计学生总数

任务 总结

根据用户使用的实际情况,此任务介绍了使用 select 语句进行查询的方法,包括去除重复数据、模糊查询的方法以及统计、计算方面的查询问题。

任务 3.3　学生考试成绩统计

任务 描述

09 计算机应用技术 1 班(班级号为"09041011")的班主任王老师需要对学生的期末考试成绩进行汇总统计,以作为 2009‑2010‑2 学期奖学金的评定依据。

(1) 列出本班学生各门课程的成绩,要求输出学号、姓名、课程名、成绩,查询结果按学号的升序和分数的降序排序。
(2) 列出本班学生的平均分、总分及名次。
(3) 统计本班学生每门课程的最高分、最低分和平均分,并按照平均分降序排列。
(4) 输出平均分 80 分以上的学生的学号、姓名、总分和平均分。
(5) 查询本学期不及格同学的学号、姓名、课程名、成绩信息。

任务 分析

此任务主要涉及对查询结果数据的分组与筛选,这些查询涉及多个表的操作。
(1) 查询的数据全部来自多个表,属于多表查询。
(2) 对查询结果数据进行分组和筛选。
(3) 对查询结果集按一定的顺序排列。
(4) 使用排名函数查询。

任务 资讯

3.3.1 多表连接查询

前面两个任务的查询只是涉及单个表的查询,在数据库的实际应用中经常需要从多个表中查询关联的数据,这就需要对多个表进行连接。在关系数据库中,将同时涉及两个或多个表的查询称为连接查询。

在 T-SQL 语句中,连接查询分为两类:使用连接谓词进行连接、使用关键字 join 进行连接。

3.3.1.1 连接谓词

使用连接谓词连接表的基本格式如下:

```
SELECT<输出字段列表>
FROM 表1,表2[,...n]
WHERE<表1.字段名1><连接谓词><表2.字段名2>
```

说明:

连接谓词包括=、<、<=、>、>=、! =、<>等,从这些连接谓词可以看出,被用来建立连接的两个字段必须具有可比性,这两个字段称为连接字段。通过连接谓词使"表1.字段名1"和"表2.字段名2"产生比较关系,从而把两个表连接起来。

(1) 等值连接和不等值连接。连接谓词是"="的连接,称为等值连接。连接谓词是"<>"的连接,称为不等值连接。

【例 3-32】在学生表和成绩表中查询学生的基本信息和成绩信息。

```
SELECT student.*,score.*
FROM student, score
```

WHERE student.s_id = score.s_id

在该查询中,查询的条件是要求学生表和成绩表中具有可比关系的同类字段 s_id 的值相等,从而通过等值连接把两个表连接起来。在查询结果中 s_id 字段出现两次,分别来源于学生信息表和成绩信息表。

(2) 自然连接。在等值连接中,使输出字段列表中重复的字段只保留一个的连接称为自然连接。

在针对多表进行查询时,如果所引用的字段为被查询的多个表所共有,则引用该字段时必须指定其属于哪个表,则能提高查询语句的可读性。

【例 3-33】查询学生的基本信息和成绩信息,在输出结果中相同的字段只保留一个。

SELECT student.s_id, s_name, class_id, s_sex,
born_date, address, tel, score.resume, c_id, grade
FROM student, score
WHERE student.s_id = score.s_id

(3) 复合条件连接。含有多个连接条件的连接称为复合条件连接。

【例 3-34】查询学生学号、姓名、所学课程的名称和成绩信息。

SELECT student.s_id, s_name, c_name, grade
FROM student, score, course
WHERE student.s_id = score.s_id
AND score.c_id = course.c_id

(4) 自连接。一个表与其自身进行的连接称为自连接。如果想在同一个表中查找具有相同字段值的行,则可以使用自连接。在使用自连接时,需要为表指定两个别名,且对所引用的字段均采用别名来指定其来源。

【例 3-35】查找同一课程成绩相同的学生的学号、课程号和成绩。

SELECT a.s_id, b.s_id, a.c_id, a.grade
FROM score a, score b
WHERE a.grade = b.grade AND a.s_id <> b.s_id
AND a.c_id = b.c_id

3.3.1.2 以 join 关键字连接

T-SQL 语句扩展了以 join 关键字连接表的方式,增强了表的连接能力和连接灵活性,使用 join 关键字连接表的基本格式如下:

SELECT<输出字段列表>
FROM 表名 1<连接类型>表名 2 ON<连接条件>
[连接类型>表名 3 ON<连接条件>]...

说明：

(1) 表名1、表名2、表名3等用来指明需要连接的表。

(2) 连接类型有[inner|{left|right|full}outer] join，其中，inner join 表示内连接；outer join 表示外连接，外连接又分左外连接(left outer join)、右外连接(right outer join)和全外连接(full outer join)。

(3) on：用来指明连接条件。

通过谓词进行的等值连接、不等连接和自然连接都属于内连接。下面介绍通过 join 关键字来实现内连接——按照 on 所指定的连接条件合并两个表，返回满足条件的行。

【例3-36】查询学生基本信息和成绩信息。

```
SELECT student.*, score.*
FROM student INNER JOIN score
ON student.s_id = score.s_id
```

在以 join 关键字实现的内连接中，inner 可以省略，并且仍然可以使用 where 子句对连接后的记录进行筛选。

【例3-37】查询学号为"0904101108"的学生的基本信息和成绩信息。

```
SELECT
student.s_id, s_name, class_id, s_sex, born_date, student.address, tel, student.resume, c_id, grade
FROM student INNER JOIN score
ON student.s_id = score.s_id
WHERE student.s_id = '0904101108'
```

3.3.2 排名函数

排名函数(ranking function)能对每一个数据行进行排名，从而提供一种以升序来组织输出的方法。可以给每一行一个唯一的序号，或者给每一组相似的行相同的序号。常用的排名函数见表3-10。

表3-10 常用的排名函数

排名函数	说明
ROW_NUMBER	为查询的结果行提供连续的整数值
RANK	为行的集合提供升序的、非唯一的排名序号，对于具有相同值的行，给予相同的序号；由于行的序号有相同的值，因此，要跳过一些序号
DENSE_RANK	与 RANK 类似，不过无论有多少行具有相同的序号，DENSE_RANK 返回的每一行的序号将比前一个序号增加1

语法格式如下：

排名函数 OVER (ORDER BY<字段名>)

说明：

(1) 排名函数。可以是 row_number、rank、dense_rank 之一。

(2) over。定义排名应该如何对数据排序或划分。

(3) order by。定义数据排序的详情，依据此字段排序，计算排名值。

下面用 fun 表分别介绍这 3 个排名函数的功能及用法。fun 表的表结构与表中的数据如图 3－13 所示。

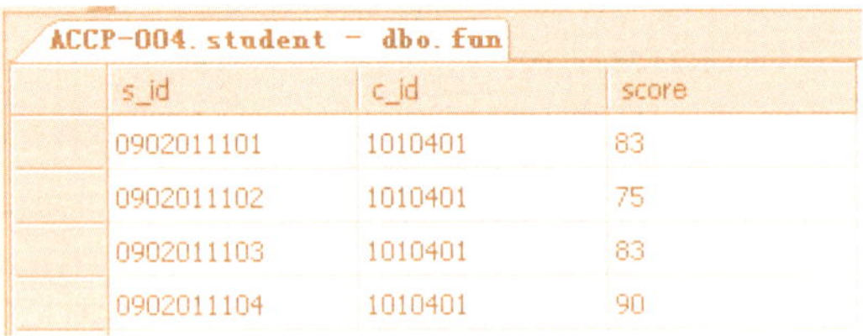
ACCP-004.student - dbo.fun

s_id	c_id	score
0902011101	1010401	83
0902011102	1010401	75
0902011103	1010401	83
0902011104	1010401	90

图 3－13 基本数据

其中，s_id 字段和 c_id 字段的类型是 char，score 字段的类型是 float。

【例 3－38】用排名函数列出课程号为“1010401”的学生的名次。

(1) 使用 ROW_NUMBER 函数。

```
SELECT ROW_NUMBER()  OVER(ORDER BY score)as row_number, *
FROM fun ORDER BY score
```

执行上述 select 语句后，查询结果如图 3－14 所示。

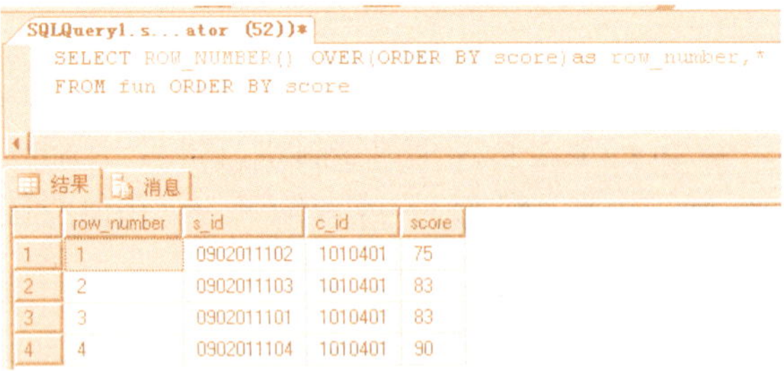

	row_number	s_id	c_id	score
1	1	0902011102	1010401	75
2	2	0902011103	1010401	83
3	3	0902011101	1010401	83
4	4	0902011104	1010401	90

图 3－14 使用 ROW_NUMBER 函数

ROW_NUMBER 函数的功能是为查询出来的每一行记录生成一个序号。其中，row_number 列是由 ROW_NUMBER 函数生成的序号列。ROW_NUMBER 函数生成序号的基本原理是先使用 OVER 子句中的排序语句对记录进行排序，然后按着这个顺序生成序号。

(2) 使用 RANK 函数。

```
SELECT RANK()  OVER(ORDER BY score)as row_number, *
FROM fun ORDER BY score
```

执行上述 select 语句后,查询结果如图 3-15 所示。

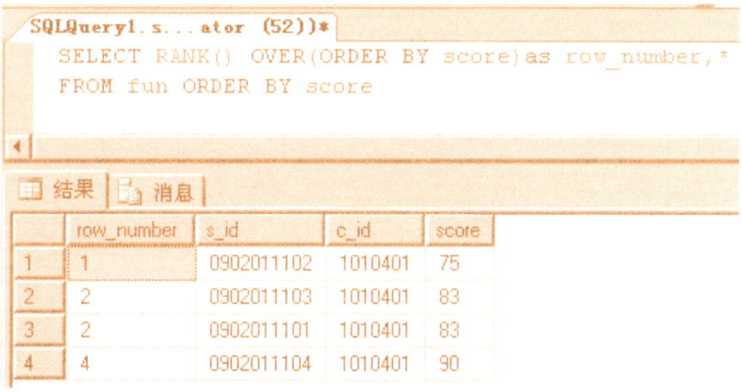

图 3-15 使用 RANK 函数

RANK 函数考虑了 OVER 子句中排序字段值相同的情况,生成的序号有可能不连续。

(3) 使用 DENSE_RANK 函数。

SELECT DENSE_RANK() OVER(ORDER BY score)as row_number,*
FROM fun ORDER BY score

执行上述 select 语句后,查询结果如图 3-16 所示。

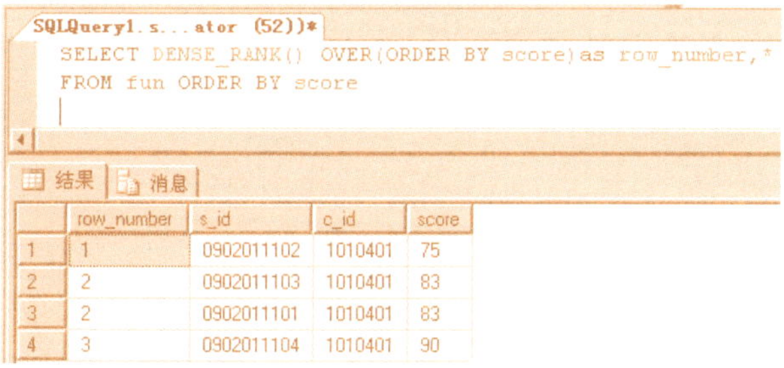

图 3-16 使用 DENSE_RANK 函数

DENSE_RANK 函数的功能与 RANK 函数类似,只是在生成序号时是连续的。

3.3.3 分组筛选

如果使用 group by 分组,还可以用 having 子句进行分组后的筛选。having 子句通常与 group by 子句一起使用,用于指定组或合计的搜索条件。其作用与 where 子句相似,二者的区别如下:

(1) 作用对象不同。where 子句作用于表和视图中的行,而 having 子句作用于形成的组。where 子句限制查找的行,having 子句限制查找的组。

(2) 执行顺序不同。若查询语句中同时有 where 子句和 having 子句,执行时先去掉不满足 where 条件的行,然后分组,分组后再去掉不满足条件的组。

(3) where 子句中不能直接使用聚合函数,但 having 子句条件中可以包含聚合函数。

对于那些用在分组之前或之后都不影响返回结果集的搜索条件，在 where 子句中指定较好。因为这样可以减少 group by 分组的行数，使程序更为有效。

语法格式如下：

[HAVING<条件表达式>]

【例 3-39】统计成绩表中每个学生的总分与平均分，只输出总分大于 150 的学生的学号、总分和平均分。

```
SELECT s_id, SUM(grade)'总分',AVG(grade)'平均分'
FROM score
GROUP BY s_id
HAVING sum(grade)>150
```

本例先用 group by 子句对 s_id 进行分组汇总，然后用 having 子句限定返回分组汇总后 sum(grade)>150 的组。

3.3.4 把查询结果插入新的表

通过 into 子句，可以创建一个新表，并将查询到的结果插入新表中，其语法格式如下：

[INTO 新表名]

【例 3-40】查询学生表中学生的学号、姓名和班级编号，并把查询结果插入新的表 student_class 中。然后针对 student_class 表进行查询操作，验证新表 student_class 是否建立成功且被插入记录。

```
SELECT s_id, s_name, class_id
INTO student_class
FROM student
```

说明：新表所包含的字段与字段数据类型与 select 子句后面的字段列表一致。如果要创建的表为临时表，只要在表名前加上"♯"或"♯♯"即可。

任务 实施

（1）新建查询，在查询编辑器中输入如下 T-SQL 语句：

```
SELECT student.s_id, s_name, course.c_name, score.grade
FROM student, course, score
WHERE semester = '2009-2010-2'and class_id = '09041011'
and student.s_id = score.s_id and course.c_id = score.c_id
ORDER BY s_id asc, grade desc
```

执行上述 select 语句后,查询结果如图 3-17 所示。

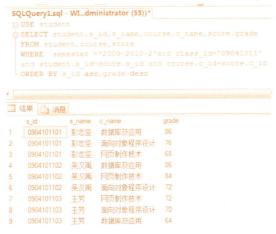

图 3-17　查询本班学生各门课程的成绩

(2) 新建查询,在查询编辑器中输入如下 T-SQL 语句:

```
SELECT student.s_id   AS 学号,avg(grade)   AS 平均分,sum(grade)   AS 总分,
DENSE_RANK( )   OVER(ORDER BY AVG(score.grade)   DESC)   AS 名次
FROM student, course, score
WHERE semester = '2009-2010-2'and class_id = '09041011' and student.s_id = score.s_id
and course.c_id = score.c_id
GROUP BY student.s_id
ORDER BY AVG(grade)   DESC
```

本例首先按照学号来进行分组,分组以后再进行聚合计算,得到每个学生的平均分、总分,名次需要用排名函数获取。

执行上述 select 语句后,查询结果如图 3-18 所示。

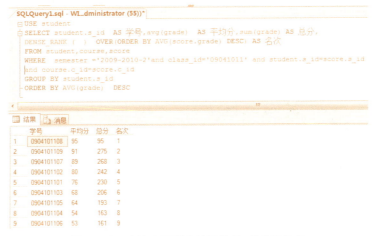

图 3-18　查询本班学生的平均分、总分及排名

（3）新建查询，在查询编辑器中输入如下 T-SQL 语句：

SELECT course.c_name AS 课程名,MAX(grade) AS 最高分,MIN(grade) AS 最低分,AVG(grade) AS 平均分
FROM student, course, score
WHERE semester = '2009-2010-2'and class_id = '09041011' and student.s_id = score.s_id and course.c_id = score.c_id
GROUP BY course.c_name
ORDER BY AVG(grade) DESC

执行上述 select 语句后，查询结果如图 3-19 所示。

本例首先按照课程来进行分组，分组以后再进行聚合计算，得到累计信息，最后按照平均分降序排序。

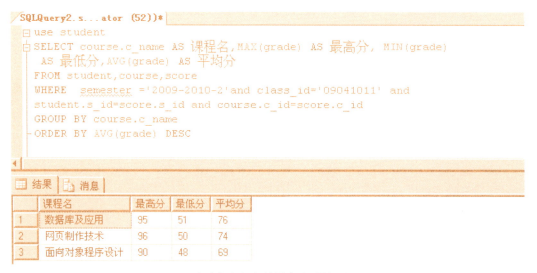

图 3-19 查询每门课程的最高分、最低分和平均分

（4）新建查询，在查询编辑器中输入如下 T-SQL 语句：

SELECT student.s_id AS 学号,s_name AS 姓名,SUM(grade)AS 总分,AVG(grade)AS 平均分
FROM student, course, score
WHERE semester = '2009-2010-2'and class_id = '09041011' and student.s_id = score.s_id and course.c_id = score.c_id
GROUP BY student.s_id, s_name
HAVING AVG(grade)＞= 80
ORDER BY AVG(grade) DESC

本例不仅要列出学生的相关信息，而且输出条件有限制："平均分大于 80 分"的学生，需要使用 having 子句进行分组筛选。

在 select 语句中，where、group by、having 子句和统计函数的执行次序如下：where 子句从数据源中去掉不符合其搜索条件的数据；group by 子句搜集数据行到各个组中，统计函数为各个组计算统计值；having 子句去掉不符合分组搜索条件的各组数据行。

执行上述 select 语句后，查询结果如图 3-20 所示。

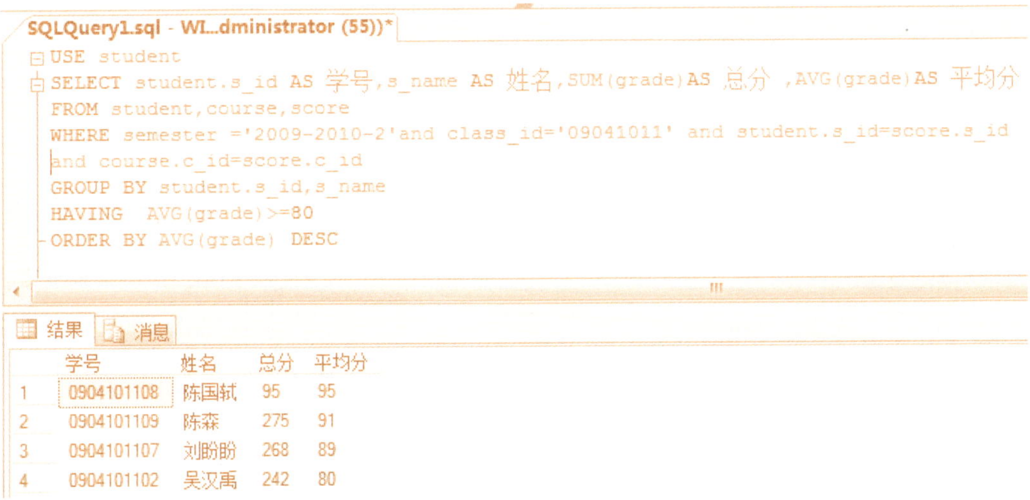

图 3-20　输出平均分 80 分以上的学生的相关信息

（5）新建查询，在查询编辑器中输入如下 T-SQL 语句：

SELECT student.s_id AS 学号,s_name AS 姓名,c_name AS 课程名,grade AS 成绩
FROM student, course, score
WHERE semester = '2009-2010-2'and class_id = '09041011' and grade＜60
and student.s_id = score.s_id and course.c_id = score.c_id

执行上述 select 语句后，查询结果如图 3-21 所示。

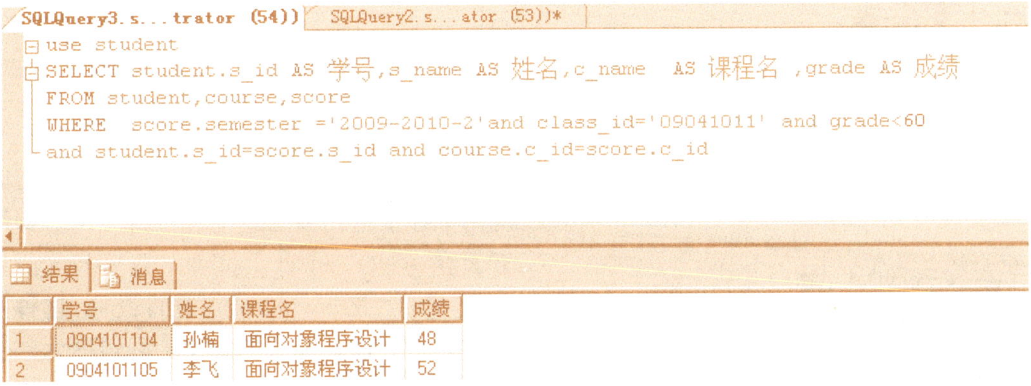

图 3-21　统计不及格学生的相关信息

任务 总结

根据用户使用的实际情况,此任务主要介绍了多表连接查询;使用 group by 子句进行分组汇总,为结果集中的每一行产生一个汇总值;使用 having 子句进行分组后的过滤筛选及排名函数、把查询结果插入新的表等。

任务 3.4 课程信息统计

任务 描述

教务处邓老师负责各班级课务安排工作。她每学期都需要对各门课程的相关信息做统计分析,以便及时了解学生学习及教师授课情况。

(1) 查询所有开设 C 语言课程的班级学生的名单。

(2) 汇总 2009 - 2010 - 1 学期各位教师任课情况,请提供教师编号、教师姓名、课程名称和课时。

(3) 查询课时数高于所有课程平均课时数的课程信息。

(4) 查询成绩不及格和有缺考情况的课程相关情况,请提供班级名、学号、姓名、课程名称和成绩。

(5) 查询课程平均成绩在 80 分以上的班级编号、课程名称和任课教师信息。

任务 分析

此任务主要通过子查询与多表查询实现。

任务 资讯

3.4.1 子查询的概念

前面介绍的查询都是单层查询,即查询中只有一个 select-from-where 查询块。在实际应用中经常用到多层查询,即:将一个查询块嵌套在 select、insert、update 或 delete 语句中的 where 或 having 子句进行查询,这种查询称为子查询。外层的 select 语句称为外查询(主查询),内层的 select 语句称为内查询(子查询)。为了区别外查询、内查询,内查询应加小括号,如图 3 - 22 所示。

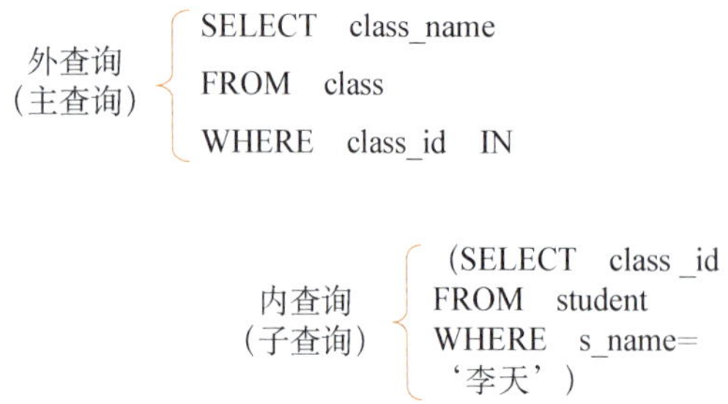

```
外查询      ┌ SELECT   class_name
(主查询)    │ FROM     class
            └ WHERE    class_id  IN

                内查询    ┌ (SELECT   class_id
                (子查询)  │  FROM     student
                         └  WHERE    s_name=
                                     '李天')
```

图 3 - 22 简单的嵌套查询结构

根据与外查询的关系,子查询可以分为相关子查询和不相关子查询两类。

3.4.2 不相关子查询

不相关子查询是指子查询的查询条件不依赖于主查询。它按照由里向外的顺序执行,首先执行最底层的内查询,其查询结果并不显示,而是传递给外层查询,用来作为外部查询的查询条件。

(1) 使用关系运算符的子查询。当子查询返回的是单值时,子查询可以由一个关系运算符(=、<、<=、>、>=、!=或<>)引入。当子查询可能返回多个值时,则可以把关系运算符与逻辑运算符 any、some 和 all 结合起来使用,其语法格式如下:

表达式{关系运算符}{all|any、some}(子查询)

说明:

1) any、some 是存在量词。表示表达式只要与子查询的结果集中的某个值满足比较关系时,就返回 true,否则返回 false。两者含义相同,可互换。

2) all 也是存在量词,要求子查询的所有查询结果列都要满足搜索条件。

【例 3-41】查询与学号为"0904091203"的同学在同一班级的学生的学号与姓名信息。

SELECT s_id, s_name
FROM student
WHERE class_id = (SELECT class_id FROM student WHERE s_id = '0904091203')

【例 3-42】查询选修了 090402 号课程且成绩比 0904091104 号学生的 090402 号课程成绩高的学生的学号、课程编号和成绩。

SELECT s_id, c_id, grade
FROM score
WHERE c_id = '090402'
AND grade>(SELECT grade
FROM score
WHERE s_id = '0904091104'
AND c_id = '090402')

【例 3-43】查询选修了 090402 号课程且成绩比 0904091104 和 0904091105 号学生的 090402 号课程成绩都高的学生的学号、课程编号和成绩。

SELECT s_id, c_id, grade
FROM score
WHERE c_id = '090402'
AND grade>ALL(SELECT grade
FROM score
WHERE (s_id = '0904091104'

```
OR s_id = '0904091105')
AND c_id = '090402')
```

(2) 使用谓词 in 或 not in 的子查询。in 子查询是把子查询的结果作为外部查询的条件，判断外部查询中的某个值是否属于子查询的结果集合，其语法格式如下：

<表达式>[NOT] IN(子查询)

若使用 in 谓词，则当表达式的值属于子查询的结果集合时，结果返回 true，否则结果返回 false。若使用了 not in，则返回的值刚好与 in 相反。

【例3-44】 查询与黄娟同学在同一班级的学生的学号与姓名信息。

由于黄娟同学在学生表中可能会有重名的现象，也就是说，在内查询中所得到的班级结果不唯一，因此，该查询使用带 in 谓词的子查询实现。

```
SELECT s_id, s_name
FROM student
WHERE class_id = (SELECT class_id FROM student WHERE s_name = '黄娟')
```

【例3-45】 查找未选修090401号课程的学生的学号、姓名和班级编号。

```
SELECT s_id, s_name, class_id
FROM student
WHERE s_id NOT IN
(SELECT s_id
FROM score
WHERE c_id = '090401')
```

(3) 使用谓词 exists 的子查询。逻辑运算符 exists 代表存在。带有 exists 量词的子查询不返回任何实际数据，它只产生逻辑真值 true 或逻辑假值 false。若子查询结果非空，则外层的 where 子句返回真值，否则返回假值。exists 也可以与 not 结合使用，即 not exists，其返回值与 exists 刚好相反。由于子查询不返回任何实际数据，只产生 true 或 false，因此，其列名常为"*"。

语法格式如下：

[not] exists(子查询)

【例3-46】 查找选修090401号课程的学生的学号、姓名和班级编号。

```
SELECT s_id, s_name, class_id
FROM student
WHERE EXISTS (SELECT * FROM SCORE WHERE
c_id = '090401' AND s_id = student.s_id)
```

本例可使用 in 谓词实现。

```
SELECT s_id, s_name, class_id
FROM student
WHERE s_id NOT IN
(SELECT s_id
FROM score
WHERE c_id = '090401')
```

本例可使用连接查询实现。

```
SELECT student.s_id, s_name, class_id
FROM student, score
WHERE c_id = '090401'AND score.s_id = student.s_id
```

3.4.3 相关子查询

相关子查询在执行时需要使用外部查询的数据,外部查询首先选择数据提供给子查询,然后子查询对数据进行比较,执行结束后再将查询结果返回外部查询中,相关子查询通常使用关系运算符与逻辑运算符(exists、and、some、any、all)。

【例 3-47】查询所有选修了 090407 号课程并获得成绩的学生姓名。

```
SELECT s_name
FROM student
WHERE EXISTS (SELECT* FROM score
WHERE c_id = '090407')
```

相关子查询需要反复求解子查询,但数据量大时查询非常费时,最好不要常用。

3.4.4 insert、delete 和 update 语句中的子查询

子查询可以嵌套在 insert、delete 和 update 语句中,用来把子查询的结果插入新表中或设置删除和修改记录的条件。

(1) 带子查询的插入操作。insert 语句中的 select 子查询可用于将来自一个或多个表、视图中的值添加到另一个表中。insert 和 select 语句结合起来,可以向指定的表中插入批量的记录。带子查询的插入操作的语法格式如下:

```
INSERT [INTO]<表名>[(<字段1>[,<字段2>...])]
SELECT[(<字段A>[,<字段B>...])]
FROM<表名>
[WHERE<条件表达式>]
```

说明：

1) insert 后面的字段列表的数据类型必须与 select 后面的字段列表的数据类型一致。

2) (〈字段1〉[,〈字段2〉...])的字段数目可以多于(〈字段A〉[,〈字段B〉...])中的字段数目，但多余的字段应该定义为可以为空或定义了默认值约束，否则插入不能成功。

【例 3-48】创建一个新的学生表 st_info，要求包括学号、姓名和备注3个字段，然后将 student 表中相应的字段值插入列表 st_info 中，最后显示 st_info 表中的记录。

```
CREATE TABLE st_info
(学号 char(10)PRIMARY KEY,
姓名 char(8),
备注 char(30))
Go
INSERT INTO st_info(学号,姓名,备注)
SELECT s_id, s_name, resume
FROM student
Go
SELECT *
FROM st_info
```

说明：如果在建立 st_info 表时再增加一个年龄字段，且定义为可以为空，也是正确的。如果定义年龄字段为非空，则违反了字段不允许有空值的约束。

(2) 带子查询的修改操作。子查询与 update 嵌套，子查询用来指定修改的条件。

【例 3-49】将 course 表中学分(credit)字段为空值的记录，用表中学分的平均值填充。

```
UPDATE course
SET credit = (SELECT AVG(credit)   FROM course)
WHERE credit IS NULL
```

(3) 带子查询的删除操作。子查询与 delete 嵌套，子查询用来指定删除的条件。

【例 3-50】删除没有选修 090407 号课程的学生记录。

```
DELETE student
WHERE s_id not in
(SELECT s_id
FROM score
WHERE c_id = '090407')
```

任务 实施

(1) 新建查询，在查询编辑器中输入如下 T-SQL 语句：

方法一

SELECT s_id, s_name, class_id
FROM student
WHERE s_id in (SELECT s_id
FROM score WHERE c_id in (SELECT c_id
FROM course WHERE c_name like'%c语言%'))

代码中包含两层嵌套。在 course 表中先确定 C 语言课程的课程号,再通过 score 表找到选修该课程的学生的学号,最后在 student 表中获取相关信息。

执行上述 select 语句后,查询结果如图 3-23 所示。

图 3-23 查询开设 C 语言课程学生的名单

方法二

SELECT score.s_id, s_name, class_id
FROM student, score
WHERE c_id IN SELECT c_id FROM course WHERE c_name like'%C语言%') AND score.s_id
= student.s_id

（2）新建查询，在查询编辑器中输入如下 T-SQL 语句：

SELECT teach.t_id, teacher.t_name, course.c_id, course.period
FROM teach, course, teacher
WHERE semester = '2009-2010-1' AND teach.t_id = teacher.t_id AND teach.c_id = course.c_id

执行上述 select 语句后，查询结果如图 3-24 所示。

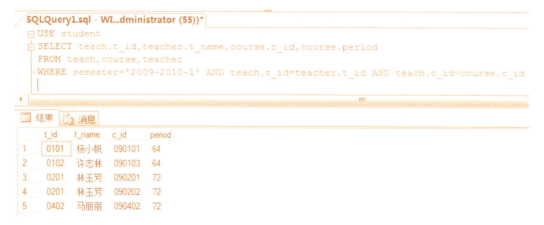

图 3-24 2009-1010-1 学期教师任课情况表

（3）新建查询，在查询编辑器中输入如下 T-SQL 语句：

SELECT * FROM course
WHERE period>(SELECT AVG (period) FROM course)

从 course 表中先查询出所有课程平均课时数，再将其作为外查询的条件，通过关系运算符"＞"，查出课时数高于所有课程平均课时数的课程信息。

执行上述 select 语句后，查询结果如图 3-25 所示。

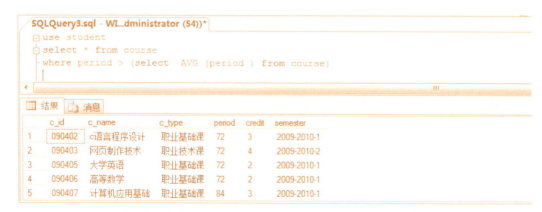

图 3-25 查询课时数高于所有课程平均课时数的课程信息

(4) 新建查询,在查询编辑器中输入如下 T-SQL 语句:

SELECT class_name, student.s_id, s_name, c_name, grade
FROM student, score, course, class
WHERE (grade <60 or grade is NULL) and student.s_id = score.s_id
and class.class_id = student.class_id
and course.c_id = score.c_id

执行上述 select 语句后,查询结果如图 3-26 所示。

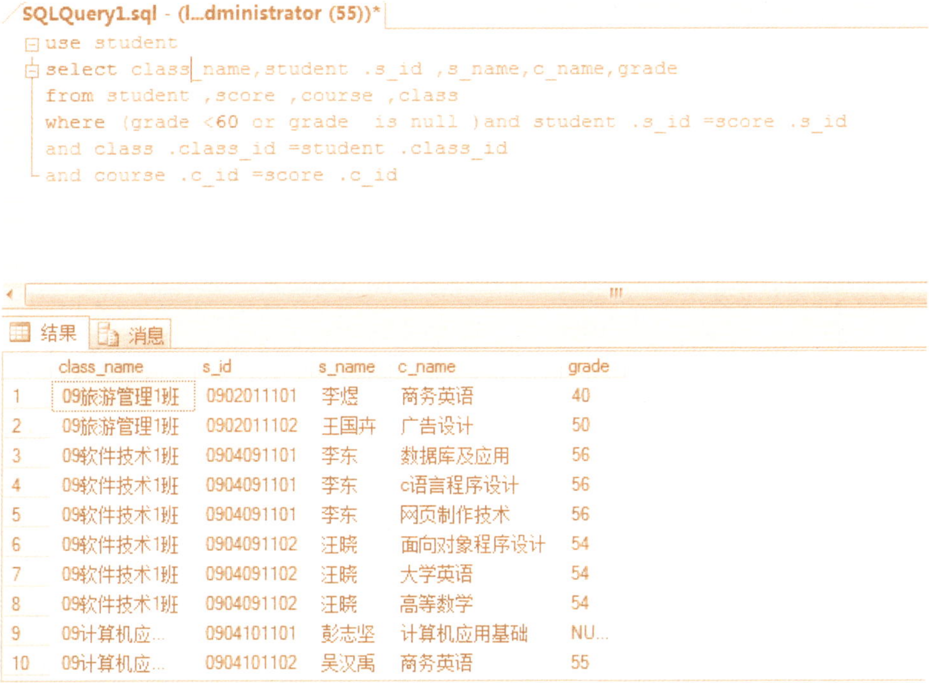

	class_name	s_id	s_name	c_name	grade
1	09旅游管理1班	0902011101	李煜	商务英语	40
2	09旅游管理1班	0902011102	王国卉	广告设计	50
3	09软件技术1班	0904091101	李东	数据库及应用	56
4	09软件技术1班	0904091101	李东	c语言程序设计	56
5	09软件技术1班	0904091101	李东	网页制作技术	56
6	09软件技术1班	0904091102	汪晓	面向对象程序设计	54
7	09软件技术1班	0904091102	汪晓	大学英语	54
8	09软件技术1班	0904091102	汪晓	高等数学	54
9	09计算机应…	0904101101	彭志坚	计算机应用基础	NU…
10	09计算机应…	0904101102	吴汉禹	商务英语	55

图 3-26 查询成绩不及格及有缺考情况的课程班的相关情况

(5) 新建查询,在查询编辑器中输入如下 T-SQL 语句:

SELECT LEFT (s_id, 8) AS 班级编码,c_name AS 课程名称,t_name AS 教师名,AVG
(score.grade) AS 平均成绩
FROM score, course, teacher, teach
WHERE course.c_id = score.c_id and teacher.t_id = teach.t_id
and teach.c_id = score.c_id and LEFT (s_id, 8) in
(SELECT LEFT (s_id, 8) FROM score)
GROUP BY LEFT (s_id, 8),course.c_name, t_name
HAVING AVG(score.grade)>80

该任务涉及 course 表、class 表、teacher 表、teach 表这 4 个表。通过对班级、课程、任课教师的分组,获得每个班级不同课程的平均成绩,再利用 having 筛选出均分在 80 分以上的课程和教师信息。

执行上述 select 语句后,查询结果如图 3-27 所示。

图 3-27　查询课程平均成绩在 80 分以上的班级编号、课程名称和任课教师信息

任务 总结

本任务主要介绍了子查询。子查询可以用多个简单的查询构造复杂的查询,从而提高了 T-SQL 语言的能力,但嵌套不能超过 32 层。一般来说,多表连接可以用子查询替换,子查询将复杂的连接查询分解成一系列的逻辑步骤,条理清晰;反过来则不一定。子查询比较灵活方便,形式多样,适合作为查询的筛选条件;连接查询有执行速度快的优点,更适合查看多表数据。

任务 3.5　学生信息定制

任务 描述

各班班主任都比较关心本班学生的基本信息和成绩,也希望对本班学生的基本信息进行管理。请帮助班主任老师完成此项工作,使其对信息的获取及操作更加方便、快速和安全。

任务 分析

通过视图定制班主任所需的数据,以满足其需要。完成任务的具体步骤如下:
(1) 学生的信息存放在 student 表中,因此,基于 student 表创建班主任所需学生的信息视图。
(2) 学生成绩的具体信息涉及 student、course、score 这 3 个表,通过 3 个表的连接创建班主任所需学生成绩的信息视图。
(3) 利用所创建的视图,使用相关语句实现指定班级学生信息的管理。

任务 资讯

3.5.1 视图的概念

视图(view)是从一个或多个表中派生出来的用于集中、简化和定制显示数据库中数据的一种数据对象,是一个基于 select 语句生成的数据记录集。视图又称为虚拟表,它所基于的表称为基表。一个视图也可以从另一个视图中产生。

在进行查询数据时,一般从设计 select 语句开始,将需要查询的每个字段写在 SQL 语句里。如果每次要以同样的条件来查询数据时,每次都要重复输入相同的查询语句,效率很低。若将经常要重复使用的查询语句创建成视图,再通过该视图查询就能很方便地得到所需要的结果。

视图在操作上和基表没有什么区别,但本质上是不同的:基表是实际存储记录的地方,其数据存储在磁盘上;视图并不保存任何记录,它存储的是查询语句,其所呈现出来的记录实际来自基表,也可以来自多张基表。用户可以依据各种查询需要创建不同视图,但不会因此而增加数据库的数据量。由于视图中的数据都来自基表,在视图被引用时动态生成,因此,当基表中的数据发生变化时,由视图中查询出来的数据也随之改变。当通过视图更新数据时,实际上是在更新基表中存储的数据。

将查询语句创建成视图,不仅可简化查询操作,更重要的是,视图具备数据表的特性,还可以衍生出更多的应用。例如,在数据库中不是每一个级别的用户都需要全部信息,在某些时候,有些敏感的信息甚至只能给具有合适权限的人员,即便用户登录到数据库管理系统的数据库中,也不可以让他查看全部信息,此时就可以用视图的方法,让用户只能查看他应该看的信息,把真正的基表屏蔽起来。

3.5.2 视图的优点

视图最终是定义在基表之上的,对视图的一切操作最终也要转化为对基表的操作。既然如此,为什么还要定义视图呢?这是因为合理使用视图能够带来许多好处。
(1) 视图可以简化用户对数据的理解。用户只关心自己感兴趣的某些特定数据,而那些不需要的或者无用的数据则不在视图中显示出来,这样,视图就可以让不同的用户以不同的方式看同一个数据集。

(2) 视图可以简化用户操作。使用视图,用户不必了解数据库及实际表的结构,就可以方便地使用和管理数据。用户可以将经常使用在不同表中的部分列和行的查询数据定义为视图。这样,在每次执行相同查询操作时,只要通过一条简单的 select 语句就可以得到结果,而不必重新编写复杂的查询语句。

(3) 视图提供了限制访问敏感数据的安全机制。通过视图用户只能查看和修改他们看到的数据,其他数据库或者表不可见、也不可访问。数据库的授权命令可以使每个用户对数据库的检索限制在特定的数据库对象上,但不能授权到数据库特定的行和特定的列上。

3.5.3 使用对象资源管理器创建和管理视图

3.5.3.1 创建视图

【例 3-51】在 student 数据库中建立一个名为"view_place"的视图,通过视图只能看到籍贯为"常州"的学生信息。

(1) 启动 SQL Server Management Studio 窗口,在"对象资源管理器"中依次展开"数据库"→"student"数据库节点。

(2) 右击"视图"节点,在弹出的快捷菜单中选择"新建视图"选项,如图 3-28 所示,弹出"添加表"对话框,如图 3-29 所示。

图 3-28 "新建视图"选项 图 3-29 "添加表"对话框

(3) 在"添加表"对话框中选择要用作建立视图的基表,单击【添加】按钮,就可以添加创建视图的基表。重复该操作,可以添加多个基表。在这里选择 student 表。单击【关闭】按钮退出。

（4）添加完基表后，在第一个窗格中就可以看到新添加的基表，在基表的每一列的左边有一个复选框，选择相应的复选框，可以指定对应的列在视图中被引用。本例选择 student 表中的所有列，如图 3-30 所示。

（5）图 3-30 的第二个窗格是条件窗格，用来设置查询的条件、在视图中记录排序类型和排序顺序等。在本例中，"筛选器"一项设置为 place='%常州'，即在视图中只包括籍贯为常州的学生信息。

（6）当第一和第二窗格中设置完成以后，在第三个窗格中自动生成对应的 T-SQL 语句。

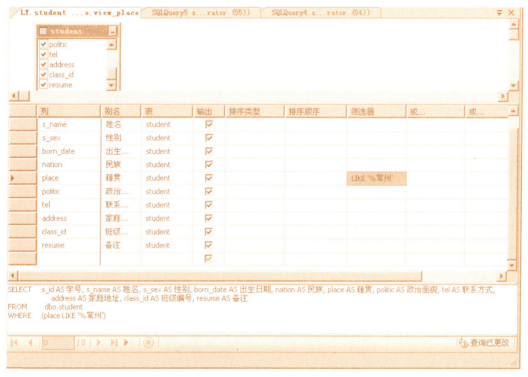

图 3-30 "视图创建"对话框

（7）执行文件菜单的"保存"命令，在弹出的"选择名称"对话框中输入视图名"view_place"，单击【确定】按钮，完成视图的建立。

（8）展开"视图"节点，在视图列表中右击 view_place 视图，在弹出的快捷菜单中选择"选择前 1 000 行"选项。在窗口最下面的输出窗格中会显示图中的 T-SQL 语句执行结果，如图 3-31 所示。

	学号	姓名	性别	出生日期	民族	籍贯	政治面貌	联系方式	家庭地址	班级编号	备注
1	0904101109	陈淼	男	1990-01-20 00:00:00	汉	江苏常州	团员	13151510941	江苏常州市	09041011	美术
2	0905021101	张乐	男	1992-03-01 00:00:00	汉	江苏常州	党员	18952276521	江苏省常州	09050211	NULL
3	1004101103	顾正刚	男	1991-02-05 00:00:00	汉	江苏常州	团员	18752512121	江苏省常州市	10041011	NULL

图 3-31 "视图"执行结果

3.5.3.2 查看视图

启动 SQL Server Management Studio 窗口,在"对象资源管理器"中依次展开"数据库"→"student"数据库→"视图"节点。右击相应视图,在弹出的快捷菜单中选择"属性"选项,就可以查看视图的建立时间、名称等信息。

3.5.3.3 修改视图

启动 SQL Server Management Studio 窗口,在"对象资源管理器"中依次展开"数据库"→"student"数据库→"视图"节点。右击相应视图,在弹出的快捷菜单中选择"设计"选项,打开视图设计窗口,在该窗口中可以修改视图的定义,修改完后保存退出即可。

3.5.3.4 删除视图

启动 SQL Server Management Studio 窗口,在"对象资源管理器"中依次展开"数据库"→"student"数据库→"视图"节点。右击相应视图,在弹出的快捷菜单中选择"删除"选项,弹出删除对象对话框,在该对话框单击【确定】按钮,即可删除视图。

3.5.4 使用 T-SQL 语句创建和管理视图

3.5.4.1 创建视图

语法格式如下:

```
CREATE VIEW 视图名
[WITH ENCRYPTION]
AS
SELECT 语句
[WITH CHECK OPTION]
```

说明:

(1) with encryption:表示对视图的创建语句进行加密。

(2) with check option:强制视图上执行的所有数据修改语句都必须符合由 where 子句设置的条件。如果在 select 语句中使用了 top,则不能指定该项。

【例 3-52】在 student 数据库中建立一个名为"view_student"的视图,通过视图只能看到学生的学号、姓名、性别和班级信息。

```
USE student
GO
CREATE VIEW view_student
AS
SELECT s_id as 学号,s_name as 姓名,s_sex as 性别,class_id as 班级
FROM student
```

执行命令成功后,在对象资源管理器中展开 student 数据库中的视图节点,可以看到 view_student 视图已经创建成功。

查看视图中的数据,只需在查询编辑器中输入如下 T-SQL 语句执行即可,结果如

图 3‑32 所示。

SELECT * FROM view_student

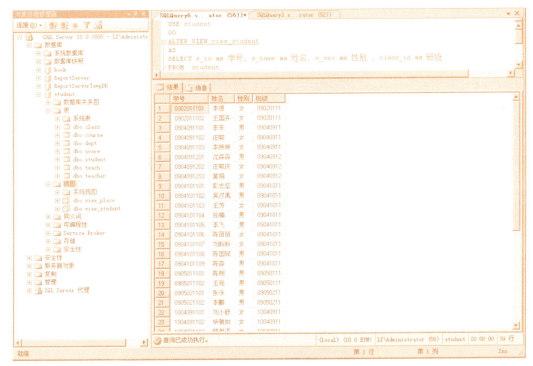

图 3‑32　查询语句查看视图的信息

提示：

（1）视图的命名必须满足 SQL Server 2008 中规定的标识符的命名规则，且对每个用户必须是唯一的，且不能与该用户拥有的数据表的名称相同。

（2）只能在当前数据库中创建视图。

（3）create view 必须是批处理中的第一条语句。

（4）一个视图最多只能引用 1 024 列，视图中记录的数目限制只由其基表中的记录数决定。

（5）视图中某列是函数、数学表达式、常量或者来自多个表的列名相同，则必须定义列的别名。

（6）一旦视图引用的基表或视图被删除，则该视图不能再被使用，直至创建新的基表或视图。

（7）在视图中不能包含 order by、compute 和 compute by 关键字和 into 子句；临时表不能创建视图。

【例 3‑53】 在 student 数据库中建立一个名为"view_teacher"的视图。通过该视图，只能访问到计算机系的教师信息，并且对视图语句加密。

```
USE student
GO
CREATE VIEW view_teacher
WITH ENCRYPTION
AS
SELECT dept_name, t_id, t_name, t_sex, title
FROM teacher, dept
WHERE dept_name = '计算机系'AND dept.dept_id = teacher.dept_id
```

3.5.4.2 查看视图

使用系统存储过程查看视图信息。该方法不仅可以查看视图的建立时间、名称等信息，还可以查看视图的详细信息。查看视图信息常用系统存储过程如表 3-11 所示。

表 3-11 查看视图信息常用系统存储过程

名 称	功 能
sp_help 视图名	查看视图的特征信息
sp_helptext 视图名	查看视图的定义信息
sp_depends 视图名	查看视图依赖的对象

【例 3-54】使用 sp_help 查看视图 view_student 的特征。

```
USE student
GO
sp_help view_student
```

执行结果如图 3-33 所示。

图 3-33 查看视图特征信息

【例3-55】使用 sp_helptext 查看视图 view_student 的定义信息。

USE student
GO
sp_helptext view_student

执行结果如图3-34所示。

图3-34 查看视图的定义信息

【例3-56】使用 sp_helptext 查看视图 view_teacher 的定义信息。

USE student
GO
sp_helptext view_teacher

执行结果如图3-35所示。通过本例证实，对于已加密的视图是查看不到视图本身的定义信息的。

图3-35 查看视图的定义信息

3.5.4.3 修改视图

语法格式如下：

```
ALTER VIEW 视图名
[WITH ENCRYPTION]
AS
SELECT 语句
[WITH CHECK OPTION]
```

【例3-57】修改 student 数据库中的视图"view_student"，使其只包含男学生的学号、姓名、班级和性别，并在对视图进行操作时满足条件表达式。

```
USE student
GO
ALTER VIEW view_student
AS
SELECT s_id as 学号,s_name as 姓名,s_sex as 性别,class_id as 班级
FROM student
WHERE s_sex = '男'
WITH CHECK OPTION
```

提示：对视图的具体修改操作与定义视图的方法是一致的。如果原来的视图定义使用了 with encryption 或 with check option，则只有在修改视图的语句中也包含这些选项，它们才会继续有效。

3.5.4.4 重命名视图

【例3-58】在 student 数据库，使用 sp_rename 命令将视图 view_teacher 重命名为 v_teacher。

```
USE student
GO
SP_RENAME view_teacher, v_teacher
```

3.5.4.5 删除视图

语法格式如下：

```
DROP VIEW[视图名,...n]
```

【例3-59】在 student 数据库，使用 drop view 命令删除视图 v_teacher。

```
USE student
GO
DROP VIEW v_teacher
```

3.5.5 通过视图管理数据

视图中的数据来自基表,通过视图可以观察基表中的数据变化。反过来,通过视图可以对基表中的数据进行操作,操作方式有 select、insert、update 和 delete。对视图的操作与对基表的操作语法格式完全相同。

3.5.5.1 查询数据

【例 3-60】在 student 数据库,通过视图 view_student 查询 09041011 班级学生的学号、姓名、性别信息。

```
USE student
GO
SELECT 学号,姓名,性别
FROM view_student
WHERE 班级 = '09041011'
```

执行结果如图 3-36 所示。

图 3-36 使用视图检索数据

3.5.5.2 插入记录

【例 3-61】在 student 数据库,通过视图 view_student 向学生信息表中插入一条记录。

```
USE student
GO
INSERT view_student(学号,姓名,性别,班级)
VALUES('0904101120','谢霆峰','男','09041011')
```

思考:如果插入以下语句,结果如何?

```
USE student
GO
INSERT view_student(学号,姓名,性别,班级)
VALUES('0904101120','谢霆峰','女','09041011')
```

3.5.5.3　修改记录

【例3-62】在student数据库,通过视图view_student将学号为"0904101120"学生的姓名改为"谢霆峰"。

```
USE student
GO
UPDATE view_student
SET 姓名 = '谢霆峰'
WHERE 学号 = '0904101120'
```

3.5.5.4　删除记录

【例3-63】在student数据库,通过视图view_student删除学号为"090401120"学生的记录。

```
USE student
GO
DELETE view_student
WHERE 学号 = '0904101120'
```

提示：

(1) 由于视图只取基表中的部分列,通过视图添加的记录也只能传递这些列的数据,故要求其他在视图中不存在的列允许为空(null),或有默认值以及其他能自动计算或自动赋值(如identity)的属性;否则,不能向视图插入数据。

(2) 视图中被修改的列必须直接引用表列中的原始数据。它们不能通过聚合函数、计算等方式派生。

(3) 如果在视图定义中使用了with check option选项,则在视图插入的数据必须符合定义视图的select语句所设定的条件。

(4) 如果在定义视图的查询语句中使用了聚合函数或group by、having子句,则不允许对视图进行插入或更新。

(5) 如果在定义视图的查询语句中使用了distinct选项,也不允许对视图进行插入或更新。

(6) 任何修改(包括insert、upadte和delete)都只能针对一个基本表的列。insert或update语句只允许修改或更新一个基表中的数据。

(7) 通过视图删除基表中的数据时,delete语句中where条件引用的字段必须是视图定义过的字段。

任务 实施

(1) 创建学生基本信息 view_classstudent 视图。新建查询，在查询编辑器中输入如下 T-SQL 语句：

```
USE student
GO
CREATE VIEW view_classstudent
AS
SELECT s_id as 学号,s_name as 姓名,s_sex as 性别,
born_date as 出生日期,nation as 民族,place as 籍贯,
politic as 政治面貌,tel as 联系电话,address as 家庭地址
class_id as 班级
FROM student
```

单击【执行】按钮，完成 view_classstudent 视图的创建。在"对象资源管理器"中展开 student 数据库的视图节点，可以看到 view_classcstudent 已经创建成功。

(2) 创建学生成绩信息 view_coursescore 视图。新建查询，在查询编辑器中输入如下 T-SQL 语句：

```
USE student
GO
CREATE VIEW view_coursescore
WITH ENCRYPTION
AS
SELECT student.s_id as 学号,s_name as 姓名,c_name as 课程名称,grade as 成绩
FROM student, course, score
WHERE student.s_id = score.s_id AND course.c_id = score.c_id
```

单击【执行】按钮，完成 view_coursestudent 视图的创建。

(3) 数据管理。

1) 通过视图查看信息。视图定义好后，不同班级的班主任只需通过 select 语句，即可方便查询到本班学生的信息。代码如下：

① 查看 09041011 和 10041011 班级学生的信息。

```
SELECT * FROM view_classstudent WHERE 班级 = '09041011'
SELECT * FROM view_classstudent WHERE 班级 = '10041011'
```

② 查看 09041011 和 10041011 班级学生的成绩。

```
SELECT * FROM view_coursescore WHERE 班级 = '09041011'
SELECT * FROM view_coursescore WHERE 班级 = '10041011'
```

③ 查询09041011和10041011班级平均成绩在80分以上的学生成绩情况,并按成绩的降序排列输出结果。

```
SELECT 学号,姓名,avg(成绩)  as 平均成绩
FROM view_coursescore
GROUP BY 学号,姓名
having 学号 like '09041011%' and avg(成绩)>=80
ORDER BY 平均成绩 DESC
```

2）通过视图修改信息。

① 10041011班级新增了一个同学时,班主任可以通过下述语句实现学生基本信息的添加：

```
USE student
GO
INSERT view_classstudent
VALUES('1004101120','夏伟','男','1992-11-1','汉','江苏盐城','党员',18952890121,'江苏省盐城市','10041011')
```

② 当学生的信息发生变化,可以通过update语句进行修改。如将上述学生的性别修改为"女"。程序代码如下：

```
USE student
GO
UPDATE view_classstudent
SET 性别 = '女'
WHERE 学号 = '1004101120'
```

任务 总结

SQL Server 2008 数据库的三级结构是视图、基表和数据库。视图的创建与操作以基表为基础。在面向应用时,它像基表一样用于from子句中作为数据来源,可以简化数据检索和提高数据安全性。将查询定义为视图,然后将视图用在其他查询中,这为用户提供了一种检索数据表数据的方式。

任务 3.6　学生信息快速查询

任务 描述

学生根据学号或姓名在数据库中查询个人信息。学校目前在校生有 5 000 人左右，所存储的信息量相当大，这给查询工作带来不便。因此，希望通过某种方式来提高查询速度。

任务 分析

索引对表中记录按检索字段的大小进行排序，可以提高检索的速度。在本任务中学生要提高按学号和姓名查询信息的速度，可以在学生表中为学号和姓名列分别建立索引。

任务 资讯

3.6.1　索引的概念

用户对数据库最基本、最频繁的操作是数据查询。在数据库中，数据的查询就是对数据表进行扫描。数据库提供了类似字典目录机制，可以快速定位表中数据行的某些列，从而组合成"数据行的目录"，以后在查询扫描数据表之前先浏览这些"数据行的目录"以提高查询效率，这就是索引。

索引是以数据表的列为基础建立的数据库对象。它保存表中排序的索引列，并且记录索引列在数据表中的物理存储位置，实现表中数据的逻辑排序。它是由一行行的记录组成，每一行记录都包含数据表中一列或若干列值的集合和相应指向表中数据页的逻辑指针。

索引页是数据库中存放索引的数据页。索引页存放检索数据行的关键字页以及该数据行的地址指针。它类似于汉语字典中按拼音或笔画排序的目录页。在对数据进行检索时，系统先搜索索引页面，从索引项中找到所需数据的指针，再直接通过指针从数据页面中读取数据。

3.6.2　索引的优点

在数据库中建立索引进行数据检索具有以下优点：
（1）保证数据记录的唯一性。唯一性索引的创建可以保证表中的数据记录不重复。
（2）加快数据检索速度。
（3）加快表与表之间的连接速度，并能实现表与表之间的参照完整性。
（4）在使用分组和排序子句进行数据检索时，可以显著减少查询中分组和排序的时间。

3.6.3 索引的分类

在 SQL Server 系统中,索引的分类主要有两种:按存储结构不同,分为聚集索引和非聚集索引;按照维护和管理方式不同,分为唯一性索引、复合索引和系统自动创建的索引。

3.6.3.1 聚集索引

聚集索引(clustered index)是指数据行的物理存储顺序与索引的顺序完全相同,即索引的顺序决定了表中行的存储顺序。

常见的《新华字典》的正文本身就是一个聚集索引。例如,要查"安"字,就会很自然地翻开字典的前几页,因为"安"的拼音是"an",按照拼音排序,汉字的字典是以英文字母"a"开头并以"z"结尾的,"安"字就自然地排在字典的前部。同样,如果查"张"字,字典要翻到最后,因为"张"的拼音是"zhang"。也就是说,字典的正文部分本身就是一个目录,不需要再去查其他目录就可以找到所需要的内容。

聚集索引对于那些经常要搜索范围值的列特别有效。使用聚集索引找到包含第一个值的行后,便可以确保包含后续索引值的行物理相邻。

3.6.3.2 非聚集索引

非聚集索引(nonclustered index)具有完全独立于数据行的结构。非聚集索引顺序与数据的物理存储顺序不一致,索引中的项目按索引键值的顺序存储,而表中的数据按操作系统指定的物理存储顺序存储。SQL Server 在查询数据时,先对非聚集索引进行搜索,找到数据在表中的位置,然后根据索引所提供的数据位置信息,到磁盘上的该位置处读取数据。

聚集索引的查询速度比非聚集索引快,但非聚集索引的维护比较容易。

3.6.3.3 唯一索引

唯一索引(unique)可以确保所有数据行中任意两行的被索引列(不包括 null 在内)无重复值。对聚集索引和非聚集索引,都可以使用 unique 关键字建立唯一索引。如果是复合唯一索引(多列,最多 16 个列),则该索引可以确保索引列中每个组合都是唯一的。唯一索引不允许有两行具有相同的索引值,在创建唯一索引时,如果该索引列上已经存在重复值,系统会报错。

提示:

(1) 主键一定是唯一索引,但是,唯一索引不一定是主键。

(2) 一个表可以有多个唯一索引,但是,主键只能有一个。

(3) 主键不允许为空,但是,唯一索引允许为空。

3.6.4 索引的规则

虽然索引可以提高查询速度,但是,它需要牺牲一定的系统性能。因此,在创建索引时,哪些列适合创建索引,哪些列不适合创建索引,需要进行一番判断考察才能进行索引的创建。在 SQL Server 系统中,使用索引时应注意以下规则:

(1) 索引的使用对用户是透明的,用户不需要在执行 SQL 语句时指定使用哪个索引及如何使用索引。索引一旦建立后,当在表上进行 dml 操作时,系统会自动维护索引,并决定何时使用索引。

(2) 由于聚集索引改变表的物理顺序,因此,应先建聚集索引、后建非聚集索引。

(3) 每张表只能有一个聚集索引,定义有主键的列会自动创建唯一聚集索引。

(4) 定义有外键的列可以建立索引。外键的列通常用于数据表与数据表之间的连接,在其上创建索引可以加快数据表间的连接。

(5) 经常查询的列最好建立索引。因为索引已经排序,其指定的范围是连续的,查询可以利用索引的排序,加快排序查询的速度。

(6) 在指定范围内快速或频繁查询的列最好建立索引。经常用在 where 子句的列,将非聚集索引建立在 where 子句的集合过程中需要快速或频繁检索的列,可以让这些经常参与查询的列按照索引的排序进行查询,加快查询时间。

(7) 对于那些查询中很少涉及的列、重复值比较多的列,不要建立索引。在查询中很少使用的列,有无索引并不能提高查询速度,相反会增加系统维护时间和消耗系统空间。例如,性别列只有列值"男"和"女",增加索引并不能显著提高查询速度。

(8) 对于定义为 text、image 和 bit 数据类型的列,不要建立索引。因为数据类型为 text、ntext 或 image 的数据列,数据量要么很大、要么很小,不利于使用索引。

3.6.5 使用对象资源管理器创建和管理索引

3.6.5.1 创建索引

【例 3-64】在 student 数据库中为 course 表创建一个唯一非聚集索引,索引名称为"index_c_name",被索引的列为 c_name。

(1) 启动 SQL Server Management Studio 窗口,在"对象资源管理器"中依次展开"数据库"→"student"数据库→"表"→"course 表"节点。

(2) 右击"索引"节点,在弹出的快捷菜单中选择"新建索引"选项,如图 3-37 所示,弹出"新建索引"对话框。

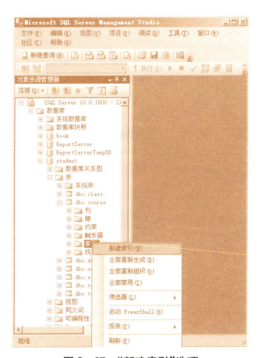

图 3-37 "新建索引"选项

(3) 在"新建索引"对话框中选择"常规"选项页,在"索引名称"文本框中输入所要创建的索引名称"index_c_name",并选择索引类型(聚集或非聚集),以及是否设置唯一索引,如图 3-38 所示。

(4) 单击【添加】,系统打开如图 3-39 所示的"从'dbo.course'中选择列"对话框,在该对话框上选择需要创建索引的表列 c_name,单击【确定】按钮,完成被索引字段的设置,返回"新建索引"窗口。

(5) 在"新建索引"对话框中,单击【确定】按钮,完成索引的创建。

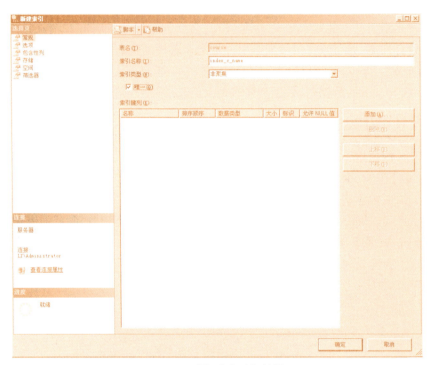

图 3-38 "新建索引"对话框

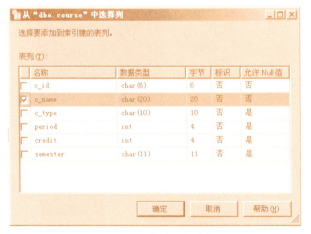

图 3-39 索引字段选择

3.6.5.2 删除索引

如果不再需要表中的某个索引,或是表中的某个索引已经对系统性能造成负面影响时,用户就需要删除该索引。

【例 3-65】 在 student 数据库中删除索引 index_c_name。

(1) 启动 SQL Server Management Studio 窗口,在"对象资源管理器"中依次展开"数据库"→"student"数据库→"表"→"course 表"→"索引"节点。

(2) 右击表中 index_c_name 索引。在弹出的快捷菜单中单击"删除"选项,弹出"删除对象"对话框,在该对话框中,单击【确定】按钮即可删除索引。

3.6.6 使用 T-SQL 语句创建和管理索引

3.6.6.1 创建索引

语法格式如下:

```
CREATE [UNIQUE] [CLUSTERED |NONCLUSTERED] INDEX 索引名
ON
{表名|视图名}(列[ASC|DESC][ ,...n])}
```

说明:

(1) unique。创建唯一索引。

(2) clustered|nonclustered。聚集索引与非聚集索引(默认为聚集索引)。

(3) 列。索引包含列的名字。指定两个或多个列名,可为指定列的组合值创建复合索引。

(4) asc|desc。索引列的排序方式,默认为升序。

提示: 索引名在表或视图中必须唯一,但在数据库中不必唯一。索引名必须遵循标识符规则。

【例 3-66】 在 student 数据库 score 表的 c_id 列和 grade 列上创建名为"index_course_grade"的复合索引。

```
USE student
GO
CREATE INDEX index_course_grade
ON score (c_id, grade)
```

3.6.6.2 删除索引

语法格式如下:

```
DROP INDEX<表名.索引名,…n>
```

【例 3-67】 删除 student 数据库中 score 表上名为"index_course_grade"的复合索引。

```
USE student
```

```
GO
DROP INDEX score.index_course_grade
```

任务 实施

(1) 创建学号索引。因为学生表中的学号是主键,所以,在创建约束时会自动创建唯一聚集索引,如图 3-40 所示。

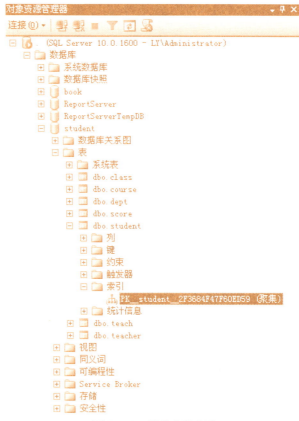

图 3-40 学号字段索引

(2) 创建姓名索引。新建查询,在查询编辑器中输入如下 T-SQL 语句:

```
USE student
GO
CREATE NONCLUSTERED INDEX index_s_name
ON
student (s_name)
```

> **任务 总结**

SQL Server 访问数据库的方式有两种：一种是扫描表的所用页，称为"表扫描"；另一种是使用索引技术。当使用表扫描的时候，必须对整张表的数据信息进行遍历查询，效率较慢，而通过索引可以提高查询的效率。将数据表中的某些列（如主键）制作成索引，查询数据的时候先查看一下索引而不扫描整个数据表，从而加快了查询速度、加快了表的连接和排序。但是，创建索引需要占用磁盘空间并花费一定时间，维护索引也会花费时间和减慢数据修改速度。

任务 3.7 教师任课课程成绩查询

> **任务 描述**

学期期末考试结束后，任课老师在完成学生的总评成绩网上录入后，还希望经常查看自己任教课程的学生成绩。

> **任务 分析**

这项工作通过多表查询即可完成。但考虑此项操作需经常执行，可将其任务编写成存储过程，以方便用户随时调用，提高系统效率。

> **任务 资讯**

3.7.1 T-SQL 编程基础

创建数据库的目的不仅是为了存储、管理数据，也是为开发各种应用系统做好准备。在开发数据库应用系统中，会使用函数、存储过程和触发器编程。因此，需要了解 SQL Server 数据编程的相关知识和技术。

3.7.1.1 批处理

批处理是包含一个或多个 T-SQL 语句的集合，由客户端发送到 SQL Server 实例以完成执行。SQL Server 将批处理的语句编译为一个执行计划，并作为一个整体来执行。如果批处理中的某一条语句发生编译错误，执行计划就无法编译，从而整个批处理无法执行。

对批处理有以下限制：
（1）不能在修改表中的某个列后，立即在同一批处理中引用被修改的列。
（2）create function、create procedure、create trigger 和 create view 语句不能与其他语

句位于同一个批处理中。

（3）不能在删除一个对象以后，立即在同一批处理中引用该对象。

（4）不能在定义了一个检查约束后，立即在同一个批处理中使用该约束。

（5）使用 set 语句设置的某些项，不能应用于同一个批处理中的查询。

（6）如果批处理的第一条语句是 execute 关键字，则可以省略该关键字；否则，不能省略。

在一个批处理建立完成以后，使用 go 命令来作为批处理结束标志，编译器在对批处理进行编译时，当读到 go 语句时就会自动把 go 前面的所有语句作为一个批处理。但是，go 本身并不是 T-SQL 语句，它的作用仅仅是通知 SQL Server 该批处理到什么地方结束。

3.7.1.2 注释

注释是程序中不被执行的部分，对程序起解释说明和屏蔽暂时不需要使用的代码的作用。SQL Server2008 有以下两种注释：

（1）单行注释：--（双连字符）。这些注释字符可以与代码处于同一行，也可另起一行。从双连字符开始到行尾的内容均为注释。如果注释内容占用多行，则必须在每一行的最前面使用注释符。

（2）多行注释：/*...*/（斜杠-星号字符对）。这些注释字符可以与代码处于同一行，也可另起一行，而且可以在代码内部。开始注释对(/*)与结束注释对(*/)之间的所有内容均是注释部分。当注释内容占用多行，也只需要一个注释对。但是，多行注释不能跨越批处理，即整个注释只能在一个批处理中。

3.7.1.3 常量与变量

常量也称文字值或标量值，是在程序运行过程中值保持不变的量。而变量是指在程序运行过程中可以变化的量，可以用它来保存在程序运行过程中的中间值或者输入、输出结果。因此，变量是一种语言中必不可少的组成部分。

Transact-SQL 语言中有两种形式的变量：一种是用户自己定义的局部变量，另外一种是系统提供的全局变量。局部变量的使用必须先声明、再赋值；而全局变量由系统定义和维护，用户可以直接使用。

（1）局部变量。局部变量是一个能够拥有特定数据类型的对象，它的作用范围仅限制在程序内部。一般用在批处理、存储过程、触发器和函数中。

1）局部变量声明。

DECLARE　@变量名　数据类型[,@变量名　数据类型]...

说明：

局部变量指定数据的类型，如果有需要，还可以指定数据长度。

提示：

① 遵循"先定义，再使用"的基本原则。

② 变量名也是一种标识符，变量的命名也应遵守标识符的命名规则。

③ 变量的名字尽量做到见名知意，避免变量名与系统保留关键字同名。

④ 可以同时定义多个变量，各变量的定义用逗号隔开。

【例3-68】在 student 数据库中定义一个名称为"classname"的字符型局部变量。

```
USE student
GO
DECLARE   @classname char
```

2) SET 赋值语句。

语法格式如下：

```
SET   @变量名 = 表达式
```

说明：

将表达式的值赋给左边的变量，set 一次只能对一个变量赋值。变量没有赋值时，其值为 null。

3) SELECT 赋值语句。

语法格式如下：

```
SELECT   @变量名 = 表达式[,…]
[FROM 表名][WHERE 条件表达式]
```

说明：

① 用 select 赋值时，如果省略 from 子句，等同于上面的 set 方法。若不省略，则将查询到的记录数据结果赋值给局部变量。如果返回的是记录集，那么，就将记录集中最后一行记录的数据赋值给局部变量。所以，尽量限制 where 条件，使查询结果中只有返回一条记录。

② select 可以同时给多个变量赋值。一般用于从表中查询，然后赋给变量。

【例3-69】在 student 数据库中，查询成绩表中最高分和最低分的学生姓名和课程名称及成绩。

方法一　查询嵌套

```
select s_name, c_name, grade
from student, course, score
where student.s_id = score.s_id and course.c_id = score.c_id
and (grade = (select min(grade) from score ) or grade = (select max(grade) from score))
```

方法二　赋值语句，中间变量

```
declare @maxscore real,@minscore real
select @maxscore = max(grade),@minscore = min(grade) from score
select student.s_name, course.c_name, grade
from student, course, score
```

where student. s_id = score. s_id and course. c_id = score. c_id and (grade = @maxscore or grade = @minscore)

【例 3-70】在 student 数据库中,根据教师号查找马丽丽老师的信息以及与她相邻的教师信息。

分析:

(1) 利用 set 语句赋值,将马丽丽老师的教师名传送给 t_name 字段,查询出该教师的个人信息。

(2) 查找马丽丽老师的教师号,并使用 select 语句赋值。

(3) 马丽丽老师的教师号加 1 或减 1,查询与其相邻的教师信息。

```
use student
go
/*--查找马丽丽老师的信息--*/
DECLARE @name char(10)
set @name='马丽丽'         --使用 SET 赋值
SELECT t_id, t_name, t_sex, title, dept_id   --查询马丽丽信息
FROM teacher
WHERE t_name = @name
/*--查找马丽丽老师的教师号--*/
DECLARE @teacher_id char(4)
SELECT @teacher_id = t_id     --使用 select 赋值
FROM teacher
WHERE t_name = @name
/*--查找与马丽丽老师相邻的教师信息--*/
SELECT t_id, t_name, t_sex, title, dept_id
FROM teacher
WHERE (t_id = @teacher_id + 1) or (t_id = @teacher_id-1)
```

以上 T-SQL 语句的执行结果如图 3-41 所示。从本例可以看出,局部变量可用于在上下语句中传递数据,如@teacher_id 变量。

(2) 全局变量。全局变量是 SQL Server 系统内部使用的变量,其作用范围并不仅仅局限于某一程序,而是任何程序均可以随时调用。全局变量通常存储一些 SQL Server 的配置设定值和统计数据。用户可以在程序中用全局变量来测试系统的设定值或者是 Transact-SQL 命令执行后的状态值。全局变量的名字均以@@开头。

用户不能建立全局变量,也不能用 set 或 select 语句对全局变量赋值。

常用的全局变量见表 3-12。

图 3-41 变量赋值

表 3-12 全局变量

变 量	含 义
@@ERROR	最后一个 T-SQL 错误的错误号
@@IDENTITY	最后一次插入的标识值
@@LANGUAGE	当前使用语言的名称
@@MAX_CONNECTIONS	可以创建同时连接的最大数目
@@ROWCOUNT	受上一个 SQL 语句影响的行数
@@SERVERNAME	本地服务器的名称
@@TRANSCOUNT	当前连接打开的事务数
@@VERSION	SQL Server 的版本信息

3.7.1.4 输出语句

T-SQL 中支持输出语句,用于输出显示处理的数据结果。常用的输出语句有两种,它们的语法格式如下:

print 局部变量|字符串|表达式

select 局部变量 as 自定义列名

说明:select 既可以作为赋值语句,从表中查询多个值,然后赋给预先定义好的不同局部变量,也可以作为查询语句,将查询结果直接输出。

【例 3-71】输出服务器名称。

PRINT'服务器名称:'+@@SERVERNAME

SELECT @@@SERVERNAME AS'服务器名称'

运行结果如图 3-42 所示。

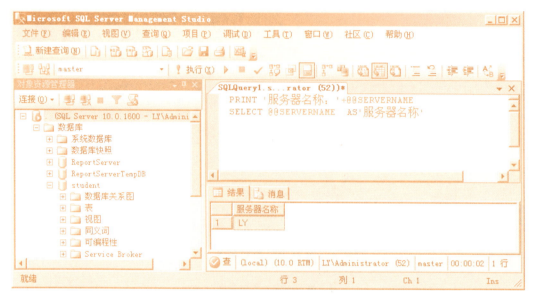

图 3-42 服务器名称输出

提示：

（1） print 语句输出的结果在消息框中以文本形式显示。

（2） select 语句输出的结果在结果窗口中以表格形式显示。

（3） print 语句用单个变量或字符串或表达式作为输出参数，并用"＋"连接运算符将两边的字符进行连接。

【例 3-72】在 teacher 表中插入两条记录，并验证是否插入成功。

USE student
GO
INSERT teacher(t_id, t_name, t_sex, title, dept_id)
VALUES ('0404','张有伟','男','讲师','04')
PRINT '当前错误号' + CONVERT(varchar(5), @@ERROR)
USE student
GO
INSERT teacher(t_id, t_name, t_sex, title, dept_id)
VALUES ('0404','刘欣','女','讲师','04')
PRINT '当前错误号' + CONVERT(varchar(5), @@ERROR)

运行结果如图 3-43 所示。本例中由于插入第二条记录中的教师号与第一条相同，违反了主键约束，显然不能执行成功。这里用@@ERROR 全局变量来进行测试。@@

ERROR 用于表示最近一条 SQL 语句是否有错误。如果有，将返回非零值。因此，第二测试的返回值非零。由于@@ERROR 返回的值属于整型数据，只有将其转换为字符类型的数据，才能顺利输出。

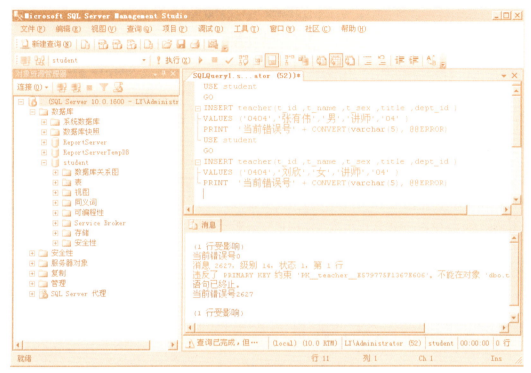

图 3-43　@@ERROR 全局变量测试

3.7.1.5　运算符与表达式

运算符实现运算功能。它们能够用来执行算术运算、字符串连接、赋值，以及在字段、常量和变量之间进行比较并产生新的结果。在 SQL Server 中，运算符主要有以下 6 类：算术运算符、赋值运算符、位运算符、关系运算符、逻辑运算符以及字符串运算符等。表达式由常量、变量、运算符和函数等组成，可以在查询语句中的任何位置使用。这里介绍算术运算符、赋值运算符、位运算符和字符串运算符。

（1）算术运算符。算术运算符用来对两个表达式执行数学运算，这两个表达式一般是数值型数据。算术运算符包括加（＋）、减（－）、乘（＊）、除（/）和取模（％，返回两个数相除后的余数）。

（2）赋值运算符。T-SQL 中只有一个赋值运算符，即等号（＝）。赋值运算符能够将数据值指派给特定的对象。另外，还可以使用赋值运算符在列标题和为列定义值的表达式之间建立关系。例题参看对变量赋值操作。

（3）位运算符。位运算符能够在两个表达式之间执行位操作，参与运算的表达式可以是整型数据类型中的任何数据表达式。位运算表达式中的位运算符见表 3-13。

表 3-13 位运算符

运算符	含 义
&（与运算）	两个位为 1 时，结果为 1，否则为 0
|（或运算）	两个位只要有一个为 1，结果为 1，否则为 0
^（异或运算）	两个位不同时，结果为 1，否则为 0
~（非运算）	对 1 运算结果为 0，对 0 运算结果为 1

（4）字符串连接运算符。字符串连接运算符只有一个，即加号"＋"。利用字符串运算符可以将多个字符串连接起来，构成一个新的字符串。例如，执行语句 SELECT 'abc'＋'def'，其结果为'abcdef'。

在所有运算符中，不同运算符的优先级别不同，在同一表达式中出现不同的运算符时，系统会按照各运算符的优先级别顺序来决定先执行何种运算。优先级别高的运算符会被先执行，然后执行优先级别次高的运算符，依此类推，最后执行优先级别最低的运算符。如果运算级别相同，那么，系统会自左向右依次执行。如果用户想控制执行顺序，可以用括号把需要先执行的运算表达式括起来，因为括号的优先级别最高。运算符的优先等级从高到低见表 3-14。

表 3-14 运算符的优先级别表

优先级顺序	运 算 符
1	~（非运算）
2	乘、除、取模运算符（＊、/、％）
3	加减运算符（＋、－）、连接运算符（＋）、位与运算符（&）
4	比较运算符（＝、＞、＜、＞＝、＜＝、＜＞、！＝、！＞、！＜）
5	位或和位异或运算符（|、^）
6	NOT
7	AND
8	OR、ALL、ANY、SOME
9	赋值运算符（＝）

3.7.2 存储过程

3.7.2.1 存储过程的概念

存储过程（preocedure）是在数据库管理系统中保存的、预先编译的并能实现某种功能的 SQL 程序。存储过程作为数据库对象预先保存在数据库中，经过一次创建后，可以被多次调用。它可以包含程序流、逻辑以及对数据库的相关操作，也可以接受参数、输出参数、返回记录集以及返回需要的值。

3.7.2.2 存储过程的优点

存储过程一般用于处理需要与数据库进行频繁交互的业务,因为使用存储过程具有以下优点:

(1) 执行速度快,效率高。如果某业务需要大量的 T-SQL 代码或需要经常重复执行,存储过程比批处理代码的执行要快。这是因为存储过程只是创建时在服务器端进行编译,以后每次执行都不需要再重新编译,且执行一次后就驻留在高速缓冲存储器中。如需再次调用,只要从高缓中调用,从而提高了系统性能。而 T-SQL 批处理代码在每次运行时,都要从客户端重复发送 T-SQL 代码,并且 SQL Server 每次执行这些语句时,都要对其进行编译,显然其效率没有存储过程高。

(2) 模块化程序设计。封装业务逻辑使数据库操作人员与应用系统开发人员的分工更明确,支持模块化设计。

(3) 具有良好的安全性。存储过程可以作为安全机制。存储过程保存在数据库中,用户只需要提交存储过程名就可以直接执行,避免了攻击者非法截取 SQL 代码获得用户数据的可能性。另外,还可以通过授予用户对存储过程的操作权限来实现安全机制。

3.7.2.3 存储过程的分类

在 SQL Server 中常用的存储过程有两类:系统存储过程和用户自定义存储过程。

(1) 系统存储过程。系统存储过程是由 SQL Server 系统提供的存储过程,可以作为命令执行各种操作。系统管理员通过它可以方便地查看数据库和数据库对象的相关信息,以帮助管理 SQL Server。

(2) 用户自定义存储过程。它是由用户创建并能完成某一特定功能的存储过程,包括 Transact-SQL 和 CLR 两种类型。Transact-SQL 存储过程是指保存的 Transact-SQL 语句集合,可以接受和返回用户提供参数,也可以从数据库向客户端应用程序返回数据。CLR 在本书不做详细介绍。

3.7.2.4 常用的系统存储过程

系统存储过程主要存放在 master 数据库中,并以"SP_"为前缀。尽管系统存储过程被放在 master 数据库中,但是,仍然可以在其他数据库中对其进行调用。在调用时不必在存储过程前加上数据库名。常用的系统存储过程见表 3 - 15。

表 3 - 15 系统存储过程

系统存储过程	说　　明
sp_databases	列出服务器上的所有数据库
sp_helpdb	报告有关指定数据库或所有数据库的信息
sp_renamedb	更改数据库的名称
sp_tables	返回当前环境下可查询对象的列表
sp_columns	返回某个表的信息
sp_help	查看某个表的所有信息
sp_helpconstraint	查看某个表的约束

续 表

系统存储过程	说　　明
sp_helpindex	查看某个表的索引
sp_stored_procedures	列出当前环境中的所有存储过程
sp_password	添加或修改登录帐户的密码
sp_helptext	显示默认值、未加密的存储过程、用户定义的存储过程、触发器或视图的实际文本

使用 T-SQL 语句执行存储过程的语法格式如下：

EXEC [UTE]系统存储过程名

【例 3-73】查看 student 表的所有信息。

EXEC sp_help student

【例 3-74】查看 student 表的索引信息。

EXEC sp_helpindex student

3.7.2.5　存储过程中的参数

存储过程中的参数有两类，分别是输入参数和输出参数。输入参数在调用时向存储过程传递参数，此类参数可用于在存储过程中传入值；输出参数是从存储过程中返回一个或多个值。输出参数后有"OUTPUT"标记，存储过程执行后，将把返回值存放在输出参数后，供其他 T-SQL 语句读取访问。

3.7.2.6　使用对象资源管理器创建和管理用户自定义存储过程

（1）创建和删除存储过程。

【例 3-75】在 student 数据库中，创建一个简单的存储过程 pro_student_info，用于检索学号为"0904101104"学生的信息，然后将其删除。

1）启动 SQL Server Management Studio 窗口，在"对象资源管理器"中依次展开"数据库"→"student"数据库→"可编程性"节点，右击"存储过程"节点，如图 3-44 所示。

2）在弹出的快捷菜单中选择"新建存储过程"选项，弹出如图 3-45 所示的对话框，在对话框中输入建立存储过程的语句，输入完毕后执行成功即可。

3）右击"存储过程 pro_student_info"，在弹出的快捷菜单中选择"删除"选项，弹出"删除对象"对话框，单击【确定】按钮，即可删除选中存储过程。

（2）查看用户自定义存储过程。启动 SQL Server Management Studio 窗口，在"对象资源管理器"中依次展开"数据库"→"student"数据库→"可编程性"节点，右击相应的存储过程名，在弹出的快捷菜单中选择"属性"选项，就可以查看存储过程的建立时间、名称等信息。

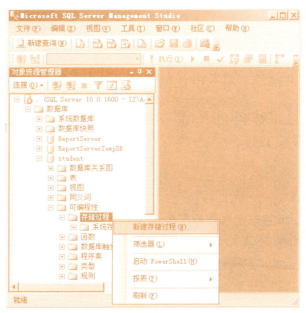

图 3‑44 建立存储过程

图 3‑45 输入存储过程命令

3.7.2.7 使用 T-SQL 语句创建和管理用户自定义存储过程

（1）创建用户自定义存储过程。

语法格式如下：

```
CREATE PROC [EDURE]<存储过程名>
@参数名 数据类型 = [default]
[WITH ENCRYPTION]
AS
```

T-SQL 语句

说明：

default：参数的默认值。如果执行存储过程时未提供该参数的变量值，则使用 default 值。

【例 3-76】在 student 数据库中，创建一个不带参数的存储过程 pro_stu_info，用于检索学生的姓名、班级和联系方式。

```
USE student
GO
/*--判断 pro_stu_info 存储过程是否存在,若存在,则删除--*/
If EXISTS (SELECT name FROM sysobjects
WHERE name = 'pro_stu_info' AND type = 'p')
DROP PROCEDURE pro_stu_info
Go
--建立存储过程
CREATE PROC pro_stu_info
As
SELECT s_name, class_id, tel FROM student
```

【例 3-77】在 student 数据库中，创建存储过程 pro_class_info，用于检索 09041011 班级学生的基本信息。

```
USE student
GO
If EXISTS (SELECT name FROM sysobjects
WHERE name = 'pro_class_info' AND type = 'p')
DROP PROCEDURE pro_class_info
Go
--建立存储过程
CREATE PROC pro_class_info
As
SELECT * FROM student
WHERE class_id = '09041011'
```

在本例中，存储过程 pro_class_info 查询了班级号为"09041011"的学生信息。这只能固定地查询指定班级的学生信息，不能动态地查询不同班级的学生信息。要使用户能够灵活地按照自己的需要查询指定班级号的学生信息，使存储过程更加实用、展现其优势，查询的班级应该可变，这就需要在上述存储过程中引入一个输入参数，从而满足用户查询某一指定班级学生的相关信息需求。

【例3-78】在 student 数据库中,创建一个带输入参数的存储过程 pro_class_info1,该存储过程可以根据给定班级的编号,返回该班级学生的所有信息。

```
USE student
GO
If EXISTS (SELECT name FROM sysobjects
WHERE name = 'pro_class_info1' AND type = 'p')
DROP PROCEDURE pro_class_info1
Go
--建立存储过程
CREATE PROC pro_class_info1
@class_id char(8)
As
SELECT * FROM student
WHERE class_id = @class_id
```

【例3-79】在 student 数据库中,创建一个名为"pro_student_grade"的存储过程,该存储过程可以检索某个学生某门课程的成绩。默认课程为"大学英语"。

```
USE student
GO
IF EXISTS(SELECT name FROM sysobjects
WHERE name = 'pro_student_grade'AND type = 'P')
DROP PROCEDURE pro_student_grade
go
CREATE PROCEDURE pro_student_grade
@sname char(8), @cname char(20) = '大学英语'
AS
SELECT student.s_id AS 学号,s_name AS 姓名,
c_name AS 课程名,grade AS 成绩
FROM student, course, score
WHERE student.s_id = score.s_id and course.c_id = score.c_id
AND student.s_name = @sname AND course.c_name = @cname
```

(2)查看用户自定义存储过程。使用系统存储过程查看存储过程信息,不仅可以查看存储过程的建立时间、名称等信息,还可以查看存储过程的详细信息。常用系统存储过程如表3-16所示。

表 3-16　系统存储过程查看自定义存储过程信息

名　　称	功　　能
sp_help〈存储过程名〉	查看存储过程的特征信息
sp_helptext〈存储过程名〉	查看存储过程的定义信息
sp_depends〈存储过程名〉	查看存储过程的依赖对象

【例 3-80】使用 sp_help 查看存储过程 pro_class_info 的特征。

```
USE student
GO
EXEC sp_help pro_class_info
```

【例 3-81】使用 sp_helptext 查看存储过程 pro_class_info 的定义信息。

```
USE student
GO
EXEC sp_helptext pro_class_info
```

说明：对于已经加密的存储过程查看不到其定义信息。

（3）修改用户自定义存储过程。

语法格式如下：

```
ALTER PROC [EDURE]<存储过程名>
[WITH ENCRYPTION]
AS
T-SQL 语句
```

【例 3-82】在 student 数据库中，修改存储过程 pro_class_info，使其根据用户提供的班级名称检索计算机应用技术班级学生的基本信息，要求加密存储过程。

```
USE student
GO
--修改存储过程
ALTER PROC pro_class_info
WITH ENCRYPTION
AS
SELECT * FROM student, class
WHERE student.class_id = class.class_id
AND class_name LIKE '%计算机应用技术%'
```

（4）删除用户自定义存储过程。

语法格式如下：

DROP PRO [EDURE]<存储过程名>

用户存储过程只能定义在当前数据库中。当成功创建存储过程对象后，将在系统数据库 sysobjects 表中增加该存储过程的一条记录，因此，一个完整的删除存储过程应该先判断该存储过程是否存在，然后执行删除操作。其 SQL 语句如下：

If EXISTS (SELECT name FROM sysobjects
WHERE name = '存储过程名' AND type = 'p')
DROP PROCEDURE 存储过程名

3.7.2.8 用户自定义存储过程的执行

存储过程创建成功后，用户可以执行存储过程来检查存储过程的返回结果。
(1) 执行无参数存储过程。
语法格式如下：

EXEC 存储过程名

【例 3-83】使用 T-SQL 语句执行 pro_stu_info 和 pro_class_info 存储过程。

```
USE student
GO
EXEC pro_stu_info
EXEC pro_class_info
```

执行完毕后，在查询结果窗口中返回的结果如图 3-46 所示，表示存储过程创建成功，并返回相应运行结果。

图 3-46　无参数存储过程的执行结果

(2) 执行带输入参数的存储过程。

创建完带参数的存储过程后,如果要执行,可以通过两种方式传递参数。

1) 使用参数名传递参数值。

语法格式如下:

EXEC [UTE]存储过程名[@参数名=参数值][,...,n]

在执行存储过程时,通过语句@参数名=参数值,给出参数的传递值。当存储过程含有多个输入参数时,参数值可以按任意位置顺序指定,对于允许空值和具有默认值的输入参数,可以不给出参数的传递值。

【例3-84】使用参数名传递参数的方法,执行存储过程 pro_class_info1,分别查找班级号为"09040911"和"09040912"的学生信息。

```
EXEC pro_class_info1 @class_id = '09040911'
GO
EXEC pro_class_info1 @class_id = '09040912'
GO
```

设置不同参数执行该存储过程的返回结果如图3-47所示。可以看出在使用参数后,用户可以方便、灵活地根据需要查询信息。

图3-47 带参数存储过程的执行结果

【例3-85】使用参数名传递参数的方法,执行存储过程 pro_student_grade,查找孙楠同学"网页制作技术"课程的成绩。

```
EXEC pro_student_grade @cname = '网页制作技术',@sname = '孙楠'
```

2) 按位置传递参数值。

语法格式如下：

```
EXEC [UTE]存储过程名[值1,值2,...]
```

在执行存储过程的语句中，按照输入参数的位置直接给出参数值。如果存储过程含有多个输入参数时，参数值的顺序必须与存储过程中定义输入参数的顺序一致。按位置传递参数时，也可以忽略允许空值和具有默认值的输入参数，但不能因此破坏输入参数的顺序。

【例3-86】按位置传递参数值执行存储过程 pro_class_info1，分别查找班级号为"09040911"和"09040912"的学生信息。

```
EXEC pro_class_info1 '09040911'
Go
EXEC pro_class_info1 '09040912'
Go
```

【例3-87】按位置传递参数值执行存储过程 pro_student_grade，查找王芳"C语言程序设计"课程的成绩。

```
EXEC pro_student_grade  '王芳','C语言程序设计'
GO
EXEC pro_student_grade  '王芳',default
GO
EXEC pro_student_grade  '王芳'
```

任务 实施

(1) 创建任课教师任课课程成绩查询的存储过程。新建查询，在查询编辑器中输入如下 T-SQL 语句：

```
USE student
GO
/*--判断 pro_teach_info 存储过程是否存在,若存在,则删除--*/
IF EXISTS(SELECT name FROM sysobjects
WHERE name = 'pro_teach_info'AND type = 'P')
DROP PROCEDURE pro_teach_info
Go
/*--建立存储过程--*/
```

```
CREATE PROC pro_teach_info
@tname char(8)
AS
SELECT s_id, score.c_id, grade
FROM teacher, teach, score
WHERE teacher.t_name = @tname
AND teacher.t_id = teach.t_id AND teach.c_id = score.c_id
```

单击【执行】按钮,成功执行后,即可在 student 数据库中创建相应的存储过程。

(2) 执行存储过程。继续在查询编辑器中输入如下 T-SQL 语句:

```
EXEC pro_teach_info '马丽丽'
```

单击【执行】按钮,成功执行后,得到如图 3-48 所示的查询结果。

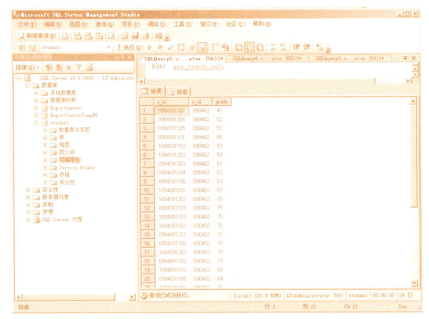

图 3-48 执行结果

任务 总结

T-SQL 语言是 SQL Server 创建应用程序所使用的语言,它是用户应用程序和 SQL Server 数据库之间的主要编程语言。

存储过程是已经编译好的代码,因此,在调用、执行时不必再次编译,从而大大提高了程序的运行效率。在实际的软件开发中,常常使用存储过程以更快的速度处理用户业务数据,并减少网络流量,保证应用程序性能满足用户的要求。

任务 3.8 学生个人成绩查询

任务 描述

学生学期考试结束后,希望尽快得知自己各门功课的考试成绩。若查询结果为空,则提醒学生,成绩暂没登录,请耐心等待或与任课教师联系;若查询结果有不及格记录,则提醒学生,该学期有不及格科目,请利用假期认真复习,在开学两周后参加补考。

任务 分析

学生成绩查询是反复执行的一项业务,故可以将此任务设计为一个存储过程。在该存储过程中,学生根据学号查询出成绩,需要定义一个输入参数,以接受学生的学号。由于根据不同的查询结果输出信息,在存储过程中使用选择语句进行判断输出。

任务 资讯

目前大多数数据库管理系统在支持国际标准的 SQL 语言实现对数据库数据操作的基础上,还纷纷对标准 SQL 语言进行了扩展,提供了程序逻辑控制语句,增强了 SQL 语言的灵活性。这些逻辑控制语句可用于在数据库管理系统所支持的 SQL 语句、存储过程和触发器中,并能根据用户业务流程的需要实现真实的业务处理。在 T-SQL 语言中,常用的逻辑控制语句包括:

(1) 顺序结构控制语句:begin-end 语句。
(2) 分支结构控制语句:if-else 语句和 case-end 语句。
(3) 循环结构控制语句:while 语句。

在本任务中,将重点介绍 begin-end 语句和 if-else 语句。

3.8.1 程序块语句:begin...end

在程序中使用最普遍的逻辑结构是顺序结构,顺序结构语句的执行过程是从前向后逐条语句依次执行。begin...end 语句能够将多个 T-SQL 语句组合成一个语句块,并将它们视为一个单元处理。

语法格式如下:

```
BEGIN
SQL 语句 1
SQL 语句 2
...
END
```

在条件语句和循环等控制流程语句中,当符合特定条件需要执行两个或者多个语句时,就需要使用 begin...end 语句。begin 和 end 分别表示语句块的开始和结束,必须成对使用。

3.8.2 选择语句:if...else

if...else 语句属于分支结构,用来判断某一条件,并根据判断结果来决定执行相应的程序块。最简单的 IF 语句没有 else 子句部分,因此存在两种结构。

(1) 不含 ELSE 子句。

IF 布尔表达式
SQL 语句块

若 if 后面的布尔表达式为真,则执行 SQL 语句块,然后执行 if 结构后面的语句;否则跳过语句块,直接执行 if 结构后面的语句。

(2) 包含 ELSE 子句。

IF 布尔表达式
SQL 语句块 1
ELSE
SQL 语句块 2

若 if 后面的布尔表达式为真,则执行 SQL 语句块 1;否则执行 SQL 语句块 2,然后执行 if...else 结构后面的语句。

说明:

1) 如果格式中的 SQL 语句块由多条语句组成,则必须使用 begin...end 把多条语句组合成一个语句块;若是单条语句,则可用也可以不用 begin...end。

2) SQL Server 允许嵌套使用 if...else 语句,而且嵌套层数没有限制。

【例 3-88】在 student 数据库中,查询学生成绩表,如果其中存在学号为"0904101101"的学生,就输出该学生的全部成绩信息,否则显示"没有该生的成绩"。

```
USE student
GO
IF EXISTS(SELECT s_id FROM score WHERE s_id = '0904101101')
SELECT * FROM score WHERE s_id = '0904101101'
ELSE
PRINT'没有该生的成绩'
```

【例 3-89】统计"面向对象程序设计"课程的平均分。如果平均分在 70 分以上,显示"考试成绩优秀",并显示前 3 名学生的考试信息;如果平均分在 70 分以下,显示"考试成绩较差",并显示后 3 名学生的考试信息。

```
USE student
GO
/*--查询面向对象程序设计课程的平均分--*/
```

```sql
DECLARE @objectavg decimal(5,2)
SELECT @objectavg = AVG (grade)
FROM score, course
WHERE c_name = '大学英语' AND course.c_id = score.c_id
SELECT @objectavg as 平均分
/*--根据平均分给出评语--*/
IF (@objectavg >= 70)
BEGIN
PRINT'考试成绩优秀,前三名的成绩为:'
SELECT TOP 3 score.s_id, s_name, c_name, grade
FROM student, score, course
WHERE c_name = '大学英语' AND course.c_id = score.c_id
AND student.s_id = score.s_id
ORDER BY grade DESC
END
ELSE
BEGIN
PRINT '考试成绩较差,后三名的成绩为:'
SELECT TOP 3 score.s_id, s_name, c_name, grade
FROM student, score, course
WHERE c_name = '大学英语' AND course.c_id = score.c_id
AND student.s_id = score.s_id
ORDER BY grade
END
```

任务 实施

新建查询,在查询编辑器中输入如下 SQL 语句:

```sql
USE student
GO
IF EXISTS(SELECT name FROM sysobjects
WHERE name = 'pro_grade_info' AND type = 'P')
DROP PROCEDURE pro_grade_info
Go
--建立存储过程
CREATE PROC pro_grade_info
@s_id char(10)
```

```
As
IF not EXISTS(SELECT s_id FROM score WHERE s_id = @s_id)
PRINT'成绩暂未登录,请耐心等待或与任课教师联系'
ELSE
BEGIN
SELECT* FROM score WHERE s_id = @s_id
IF EXISTS(SELECT* FROM score WHERE s_id = @s_id AND grade＜60)
PRINT'该学期有不及格科目,请利用假期认真复习,开学两周后参加补考'
END
```

单击【执行】按钮,成功执行后,即可在 student 数据库中创建相应的存储过程。继续在"新建查询"窗口输入如下 T-SQL 语句:

```
EXEC pro_grade_info '0904101103'
```

任务 总结

在 SQL Server 中,流程控制语句主要用来控制 SQL 语句、语句块或者存储过程的执行流程。如果在程序中不使用流程控制语句,则 T-SQL 语句只能按先后顺序依次执行。使用流程控制语句不仅可以控制程序的执行顺序,而且可以使语句之间相互连接、关联和相互依存。

任务 3.9　教师任课课程成绩统计

任务 描述

每学期期末考试结束后,任课老师除需将学生的总评成绩录入数据库外,还需要对所任班级的课程成绩进行统计,计算最高分、最低分、平均分和考试通过率,并打印成绩的统计结果。

任务 分析

该项工作同样是一项经常性的操作,因此,可通过存储过程实现。为了在运行该存储过程时能将计算结果输出,需通过 output 关键字定义输出参数,同时定义一个输入参数,接受所查询班级的统计信息。

任务 资讯

在需要从存储过程中返回一个或多个值时,可以在创建存储过程的语句中定义输出参数,这时就需要在 create procedure 语句中使用 output 关键字说明输出参数。

(1) 使用 T-SQL 语句创建带输出参数的存储过程。

语法格式如下:

```
CREATE PROC [EDURE]<存储过程名>
@参数名 数据类型 = [default] OUTPUT
[WITH ENCRYPTION]
AS
T-SQL 语句
```

说明:

output:输出参数的关键字。

(2) 使用 T-SQL 语句执行带输出参数的存储过程。

```
DECLARE    @参数名    数据类型
EXEC [UTE]存储过程名[@参数名 OUTPUT,...]
```

说明:创建完存储过程后,如果要执行,先定义输出参数后使用关键字 output。

【例 3-90】创建存储过程 pro_classnum,能根据用户给定的班级编号统计该班学生人数,并将学生人数返回给用户。

```
USE student
GO
IF EXISTS(SELECT name FROM sysobjects
WHERE name = 'pro_classnum' AND type = 'P')
DROP PROCEDURE pro_classnum
Go
--建立存储过程
CREATE PROC pro_classnum
@class_id char(8),
@num int output
AS
SELECT @num = COUNT( * )
FROM student
WHERE class_id = @class_id
--执行存储过程
DECLARE @num int
EXEC pro_classnum '09041011',@num output
```

PRINT @num

任务 实施

(1) 创建成绩统计存储过程。新建查询,在查询编辑器中输入如下 T-SQL 语句:

```
USE student
GO
IF EXISTS(SELECT name FROM sysobjects
WHERE name = ' pro_sutdent_grade'AND type = 'P')
DROP PROCEDURE pro_sutdent_grade
Go
--建立存储过程
CREATE PROC pro_sutdent_grade
@c_id char(6),@class_id char(8),
@max int output,@min int output, @avg int output
As
SELECT @max = MAX(grade),@min = MIN(grade),@avg = AVG(grade)
FROM score
WHERE c_id = @c_id and s_id like (@class_id + '%')
```

单击【执行】按钮,成功执行后,即可在 student 数据库中创建相应的存储过程。在查询编辑器中继续输入如下 SQL 语句:

```
DECLARE @max int, @min int, @avg int
EXEC pro_sutdent_grade '090402','09040111', @max output, @min output, @avg output
PRINT '09040111 班级 090402 课程的最高分是:'+ CONVERT(char(4),@max)
PRINT '09040111 班级 090402 课程的最低分是:'+ CONVERT(char(4),@min)
PRINT '09040111 班级 090402 课程的最低分是:'+ CONVERT(char(4),@avg)
```

单击【执行】按钮,成功执行后,得到如图 3-49 所示的存储过程 pro_sutdent_grade 返回结果。

(2) 创建通过率统计存储过程。新建查询,在查询编辑器中输入如下 SQL 语句:

```
USE student
GO
IF EXISTS(SELECT name FROM sysobjects
WHERE name = 'pro_sutdent_pass' AND type = 'P')
DROP PROCEDURE pro_sutdent_pass
```

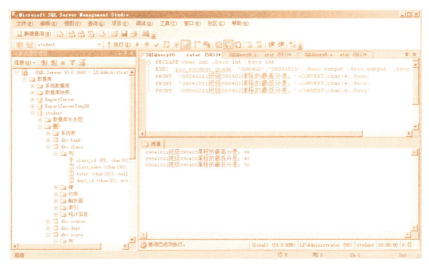

图 3-49 成绩统计存储过程 执行结果

Go
--建立存储过程
CREATE PROC pro_sutdent_pass
@c_id char(6), @class_id char(8),
@a int output, @b int output,
@pass int output
As
SELECT @A = COUNT(*)
FROM score
WHERE c_id = @c_id and s_id like (@class_id + '%')
SELECT @b = COUNT(*)
FROM score
WHERE c_id = @c_id and s_id like (@class_id + '%') and grade >= 60
set @pass = @a/@b * 100

单击【执行】按钮，成功执行后，即可在 student 数据库中创建相应的存储过程。在查询编辑器中继续输入如下 SQL 语句：

DECLARE @a int,@b int,@pass int
EXEC pro_sutdent_pass '090402','09041011', @a output, @b output, @pass output
PRINT '09041011 班级参加课程考试的总人数：'+CONVERT(char(4), @a)
PRINT '09041011 班级参加课程考试的考试及格人数：'+CONVERT(char(4), @b)
PRINT '09041011 班级参加课程考试的通过率：'+CONVERT(char(4), @pass)+'%'

任务 总结

视图中不能带参数,对于数据行的查询只能绑定在视图定义中,程序不灵活。存储过程可以带输入和输出参数,从而可以提高系统开发的灵活性。在存储过程中定义输入、输出参数,可以多次使用同一存储过程,并按用户给出的要求查找所需要的结果,极大地方便了用户。

任务 3.10　学生成绩等级自动划分

任务 描述

教务处要求考试科目成绩以百分制登分,考查科目成绩以等级登分。请设计一个成绩等级自动划分程序,实现分数与等级间的自动转换。转换规则如下:90 分以上为"优秀",80~89 分为"良好",70~79 分为"中等",60~69 分为"及格",60 分以下为"不及格"。

任务 分析

该任务仍可以用存储过程实现。设计一个输入参数用于传递考试的课程。由于 5 个分数段的等级各不相同,因此,采用 case 语句分情况转换。

任务 资讯

在任务 3.8 中已经学习了 begin-end 语句和 if-else 语句,下面介绍 case 分支语句。

case 语句可以计算多个条件表达式,并将其中一个符合条件的结果表达式返回,常用于多分支结构的流程控制中。case 语句按照使用形式的不同,可以分为简单 case 语句和搜索 case 语句。

3.10.1　简单 case 语句

语法格式如下:

```
CASE 条件表达式
WHEN 常量表达式 THEN T-SQL 语句
[...n]
[ELSE T-SQL 语句]
END
```

说明:

简单 case 语句将条件表达式与常量表达式进行比较,当两个表达式的值相等时,执行相应的 then 后面的语句。当没有一个相等时,执行 else 后面的语句。

3.10.2 搜索 case 语句

语法格式如下：

```
CASE
WHEN 条件表达式 THEN T-SQL 语句
[...n]
[ELSE T-SQL 语句]
END
```

说明：

搜索 case 语句中如果条件表达式值为真,则执行相应的 then 后面的语句。如果没有一个条件表达式为真,则执行 else 后面的语句。

【例 3 - 91】使用 case 语句对学生性别显示不同字样。

```
USE student
GO
SELECT s_id 学号, s_name 姓名,性别 =
CASE   s_sex
WHEN   '男' THEN '男同学'
WHEN   '女' THEN '女同学'
END
FROM student
```

任务 实施

新建查询,在查询编辑器中输入如下 SQL 语句：

```
USE student
GO
IF EXISTS(SELECT name FROM sysobjects
WHERE name = 'pro_gradelevel' AND type = 'P')
DROP PROCEDURE pro_gradelevel
Go
--建立存储过程
CREATE PROC pro_gradelevel
@c_name char(20)
```

As
SELECT score.s_id 学号,s_name 姓名,
CASE
WHEN grade>89 AND grade<=100 THEN '优秀'
WHEN grade>79 AND grade<=89 THEN '良好'
WHEN grade>69 AND grade<=79 THEN '中等'
WHEN grade>59 AND grade<=69 THEN '及格'
ELSE '不及格'
END AS '等级'
FROM score, course, student
WHERE c_name = @c_name AND course.c_id = score.c_id
AND student.s_id = score.s_id

单击【执行】按钮,成功执行后,即可在 student 数据库中创建相应的存储过程。继续在"新建查询"窗口输入如下 T-SQL 语句：

EXEC pro_gradelevel '大学英语'

单击【执行】按钮,成功执行后,得到如图 3-50 所示的存储过程 pro_gradelevel 返回结果。

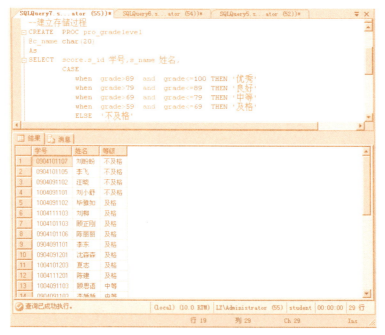

图 3-50 成绩置换结果

> 任务 总结

case 语句用于执行多分支判断。它的选择过程很像一个多路开关,即:由 case 语句选择表达式的值,决定切换至哪一语句工作。在实现多分支控制时,用 case 语句对某些问题的处理和设计,比用 IF 语句写程序更简洁、清晰。

任务 3.11 课程课时调整

> 任务 描述

教务处对课程学分做微调,要求每学期的学分不超过 80,且每门课程的学分不大于 6 学分。

> 任务 分析

本任务采用 while 语句循环实现。

> 任务 资讯

3.11.1 循环控制语句:while 语句

while 语句根据所指定的条件重复执行一个 T-SQL 语句块,只要条件成立,循环语句就会重复执行下去。

语法格式如下:

```
WHILE<表达式>
BEGIN
SQL 语句块
[BREAK|CONTINUE]
END
```

说明:

在循环体内加入 break 和 continue 关键字,以便控制循环语句的执行流程。

(1) break 中断语句。break 中断语句用来退出 while 或 if...else 语句的执行,然后接着执行 while 或 if...else 语句后面的其他 T-SQL 语句。如果嵌套了两个或多个 while 循环,内层的 break 语句将导致退出到下一个外层循环。首先运行内层循环结束之后的所有语句,然后下一个外层循环重新开始执行。

(2) continue 语句。continue 语句用来重新开始一个新的 while 循环,循环体内在 continue 关键字之后的任何语句都将被忽略。continue 语句通常用一个 if 条件语句来判断是否执行它。

3.11.2 循环控制语句应用举例

某企业员工工资有一套严格的核算方法,现行的工资标准是根据各个员工的工作能力、级别、岗位作了合理制定,如表 3-17 所示。今年遇到物价上涨、通货膨胀,国家规定该企业所在城市最低工资为 1 050 元,该公司按照法规必须上调员工工资,而本次调整工资必须所有员工达到一定的比例。按 5% 比例循环往上调整,调整后的工资见表 3-18。

表 3-17 调整前的工资

工号	姓名	职务	工资
01	张童	经理	3 000
02	李冰	车间主任	2 500
03	王丹	车间职工	1 150
04	赵龙	门卫	1 000
05	孙兵	勤杂	900

表 3-18 调整后的工资

工号	姓名	职务	工资
01	张童	经理	3 645
02	李冰	车间主任	3 037
03	王丹	车间职工	1 396
04	赵龙	门卫	1 214
05	孙兵	勤杂	1 093

(1) 创建工资表。

```
USE student
GO
CREATE TABLE salary
(
    e_id char(2)      NOT NULL,
    e_name char(10)   NOT NULL,
    e_post char(10)   NULL,
    e_salary INT
    PRIMARY KEY(e_id)
)
```

(2)插入员工工资。

```
USE student
GO
INSERT INTO salary VALUES ('01','张童','经理',3000)
INSERT INTO salary VALUES ('02','李冰','车间主任',2500)
INSERT INTO salary VALUES ('03','王丹','车间职工',1150)
INSERT INTO salary VALUES ('04','赵龙','门卫',1000)
INSERT INTO salary VALUES ('05','孙兵','勤杂',900)
```

(3)调整工资。

```
WHILE EXISTS(SELECT* FROM salary WHERE e_salary<1050)
BEGIN
UPDATE salary set e_salary = e_salary * 1.05
SELECT* FROM salary
END
```

任务 实施

新建查询,在查询编辑器中输入如下 T-SQL 语句:

```
USE student
GO
IF EXISTS(SELECT name FROM sysobjects
WHERE name = 'pro_credit' AND type = 'P')
DROP PROCEDURE pro_credit
Go
--建立存储过程
CREATE PROC pro_credit
@semester char(11)
As
WHILE(SELECT sum(credit) FROM course WHERE semester = @semester)<80
BEGIN
UPDATE course
SET credit = credit + 1
WHERE semester = @semester and credit<6
END
```

单击【执行】按钮,成功执行后,继续在查询编辑器中输入如下 SQL 语句:

```
EXEC pro_credit '2009-2010-2'
SELECT * FROM course
```

任务总结

while 语句用于设置重复执行 SQL 语句或语句块，并使用 break 和 continue 关键字在循环内部控制循环中语句的执行，以防止死循环的发生。

任务 3.12　退学学生信息处理

任务描述

为了便于学籍管理，教务处希望能对退学超过一定年限学生的个人档案进行删除。在保证数据的完整性前提下，请帮助其完成该项工作。

任务分析

在数据库中，一个学生的信息涉及 student 和 score 两张表。如需删除一个学生的记录，要使用两条删除语句，而且这两条语句必须完整执行后才能有效保证数据的完整性。这里可以采用事务来实现数据的级联删除。完成任务的具体步骤如下：

（1）定义变量，保存语句执行情况。
（2）在 score 表删除某学生的成绩信息，保存执行结果。
（3）在 student 表删除某学生的个人信息，保存执行结果。
（4）根据变量值，判断事务的执行状态。

任务资讯

3.12.1　事务的概念

使用 update 和 delete 语句对数据进行一系列更新操作后，可能会破坏数据的完整性。如读者借书的例子。当读者每借一本书，系统就需对下列数据进行更新。在图书表中更新其库存量，在借阅表中增加一条读者的借阅信息。在信息更新的过程中，因出现意外，只完成了第一步操作，结果图书表中借出书的库存减少了，但在借阅表中却没有读者的任何借阅信息，这样就会造成数据的不一致。在整个借阅过程中，希望将发生的所有操作作为一个不可分割的操作单元，提交给数据库一并完成。只要有一项操作没有成功，数据都要能自动地恢复到修改之前的原始状态。也就是说，操作要么全做，要么一项也不做。SQL Server 提供了事务来保证数据的完整性。

事务是一种机制,是一种操作序列,它包含一组数据库操作命令,这组命令要么全部执行,要么全部不执行。因此,事务是一个不可分割的工作逻辑单元。在数据库系统执行并发操作时,事务是作为最小的控制单元来使用的。这特别适用于多用户同时操作的数据通信系统。如订票、银行、保险公司以及证券交易系统等。

为了保证数据的完整性,事务必须具备 4 种属性:原子性、一致性、隔离性、持久性。它们又称作 ACID 属性。

(1) 原子性(atomicity)。一个事务要么所有的操作都执行,要么一个都不执行。若只执行一些语句,事务在完成之前就失败,不返回这些执行结果。只有在所有的语句和行为都正确完成的情况下,事务才能完成并把结果应用于数据库。

(2) 一致性(consistency)。当一个事务完成时,数据必须处于一致状态。在事务开始之前,数据库中存储的数据处于一致状态。在正在进行的事务中,数据可能处于不一致的状态。当事务完成时,数据必须再次回到已知的一致状态。也就是说,通过事务对数据所做的更改不能损坏数据,从而使数据存储处于不稳定的状态。这个属性是由编写事务程序的应用程序员完成,也可以由系统测试完整性约束自动完成。

(3) 隔离性(isolation)。在多个事务并发执行时,系统应保证与这些事务先后单独执行具有相同的结果,事务间彼此是隔离的,也就是并发执行的事务不必关心其他事务。

(4) 持久性(durability)。一个事务一旦完成全部操作,它对数据库的所有更新是永久地反映在数据库中,即使系统发生故障,其执行结果也会保留,系统事务完成后,它对于系统的影响是永久性的。

3.12.2 事务的操作

一个事务可以由 3 个语句来描述:它们分别是开始事务、提交事务和回滚事务。执行开始事务语句,表示一个事务的开始。每个事务通过提交,将所更改的数据永久地保存到数据库中。如果在执行的过程中发生意外,通过事务的回滚,撤销事务执行中的所有操作。

3.12.2.1 开始事务

语法格式如下:

```
BEGING TRANSACTION<事务名>
```

说明:表示一个显式本地事务(下面将作介绍)的开始。

3.12.2.2 提交事务

语法格式如下:

```
COMMIT TRANSACTION<事务名>
```

说明:表示一个事务的结束,提交事务。

【例 3-92】开始一个事务,对 score 表中 090101 号课程的成绩加 10 分,并查询成绩的结果,再用事务提交语句进行提交。

```
USE student
GO
```

```
/*--事务执行前--*/
SELECT 'before' as 事务执行前,s_id, c_id, grade
FROM score
WHERE c_id = '090101'
/*--开始事务--*/
BEGIN tran gradeupd
UPDATE score
SET grade = grade + 10
WHERE c_id = '090101'
/*--事务执行中--*/
SELECT 'before' as 事务执行中,s_id, c_id, grade
FROM score
WHERE c_id = '090101'
/*--事务提交--*/
COMMIT tran
/*--事务执行后--*/
SELECT 'before' as 事务执行后,s_id, c_id, grade
FROM score
WHERE c_id = '090101'
```

观察如图 3-51 所示的结果,发现事务中和事务后查询结果完全相同,说明最终实现了在事务中对表数据的更新。

图 3-51 事务提交

3.12.2.3 回滚事务

语法格式如下:

ROLLBACK TRANSACTION<事务名>

说明:将显式事务或隐身事务回滚到事务的起点或事务内的某个保存点。

【例3-93】开始一个事务,对 score 表中 090101 号课程的成绩加 10 分,并查询成绩的结果,再用事务回滚语句将数据恢复到初始状态。

```
USE student
GO
/*--恢复例 3-92 修改前的数据--*/
UPDATE score
SET grade = grade-10
WHERE c_id = '090101'
/*--事务执行前--*/
SELECT 'before' as   事务执行前,s_id, c_id, grade
FROM score
WHERE c_id = '090101'
/*--开始事务--*/
BEGIN TRAN gradeupd
UPDATE score
SET grade = grade + 10
WHERE c_id = '090101'
/*--事务执行中--*/
SELECT 'doing' as   事务执行中,s_id, c_id, grade
FROM score
WHERE c_id = '090101'
/*--事务回滚--*/
ROLLBACK tran
/*--事务回滚后--*/
SELECT 'after' as   事务执行后,s_id, c_id, grade
FROM score
WHERE c_id = '090101'
```

仔细观察如图 3-52 所示的结果,发现事务执行前和事务回滚后的查询结果完全相同,说明没有实现对表的更新。

3.12.3 事务的分类

在 SQL Server 中,事务有以下 3 种类型。

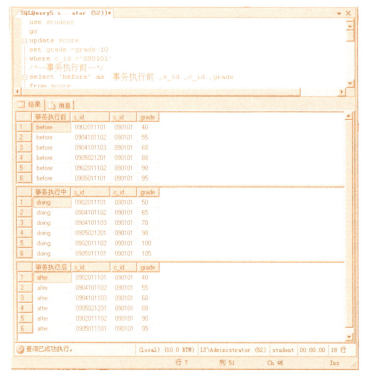

图 3-52 事务回滚

(1) 显式事务。用 begin transaction 明确指定的事务。

(2) 隐性事务。使用 set implict_transations on 语句启动隐性事务模式。SQL Server 将在提交或回滚事务后自动启动新事务。无法描述事务的开始,只需要提交或回滚事务。

(3) 自动提交事务。SQL Server 的默认模式,它将每条单独的 T-SQL 语句视为一个事务。如果成功执行,则自动提交,否则回滚。

任务 实施

以学号 0902011101 学生为例,创建存储过程。新建查询,在查询编辑器中输入如下 T-SQL 语句:

```
BEGIN TRANSACTION
DECLARE @errorSum INT
SET @errorSum = 0
/*--删除 score 表中学号为 0902011101 学生的所有考试记录*/
DELETE FROM score WHERE s_id = '0902011101'
SET @errorSum = @errorSum + @@error
/*--删除 Studet 表中学号为 0902011101 学生的个人信息*/
DELETE FROM Student WHERE s_id = '0902011101'
```

```
SET @errorSum = @errorSum + @@error
/*--根据是否有错误,确定事务是提交还是撤销--*/
IF (@errorSum<>0)   --如果有错误
BEGIN
PRINT '删除失败,回滚事务'
ROLLBACK TRANSACTION
END
ELSE
BEGIN
PRINT '删除成功,提交事务'
COMMIT TRANSACTION
END
GO
```

任务 总结

事务能够将 SQL 语句分组,并顺序执行它们。事务与存储过程、触发器和函数的最大区别在于在执行过程中发生错误,可以回滚事务,使数据库恢复到事务开始之前的状态,从而有效地保证了数据的完整性,为数据库的修改提供了更大的灵活性。

任务 3.13　教师登分操作

任务 描述

教师在网上录入学生成绩,系统会有如下要求:
(1) 为了防止教师录入的成绩无效,必须检查分数是否在 0~100 分的有效范围内。如有误,则需及时提醒。
(2) 教师录入学生成绩完成,并成功提交后,将失去对成绩的修改权限。

任务 分析

系统在教师录入成绩时强制业务规则,可以通过触发器实现系统对数据操作要求。完成任务的具体步骤如下:
(1) 在 score 表上创建一个 insert 触发器。
(2) 在 score 表上再创建一个 update 触发器。

任务 资讯

3.13.1 触发器的概念

SQL Server 提供了两种主要机制来强制业务规则和数据完整性,这就是约束和触发器。触发器(trigger)是一个功能强大的数据库对象,它是一种特殊类型的存储过程,并在指定表中的数据发生变化时自动生效。与前面介绍过的存储过程不同,用户不能被 EXEC 直接显式地调用,它是通过事件进行触发而被执行的。具体表现在当触发器所保护的数据发生变化(insert、update、delete),或者当服务器、数据库中发生数据定义(create、alter、drop)时,系统会自动运行触发器中的程序,以保证数据库的完整性、正确性和安全性。

触发器可以查询其他表,并可以包含复杂的 T-SQL 语句。触发器和触发它的语句可设置为事务回滚。当检测到严重错误(如磁盘空间不足)时,则整个事务自动回滚。

3.13.2 触发器的作用

触发器的主要作用是实现由主键和外键不能保证的复杂的参照完整性和数据一致性。具体表现如下:

(1) 触发器可以通过数据库中的相关表进行级联更改。
(2) 触发器可以强制比用 check 定义的更为复杂的约束。
(3) 触发器可以评估数据修改前后表的状态,并根据该差异采取措施。
(4) 触发器可以防止恶意或错误的 update、insert、delete、create 和 alter 操作。
(5) 一个表可以有多个同类触发器,允许采取多个不同的操作来响应同一个修改语句。

3.13.3 触发器的种类

SQL Server 2008 提供了两类触发器,即 DDL 触发器和 DML 触发器。

3.13.3.1 DDL 触发器

DDL 触发器是一种特殊的触发器,当服务器或数据库中发生数据定义 create、drop、alter 等操作时将激活这些触发器。它们可以用于在数据库中执行管理任务。DDL 触发器无法作为 instead of 触发器使用。

一般在下列情况下使用 DDL 触发器:
(1) 防止他人对数据库架构进行修改。
(2) 希望数据库发生某种情况以响应数据库架构中的更改。
(3) 记录数据库架构中的更改或事件。

3.13.3.2 DML 触发器

DML 触发器是当数据库服务器中发生数据操作语言(DML)事件时所执行的操作。其中,DML 事件是指对表或视图执行的 update、insert、delete 操作。此类型触发器用于在数据被修改时强制执行业务规则以及实现数据完整性的控制。

(1) 根据激活触发器的不同时机,分为 after 触发器和 instesd of 触发器。

1) after 触发器。只有在执行指定的操作(update、insert、delete)之后,触发器才被激活,执行触发器中的 SQL 语句。所有的引用级联操作和约束检查,也必须在激发此触发器之前成功完成。若只指定 for,则默认为 after 触发器,且该类型触发器仅能在表上创建。

2) instead of 触发器。指定该触发器中的操作代替触发语句的操作,也就是该触发器并不执行所定义的操作(update、insert、delete),而是执行触发器本身的 SQL 语句。可以为基于一个或多个表或视图定义 instead of 触发器,但每个 update、insert 和 delete 语句最多可以定义一个 instead of 触发器。

(2) 根据激活触发器的操作语句不同,分为 insert 触发器、update 触发器、delete 触发器。

1) insert 触发器。在表中进行插入操作时,执行 insert 触发器。通常被用来更新时间标记字段,或者验证被触发器监控的字段中的数据满足要求的标准,以确保数据的完整性。

2) update 触发器。在表中进行更新操作时,执行 update 触发器。

3) delete 触发器。在表中进行删除插入操作时,执行 delete 触发器。用于防止那些需要删除、但会引起数据不一致性问题的记录删除,也用于实现级联删除操作。

3.13.4 触发器的临时表

在执行触发器时,SQL Server 会为触发器建立两个临时表:inserted 表和 deleted 表,它们的结构和触发器所在表的结构相同。在触发器执行完成后,与该触发器相关的临时表也会被删除。这两个表是由系统管理的逻辑表,存放在数据库服务器的内存中,而不是存放在数据库的物理表里。用户可以通过 select * from inserted 和 select * from deleted 语句查看两个表的内容,但没有修改的权限。

inserted 表存储 insert 和 update 语句所影响的行的副本。在一个插入或更新事务处理中,新建行被同时添加到 inserted 表和触发器表中。inserted 表中的行是触发器表中新行的副本。

deleted 表存储 delete 和 update 语句所影响的行的复本。在执行 delete 或 update 语句时,记录从触发器表中删除,并传输到 deleted 表中。deleted 表和触发器表通常没有相同的行。

更新记录时,相当于插入一条新记录,同时删除旧记录。因此,当 update 触发器触发时,表中的旧记录被插入到 deleted 表中,修改过的新记录被复制到 inserted 表中。

综上所述,deleted 表和 inserted 表用于临时存放对表中数据行的修改信息。表 3-19 说明它们在不同操作时的应用情况。

表 3-19 deleted 表和 inserted 表

操作类型	inserted 表	deleted 表
插入记录(insert)	存放新增加的记录	—
删除记录(delete)	—	存放被删除的记录
更新记录(update)	存放更新后的新记录	存放更新前的旧记录

3.13.5 使用对象资源管理器创建和管理触发器

3.13.5.1 创建 DML 触发器

启动 SQL Server Management Studio 窗口,在"对象资源管理器"中展开相应的数据库,展开要创建触发器的表节点,右击触发器节点,在弹出快捷菜单中单击"新建触发器"选项,在新建窗口中输入建立触发器的 T-SQL 语句,然后执行语句,即可成功创建触发器。

3.13.5.2 查看触发器

启动 SQL Server Management Studio 窗口,在"对象资源管理器"中依次展开"数据库"→"student"数据库→"表"节点。找到需要查看的触发器,右击相应的触发器名,在弹出的快捷菜单中依次选择"编辑触发器脚本"-"CREATE 到"-"新查询编辑器窗口"选项,在弹出的 SQL 命令对话框中显示该触发器的定义语句。

3.13.5.3 删除触发器

启动 SQL Server Management Studio 窗口,右击"对象资源管理器"中相应数据库中的触发器名,在弹出的快捷菜单中选择"删除"选项,弹出删除对话框,单击【确定】按钮,即可成功删除所选触发器。

3.13.6 使用 T-SQL 语句创建和管理触发器

3.13.6.1 创建触发器

(1) 创建 DML 触发器。

语法格式如下:

```
CREATE TRIGGER 触发器名 ON{表名|视图名}
[WITH ENCRYPTION]
FOR|AFTER|INSTEAD OF
[DELETE] [,] [INSERT] [,] [UPDATE]
AS
T-SQL 语句
```

说明:
1) after 或 instead of:指定触发器触发的时机,其中,for 也是创建 after 触发器。
2) insert,update,delete:引起触发器执行的动作,至少指定一个选项。
3) T-SQL 语句:触发器中要实现的功能。

【例 3-94】在 student 数据库中基于 course 表建立触发器 tr_check。当对表中的数据进行操作时,查看 deleted 表和 inserted 表中的数据。

1) 创建触发器。

```
USE student
GO
/*--判断 tr_check 触发器是否存在,若存在,则删除--*/
```

IF EXISTS (SELECT name FROM sysobjects
WHERE name = 'tr_check' AND type = 'TR')
DROP TRIGGER tr_check
GO
/*--建立触发器--*/
CREATE TRIGGER tr_check
ON course
FOR insert, update, delete
AS
SELECT * FROM inserted
SELECT * FROM deleted

2) 检验结果。

--修改数据,激活触发器
UPDATE course
SET credit = '5'
WHERE c_id = '090401'

执行结果如图 3-53 所示。

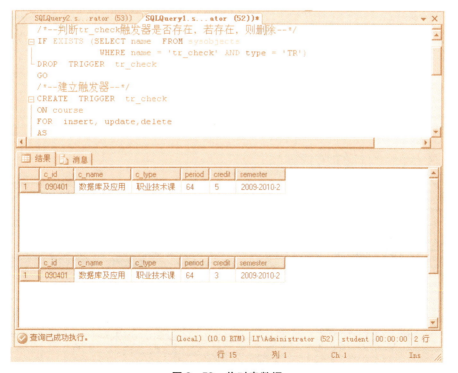

图 3-53 临时表数据

【例3-95】在 student 数据库中基于 student 表创建一个 insert 触发器 check_insert,在表中成功插入记录后,输出提示信息。然后执行插入记录操作,检验触发器。

```
USE student
GO
/*--判断 check_insert 触发器是否存在,若存在,则删除--*/
IF EXISTS (SELECT name FROM sysobjects
WHERE name = 'check_insert' AND type = 'TR')
DROP TRIGGER check_insert
GO
/*----建立触发器--*/
CREATE TRIGGER check_insert ON student
FOR INSERT
AS
PRINT '插入记录成功'
--插入记录,激活触发器
INSERT student(s_id, s_name, s_sex, class_id)
VALUES('0902011105','王丹','男','09020111')
```

执行结果如图 3-54 所示。

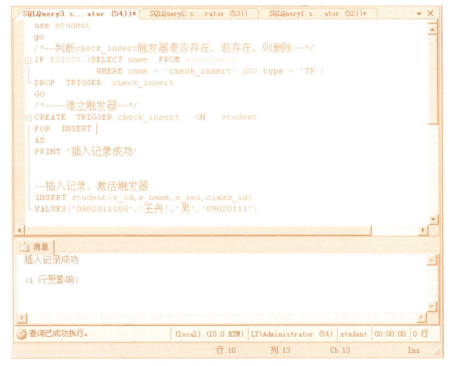

图 3-54 insert 触发器激活

【例3-96】在 student 数据库中基于 student 表创建一个 delete 触发器 check_delete,当在该表中成功删除一个学生信息时,相应将其在 score 表中的信息也删除。

该题已经通过事务实现过,这里也可用触发器实现数据的级联删除。

```
USE student
GO
/*--判断 check_delete 触发器是否存在,若存在,则删除--*/
IF EXISTS (SELECT name FROM sysobjects
WHERE name = 'check_delete' AND type = 'TR')
DROP TRIGGER check_delete
GO
/*----建立 delete 触发器--*/
CREATE TRIGGER check_delete ON student
AFTER delete
AS
DELETE score
WHERE s_id in
(SELECT s_id
FROM deleted)
/*--删除学生记录,检查触发器的作用--*/
DELETE student WHERE s_id = '1004111202'
/*--查看成绩表中 1004111202 号学生的成绩是否被删除--*/
SELECT * FROM score WHERE student_id = '1004111202'
```

【例3-97】在 student 数据库中基于 student 表创建一个 update 触发器 check_update,该触发器不允许用户修改表中 class_id 列的数据。

下面分别用 after 触发器和 instead of 触发器实现。

1) after 触发器。

```
USE student
GO
/*--判断 check_update 触发器是否存在,若存在,则删除--*/
IF EXISTS (SELECT name FROM sysobjects
WHERE name = 'check_update' AND type = 'TR')
DROP TRIGGER check_update
GO
/*----建立 update 触发器--*/
CREATE TRIGGER check_update ON student
AFTER update
```

AS
if update (class_id)
BEGIN
    ROLLBACK transaction
END
/*--修改学生班级信息,检查update触发器的作用--*/
UPDATE student
SET class_id = '09030111'
WHERE s_id = '09020111'

执行结果如图3-55所示。

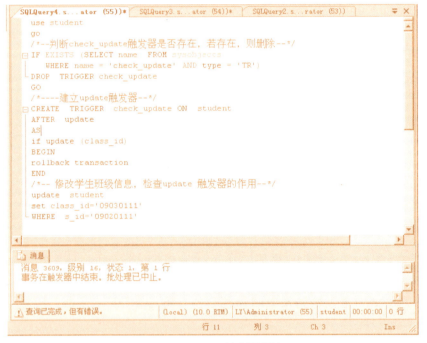

图3-55 after触发器激活

本例使用after触发器,在更改操作发生后,利用update(列名)语句,判断数据列数据是否被修改。如果有修改,则通过rollback transaction语句将回滚对当前事务中所做的所有数据修改,包括触发器所做的修改,恢复到数据的原始状态。

2) instead of 触发器。

USE student
GO
/*--判断check_update触发器是否存在,若存在,则删除--*/
IF EXISTS (SELECT name FROM sysobjects

WHERE name = 'check_update' AND type = 'TR')
DROP TRIGGER check_update
GO
/*--建立 update 触发器--*/
CREATE TRIGGER check_update ON student
instead of update
AS
PRINT'你没有修改数据的权限！不能执行修改操作！'
/*--修改学生班级信息，检查 update 触发器的作用--*/
UPDATE student
SET class_id = '08040112'
WHERE s_id = '0804011101'

执行结果如图 3-56 所示。

图 3-56　instead of 触发器

本例使用 instead of 触发器。在更改操作发生时，激活该触发器，并取代对数据的修改操作，输出相关语句，提醒用户无修改权限，有效阻止用户对数据的修改。

（2）创建 DDL 触发器。

语法格式如下：

CREATE TRIGGER 触发器名 ON{服务器名|数据库名}

```
[WITH ENCRYPTION]
{FOR|AFTER}
{event_type|event_group}[, …n]
AS
T-SQL 语句
```

说明：

1) event_type：将导致激活 DDL 触发器的 T-SQL 语言的名称。event_type 选项有 create_table、create_database、alter_table 等。

2) event_group：预定义的 T-SQL 语言事件分组的名称。执行任何属于 event_group 的 T-SQL 语言事件，都将激活 DDL 触发器。event_group 有 ddl_server_security_events，代表所有以服务器为目标的各类 DDL 语法事件，而 ddl_table_view_events 代表针对数据表、视图表、索引与统计的 DDL 事件。

3) T-SQL 语句：触发器中要实现的功能。

【例 3-98】在 student 数据库中创建 DDL 触发器，禁止表被任意修改或删除。

```
USE student
GO
/*----建立 DDL 触发器--*/
CREATE TRIGGER tr_table
ON DATABASE
FOR DROP_TABLE, ALTER_TABLE
AS
BEGIN
    PRINT '禁止修改或删除表'
    ROLLBACK
END
/*--修改表,检验 tr_table 触发器的功能--*/
ALTER TABLE score
ADD t_id char(10)
```

执行结果如图 3-57 所示。

【例 3-99】创建 DDL 触发器，防止在当前服务器下建立数据库。

```
USE student
GO
/*--建立 DDL 触发器--*/
CREATE TRIGGER tr_create
    ON ALL SERVER
```

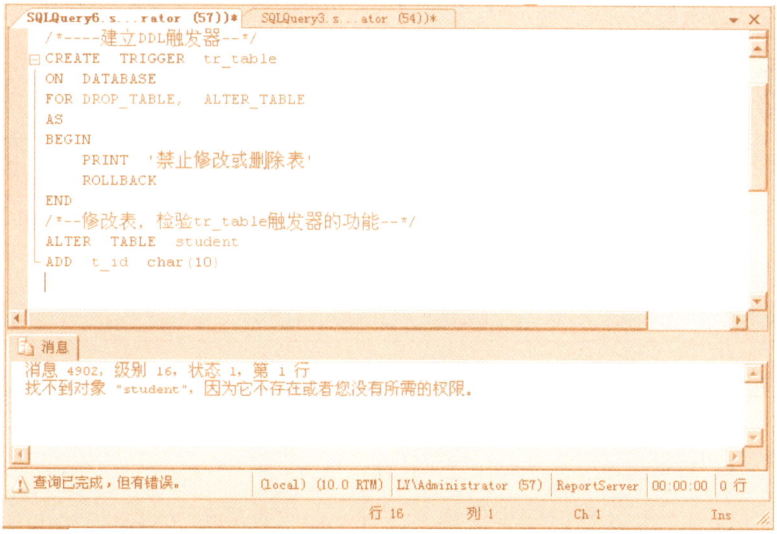

图 3-57　验证 tr_table 触发器禁止表被任意修改或删除

```
FOR CREATE_DATABASE
    AS
BEGIN
    PRINT '禁止建立数据库'
    ROLLBACK
END
/*--建立数据库,检验 tr_create 触发器的功能--*/
CREATE DATABASE book
```

执行结果如图 3-58 所示。

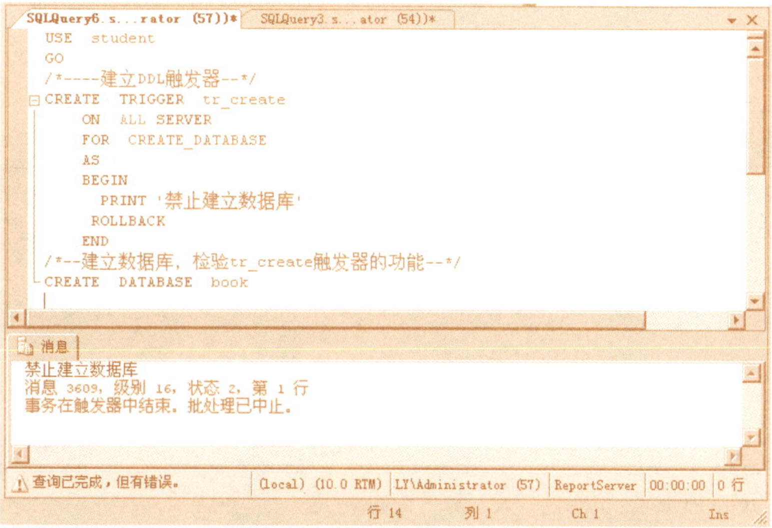

图 3-58　验证 tr_table 触发器防止在当前服务器下建立数据库

3.13.6.2 查看触发器

使用系统存储过程查看触发器信息时,常用系统存储过程见表 3-20。

表 3-20 查看触发器信息常用系统存储过程

名 称	功 能
sp_help〈触发器名〉	查看触发器的特征信息(名称、属性、类型和创建时间)
sp_helptext〈触发器名〉	查看触发器的定义信息
sp_depends〈触发器名〉	查看触发器依赖的对象

【例 3-100】在 student 数据库中使用 sp_help 查看触发 check_insert 的特征。

sp_help check_insert

【例 3-101】在 student 数据库中使用 sp__helptext 查看触发 check_insert 的定义信息。

sp_helptext check_insert

3.13.6.3 修改触发器

(1) 修改 DML 触发器。

语法格式如下:

ALTER TRIGGER 触发器名 ON{表名|视图名}
[WITH ENCRYPTION]
FOR|AFTER|INSTEAD OF
[DELETE] [,] [INSERT] [,] [UPDATE]
AS
T-SQL 语句

(2) 修改 DDL 触发器。

语法格式如下:

ALTER TRIGGER 触发器名 ON{服务器名|数据库名}
[WITH ENCRYPTION]
　　{FOR|AFTER}
{event_type|event_group}[, …n]
AS
T-SQL 语句

3.13.6.4 删除触发器

(1) DML 触发器。

语法格式如下:

DROP TRIGGER 触发器名[, …n]

(2) DDL 触发器。

语法格式如下:

DROP TRIGGER 触发器名[,...n]ON{数据库名|服务器名}

【例3-102】 在 student 数据库中删除建立在 course 表上的 tr_check 触发器。

```
USE student
GO
DROP TRIGGER tr_check
```

【例3-103】 删除建立在 student 数据库中的 tr_table 触发器。

```
USE student
GO
DROP TRIGGER tr_table ON DATABASE
```

任务 实施

(1) 创建 insert 触发器。新建查询,在查询编辑器中输入如下 T-SQL 语句:

```
USE student
GO
/*--判断 tr_insert 触发器是否存在,若存在,则删除--*/
IF EXISTS (SELECT name FROM sysobjects
WHERE name = 'tr_insert' AND type = 'TR')
DROP TRIGGER tr_insert
GO
/*--创建 tr_insert--*/
CREATE TRIGGER tr_insert ON score
AFTER insert
AS
DECLARE @成绩 int
SELECT @成绩 = grade FROM inserted
IF @成绩>= 0 AND @成绩<= 100
    PRINT '插入成功'
ELSE
    BEGIN
        PRINT '成绩值超出范围,不允许插入'
        ROLLBACK TRANSACTION
    END
--插入记录,检验 insert 触发器的作用
INSERT score(s_id, c_id, grade)
```

VALUES('0902011101','090103', -10)

（2）创建 update 触发器。使用两种方式完成该任务。

1) after 触发器。新建查询,在查询编辑器中输入如下 T-SQL 语句：

```
USE student
GO
/*--判断 tr_update 触发器是否存在,若存在,则删除--*/
IF EXISTS (SELECT name FROM sysobjects
WHERE name = 'tr_update' AND type = 'TR')
DROP TRIGGER tr_update
GO
/*--建立 update 触发器--*/
CREATE TRIGGER tr_update ON score
AFTER update
AS
IF update (grade)
BEGIN
ROLLBACK transaction
PRINT   '你没有修改数据的权限！不能执行修改操作！'
END
/*--修改学生成绩信息,检查 update 触发器的作用--*/
UPDATE score SET grade = grade + 10
```

2) instead of 触发器。新建查询,在查询编辑器中输入如下 T-SQL 语句：

```
USE student
GO
/*--判断 tr_update 触发器是否存在,若存在,则删除--*/
IF EXISTS (SELECT name FROM sysobjects
WHERE name = 'tr_update' AND type = 'TR')
DROP TRIGGER tr_update
GO
/*----建立 update 触发器--*/
CREATE TRIGGER tr_update ON score
instead of update
AS
PRINT '你没有修改数据的权限！不能执行修改操作！'
/*--修改学生成绩信息,检查 update 触发器的作用--*/
```

UPDATE score SET grade = grade + 10

任务总结

触发器是在对表进行插入、更新或删除时自动执行的存储过程。触发器也是一个特殊的事务单元。当出现错误时,可执行 roollback transaction 回滚撤销操作。值得注意的是,在实际系统开发过程中,触发器的设计并不是多多益善。在对数据的操作过程中,频繁地使用触发器而引起表中信息的连锁反应,会使系统出现莫名其妙的异常错误,而这些错误又很难及时发现,从而导致维护和修改错误的代价大大提高。因此,触发器虽然是很好地保证数据完整性的一种手段,但不可滥用。

拓展训练

一、选择题

1. 在数据操作语言的基本功能中,不包括(　　)。
   A. 插入新数据　　　　　　　　　B. 描述数据库结构
   C. 修改数据　　　　　　　　　　D. 删除数据
2. 在 SQL Server 中,表查询的命令是(　　)。
   A. use　　　　　　　　　　　　　B. select
   C. update　　　　　　　　　　　D. drop
3. 在 SQL 语言中,条件"年龄 B. ETWEEN 15 A. ND 35"表示年龄在 15～35 岁之间,且(　　)。
   A. 包括 15 岁和 35 岁　　　　　B. 不包括 15 岁和 35 岁
   C. 包括 15 岁但不包括 35 岁　　D. 包括 35 岁但不包括 15 岁
4. 用于求系统日期的函数是(　　)。
   A. year(　　)　　　　　　　　　B. getdate(　　)
   C. count(　　)　　　　　　　　　D. sum(　　)
5. 模糊查找 like '_a%'的结果是(　　)。
   A. aili　　　　　　　　　　　　B. bai
   C. bba　　　　　　　　　　　　D. cca
6. 表示职称为副教授、同时性别为男的表达式为(　　)。
   A. 职称='副教授'OR 性别='男'　　B. 职称='副教授'A. ND 性别='男'
   C. BETWEEN'副教授'A. ND'男'　　D. IN('副教授','男')
7. 下面不是 SQL Server 合法标识符的是(　　)。
   A. a12　　　　　　　　　　　　B. 12a
   C. @a12　　　　　　　　　　　D. #qq
8. 在 SQL 语言中,不是逻辑运算符号的是(　　)。
   A. AND　　　　　　　　　　　　B. NOT

C. OR D. XOR

9. 查询员工工资信息,并将查询结果按工资降序排列,正确的是( )。
   A. ORDER BY 工资
   B. ORDER BY 工资 desc
   C. ORDER BY 工资 asc
   D. ORDER BY 工资 dictinct

10. 查询毕业学校名称与"清华"有关的记录应该用( )。
    A. SELECT*FROM 学习经历 WHERE 毕业学校 LIKE'*清华*'
    B. SELECT*FROM 学习经历 WHERE 毕业学校='%清华%'
    C. SELECT*FROM 学习经历 WHERE 毕业学校 LIKE'?清华?'
    D. SELECT*FROM 学习经历 WHERE 毕业学校 LIKE'%清华%'

11. 在 SQL 语言中,select 语句的"SELECTD ISTINCT"表示查询结果中( )。
    A. 属性名都不相同
    B. 去掉了重复的列
    C. 行都不相同
    D. 属性值都不相同

12. 在 SQL Server 中,用来显示数据库信息的系统存储过程是( )。
    A. sp_dbhelp
    B. sp_db
    C. sp_help
    D. sp_helpdb

13. SQL 的视图是从( )中导出的。
    A. 基本表
    B. 视图
    C. 基本表或视图
    D. 数据库

14. 在 SQL 语言中,建立存储过程的命令是( )。
    A. create procedure
    B. create rule
    C. create dure
    D. create file

15. 建立索引的目的是( )。
    A. 降低 SQL Server 数据检索的速度
    B. 与 SQL Server 数据检索的速度无关
    C. 加快数据库的打开速度
    D. 提高 SQL Server 数据检索的速度

16. 在视图上不能完成的操作是( )。
    A. 更新视图数据
    B. 查询
    C. 在视图上定义新的基本表
    D. 在视图上定义新视图

17. 在数据库中存放两个关系:教师(教师编号、姓名)和课程(课程号、课程名、教师编号),为快速查出某位教师所讲授的课程,应该( )。
    A. 在教师表上按教师编号建索引
    B. 在课程表上按课程号建索引
    C. 在课程表上按教师编号建索引
    D. 在教师表上按姓名建索引

18. 以下触发器是当对[表 1]进行( )操作时触发。
    Create Trigger abc on 表 1
    For insert,update,delete
    As ……
    A. 只是修改
    B. 只是插入
    C. 只是删除
    D. 修改、插入、删除

19. 关于视图,下列说法错误的是( )。
    A. 视图是一种虚拟表
    B. 视图中也保存有数据

C. 视图也可由视图派生出来　　　　　D. 视图是保存的 select 查询
20. 触发器可引用视图或临时表,并产生两个特殊的表是(　　)。
　　A. deleted、inserted　　　　　　　B. delete、insert
　　C. view、table　　　　　　　　　　D. view1、table1

二、填空题

1. SQL Server 2008 局部变量名字必须以＿＿＿＿开头,而全局变量名字必须以＿＿＿＿开头。
2. 一个视图可以从表中产生,也可以从＿＿＿＿中产生。通过视图看到的数据存放在＿＿＿＿中。
3. 如果表的某一列被指定具有 not null 属性,则表示＿＿＿＿。
4. 语句 select day('2004－4－6'), len('我们快放假了。')　的执行结果是＿＿＿＿和＿＿＿＿。
5. 索引的类型主要有＿＿＿＿和＿＿＿＿。
6. 当为数据表中的某字段添加唯一性约束时,会自动在该表上建立一个＿＿＿＿索引。
7. ＿＿＿＿是特殊类型的存储过程,它能在任何试图改变表中由触发器保护的数据时执行。
8. ＿＿＿＿是已经存储在 SQL Server 服务器中的一组预编译过的 T-SQL 语句。
9. 触发器定义在一个表中,当在表中执行＿＿＿＿、＿＿＿＿或 delete 操作时被触发自动执行。
10. 已知有学生关系 S(SNO,SNAME,AGE,DNO),各属性含义依次为学号、姓名、年龄和所在系号;学生选课关系 SC(SNO,CNO,SCORE),各属性含义依次为学号、课程号和成绩。分析以下 SQL 语句:
　　SELECT SNO
　　FROM SC
　　WHERE SCORE=(SELECT MAX(SCORE) FROM SC WHERE CNO='002')
　　简述上述语句完成的查询操作是＿＿＿＿。

三、简答题

1. 存储过程与触发器有什么不同?
2. 什么是视图? 它和表有什么区别?
3. 修改视图中的数据将受到哪些限制?
4. 哪些列适合创建索引? 哪些列不适合创建索引?
5. 什么是事务? 事务的特点是什么?

工作任务单

表 3-21 工作任务单 3

名称	"社区图书管理系统"数据库查询	序号	3
任务目标	① 掌握各种查询方法 ② 掌握对查询结果进行编辑的方法 ③ 培养学生的沟通、团结协作能力和自主学习能力		
项目描述	根据前期需求分析,"社区图书管理系统"将为读者提供图书基本信息查询和个人借书情况查询服务。为了便于管理,系统还为图书管理员提供各种信息查询统计服务。请为不同身份人员设计查询语句,以满足他们的需求 1. 图书信息查询 (1) 查询社区图书室所有图书的基本信息 (2) 查询社区图书室所有图书的图书编号、图书类别、图书名称、作者、出版社名称 (3) 查询带不同关键词的图书相关信息 (4) 模糊查询图书室内收藏的出版社出版的图书信息 (5) 查询价格在 25～30 元之间的图书信息,按出版社、价格的升序排列 (6) 查询所有出版社的信息 (7) 查询出同名且不同作者编著的图书信息 2. 读者信息查询 (1) 查询某位读者的个人资料 (2) 查询姓张读者的个人资料 (3) 查询读者表中第 6 到第 10 条记录 (4) 查询借阅过人民邮电出版社出版的图书的读者信息 3. 读者借阅信息查询 (1) 查询某位读者的读者编号、读者姓名、所借图书名和借阅时间 (2) 查询某位读者所借的某本图书至今已有多少天 (3) 查询某位读者所借图书的详细信息 (4) 查询某位读者在某个时间段的借阅信息 (5) 获得所有缴纳罚款的读者清单 4. 信息统计查询 (1) 统计查询图书的最高价、最低价 (2) 统计不同出版社图书的数量 (3) 统计不同出版社图书的平均价 (4) 统计图书的均价在 30 元以上的出版社的信息 (5) 查询价格最低的图书的编号和书名 (6) 查询图书价格比所有图书平均价格高的图书信息 (7) 查询没有借过书的读者信息 (8) 统计借阅某本图书的所有读者信息 (9) 查询注册读者的总数 (10) 统计当前没有被读者借阅的图书信息 (11) 获得尚未归还的图书清单 (12) 统计各小区读者的人数		
工作要求	① 按时按质提交项目 ② 符合使用习惯		
工作条件	① 装有 Windows XP 和多媒体软件的计算机系统 ② 软件安装工具包 ③ 必要的参考资料		

续　表

任务完成方式	"　　"小组协作完成,"　　"个人独立完成	
工作流程		注意事项
		① 注意按照操作流程进行 ② 遵守机房操作规范

考核标准(技能和素质考核)

1. 专业技能考核标准(占90%)

项目	考核标准	考核分值	备注

2. 学习态度考核标准(占10%)

考核点及占项目分值比	建议考核方式	评价标准		
		优(85～100分)	中(70～84分)	及格(60～79分)
实训报告书质量	教师	认真总结实训过程,发现和解决问题;认真按照要求项目填写;书面整洁,字迹清楚	认真总结实训过程,发现和解决问题;按照要求项目填写;书面整洁,字迹清楚	不认真总结实训得失;基本按照要求项目填写;书面不整洁,字迹一般
工作职业道德	教师	安全文明工作,具有良好的职业操守;爱护计算机等公共设施;按照布置的工作任务和要求去完成	安全文明工作,职业操守较好;爱护计算机等公共设施;基本按照布置的工作任务和要求去完成	安全文明工作,具有良好的职业操守;基本爱护计算机等公共设施;基本按照布置的工作任务和要求去完成
团队合作精神	教师	具有良好的团队合作精神,热心帮助小组其他成员;能与团队成员有效沟通;能合理分配小组成员工作任务	具有良好的团队合作精神,热心帮助小组其他成员;能合理分配小组成员工作任务;基本能与团队成员有效沟通	具有良好的团队合作精神,热心帮助小组其他成员;基本能合理分配小组成员工作任务;基本能与团队成员有效沟通
语言沟通能力	教师	能用专业语言正确流利地展示项目成果;能准确地回答教师提出的问题	能用专业语言正确流利地展示项目成果;基本能准确地回答教师提出的问题	基本能用专业语言正确流利地展示项目成果;基本能准确地回答教师提出的问题

续 表

3. 完成情况评价

自我评价	
小组评价	
教师评价	
问题与思考	

数据库系统维护

教学导航

表 4-1 教学导航 4

能力目标	① 会进行 SQL Server 安全验证模式的设置 ② 会创建和管理数据库服务器登录账号 ③ 会创建和管理数据库角色和用户 ④ 能进行权限的设置 ⑤ 能使用游标遍历数据 ⑥ 能根据实际情况进行数据库备份与还原 ⑦ 会导入和导出数据库中的数据 ⑧ 会分离和附加数据库 ⑨ 会根据实际需求选择数据库安全策略
知识目标	① 了解数据库安全的基本概念 ② 掌握 SQL Server 安全验证模式及其特点 ③ 掌握数据库登录账号和数据库用户概念 ④ 掌握角色和权限的概念 ⑤ 掌握游标的使用方法 ⑥ 掌握数据库的备份和还原方法 ⑦ 掌握数据库数据的导入与导出方法 ⑧ 了解数据库的备份策略
职业素质目标	① 培养获取必要知识的能力 ② 培养团队协作的能力 ③ 培养沟通能力
教学方法	项目教学法、任务驱动法
考核项目	见工作任务单 4-1、4-2 和 4-3
考核形式	过程考核
课时建议	16 课时(含课堂同步实践)

任务 4.1　创建用户并为之授权

任务 引入

数据库最大的特点就是数据共享,但是,数据共享也会带来多方面的干扰和破坏问题,如因系统故障或人为破坏而造成数据丢失、因不合法的使用而造成数据泄密或被破坏等。所以,数据库管理员必须能够针对上述不同情况,在技术上对数据进行安全性保护。它涉及 SQL Server 的认证模式、登录账号、数据库用户、角色和存取权限的管理。

例如,江扬职业技术学院在充分的需求分析基础上,设计并创建了数据库和数据表,也输入了实时数据。接下来还要对所有数据进行权限设置。

数据库用户分为 4 类,分别为管理员、教师、班主任和学生,不同类型的用户拥有不同的数据操作权限。

管理员登录后可以增加、删除、修改、查询所有数据;教师可以增加、删除、修改、查询所教课程的成绩,同时可以查看、修改教师本人的数据,其他数据只可以查看;班主任可以查看、修改学生表;而学生只能查看自己的基本信息和成绩,对其他数据没有任何操作权限。

那么,如何才能实现不同用户拥有不同数据库和数据表的操作权限呢?要实现这样一个目标,需要认识 SQL Server 2008 的安全机制,了解数据库登录账号、数据库用户、角色和权限的概念。

任务 描述

王老师担任"09 计算机应用技术 1 班"的班主任,他想查看本班学生的基本情况和成绩信息,并能对本班学生的基本情况进行修改。SQL Server 数据库管理员将为他设置这些操作的权限。

任务 分析

首先,要给王老师创建一个数据库登录账号。王老师通过该账号登录后发现无法访问 student 数据库,还要给该登录账号创建对应的数据库用户。有了数据库用户,王老师就可以访问 student 数据库,但此时王老师发现他还查不到数据库中的任何表、视图或存储过程,这是因为数据库管理员还没有给新数据库用户赋予这些对象的查询、修改、增加或者更新的权限。而且王老师需要查看某一个班的学生信息和成绩信息,这需要创建两个视图,再将学生信息视图的查看和修改权限以及成绩信息视图的查看权限赋予新用户。

完成任务的具体步骤如下:

(1) 创建数据库登录账号 s_TeacherWang。
(2) 为该账号创建数据库用户 d_TeacherWang。

(3) 创建"09 计算机应用技术 1 班"班的学生信息视图 view_student_1 和成绩信息视图 view_score_1。

(4) 给数据库用户 d_TeacherWang 赋予视图 view_student_1 的查询和修改权限以及 view_score_1 的查看权限。

任务 资讯

4.1.1 SQL Server 2008 的安全机制

目前,SQL Server 2008 的安全性机制主要划分为以下 4 个等级:
(1) 客户机操作系统的安全性。
(2) SQL Server 2008 的登录安全性——登录账号和密码。
(3) 数据库的使用安全性——该用户账号对数据库的访问权限。
(4) 数据库对象的使用安全性——该用户账号对数据库对象的访问权限。

4.1.1.1 操作系统的安全性

SQL Server 2008 与其他数据库管理系统一样,是运行在某一个特定操作系统平台下的应用程序,因此,操作系统的安全性直接影响 SQL Server 2008 的安全性。在用户使用客户机通过网络实现对 SQL server 2008 服务器的访问时,用户首先要获得客户机操作系统的使用权。

4.1.1.2 SQL Server 2008 的登录安全性

SQL Server 2008 服务器级的安全性建立在控制服务器登录账号和密码的基础上。用户在登录时提供的登录账号和密码,决定用户能否获得 SQL Server 2008 的访问权,以及在登录以后,用户在访问 SQL Server 2008 进程时可以拥有的权利。

4.1.1.3 数据库的使用安全性

在用户通过 SQL server 2008 服务器的安全性检验后,将直接面对不同的数据库入口,这是用户接受的第三次安全性检验。

在创建用户登录账号时,SQL Server 2008 会提示用户选择默认数据库,以后用户每次连接上服务器后,都会自动转到默认的数据库上。对任何用户来说,master 数据库的大门总是打开的,如果在设置登录账号时没有指定默认数据库,用户的权限则局限在 master 数据库内。

4.1.1.4 数据库对象的使用安全性

在创建数据库对象时,SQL Server 2008 自动把该数据库对象的拥有权赋予该对象的创建者。在默认情况下,只有数据库的拥有者才可以在该数据库中进行操作。

当一个非数据库拥有者想操作数据库中的对象时,必须先由数据库拥有者赋予该对象执行特定的操作权限。

4.1.2 SQL Server 2008 的验证模式

客户机连接到 SQL Server 2008 数据库服务器时,必须要以帐户和密码登录,称为身份验证。SQL Server 2008 支持两种身份验证模式:Windows 身份验证模式和混合身份验证模式。

(1) Windows 身份验证模式。Windows 身份验证是由 Windows 操作系统来验证用户身份。SQL Server 2008 数据库系统通常运行在 Windows 服务器上,而 Windows 作为网络操作系统,本身就具备管理登录、验证帐户合法性的能力,因此,Windows 验证模式正是利用这一用户安全性和账号管理的机制,允许 SQL Server 2008 可以使用 Windows 的用户名和口令。在这种模式下,用户只需要通过 Windows 的验证,就可以连接到 SQL Server 2008 服务器,而服务器本身也就不需要管理一套登录数据。

Windows 身份验证模式主要有以下优点:

1) 数据库管理员的工作可以集中在管理数据库方面,而不是管理用户帐户。对用户帐户的管理可以交给 Windows 操作系统去完成。

2) Window 操作系统有着更强的用户帐户管理工具,可以设置帐户锁定、密码期限等。如果不是通过定制来扩展 SQL Server,SQL Server 是不具备这些功能的。

3) Windows 操作系统的组策略支持多个用户同时被授权访问 SQL Server 2008。

(2) 混合身份验证模式。SQL Server 身份验证模式允许用户使用 SQL Server 登录 ID 连接到 SQL Server 2008 服务器。在该验证模式下,用户在连接 SQL Server 2008 服务器时必须提供登录名和登录密码,这些登录信息存储在系统表 syslogins 中,与 Windows 的登录账号无关。如果用户无法提供 SQL Server 2008 登录 ID,则使用 Windows 身份验证对其进行身份验证。

混合验证模式具有以下优点:

1) 创建了 Windows 操作系统之上另外一个安全层次。

2) 支持更大范围的用户,如非 Windows NT 用户、Novell 网用户等。

3) 一个应用程序可以使用单个的 SQL Server 登录账号和口令。

需要说明的是,混合验证模式是为了向后兼容以及满足非 Windows 用户的需求,在实际使用中,对于安全性要求较高的应用系统,建议优先考虑使用 Windows 身份验证模式。

通过以下方法设置服务器身份验证模式:

启动 SQL Server Management Studio 窗口,在"对象资源管理器"中右键单击数据库服务器,选择"属性"选项,打开服务器属性对话框,在对话框中选择"安全性"选项页,选择服务器的身份验证模式,如图 4-1 所示。

4.1.3 SQL Server 的登录账号

(1) 登录账号。登录账号是基于服务器使用的用户名,是系统级信息,存在于 master 数据库的 syslogins 系统表中。在 Windows 身份验证模式下,可以创建基于 Windows 组或用户的登录账号;在混合身份验证模式下,除了可以创建基于 Windows 组或用户的登录账号外,还可以创建 SQL Server 自己的登录账号。创建 SQL Server 登录账号只能由系统管理员完成。

在安装好 SQL Server 2008 后,系统会自动创建两个内置的登录账号:Windows 系统管理员组账号"计算机名\Administrator"和系统管理员账号"sa"。其中,sa 是为了向后兼容提供的特殊登录账号,在默认情况下,它指派给固定服务器角色 sysadmin 作为混合身份验证模式下 SQL Server 的系统管理员。

图 4-1 设置服务器身份验证模式

需要说明的是,虽然 SQL Server 有两个内置的管理员账号,但在平时的使用过程中,不应直接使用它们。数据库管理员应该建立自己的系统管理员账号,使其成为 sysadmin 固定服务器角色的成员。只有在某种情况下没有办法登录到 SQL Server 2008 服务器时,才使用内置的管理员登录。

(2) 使用对象资源管理器创建和管理登录账号。

1) 创建登录账号。

【例 4-1】使用对象资源管理器创建一个用户名为"s_CeShi"、密码为"123456"的 SQL Server 用户。

① 启动 SQL Server Management Studio 窗口,选择使用 Windows 身份验证登录。

② 在"对象资源管理器"中依次展开"服务器"→"安全性"节点。

③ 右键单击"登录名",在弹出的菜单中选择"新建登录名"选项,打开"新建登录名"对话框,如图 4-2 所示。

④ 在登录名栏中输入要创建的登录名"s_CeShi",选择"SQL Server 身份验证",输入密码"123456",去掉"强制实施密码策略"复选框,其他使用默认选项,点击【确定】按钮,用户"s_CeShi"创建完成。

2) 查看登录账号。启动 SQL Server Management Studio 窗口,选择使用 Windows 身份验证登录。在"对象资源管理器"中依次展开"服务器"→"安全性"→"登录名"节点,查看所有的服务器登录用户。通过鼠标右键单击某个用户,在弹出的菜单中选择"属性"选项,打开"登录属性-sa"对话框,如图 4-3 所示。在此对话框中可以修改用户密码或者选择密码策略。

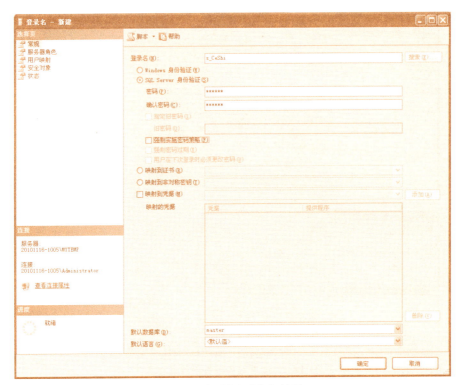

图 4-2 新建"登录名"对话框

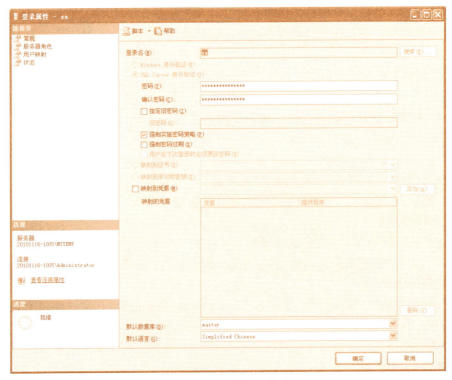

图 4-3 "登录属性-sa"对话框

(3) 使用 T-SQL 语句创建和管理登录账号。

1) 创建登录账号。用户可以通过执行系统存储过程 sp_addlogin 来创建用户,语法格式如下:

```
SP_ADDLOGIN 登录的名称
[ ,登录密码]
[ ,登录的默认数据库]
[ ,默认语言]
[ ,安全标识号]
[ ,加密 ]
```

说明:
① 登录密码:默认设置为 null,执行后,password 被加密并存储在系统表中。
② 登录的默认数据库:登录后所连接到的数据库,默认设置为 master。
③ 默认语言:用户登录到 SQL Server 时系统指派的默认语言,默认设置为 null。如果没有指定"language",那么,"language"被设置为服务器当前的默认语言。
④ 安全标识号(sid):sid 的数据类型为 varbinary(16),默认设置为 null。如果 sid 为 null,则系统为新登录生成 sid。
⑤ 加密:指定当密码存储在系统表中时,密码是否要加密。encryption_option 的数据类型为 varchar(20)。

【例 4 - 2】使用 T-SQL 语句创建一个用户名为"s_CeShi",密码为"123456"的 SQL Server 用户。

```
EXEC SP_ADDLOGIN 's_CeShi','123456'
```

2) 删除登录账号。删除数据库登录账号使用系统存储过程 sp_droplogin,语法格式如下:

```
EXEC SP_DROPLOGIN 登录名
```

说明:
登录名:要删除的登录名没有默认值,必须已存在于 SQL Server 中。

4.1.4 SQL Server 的数据库用户

(1) 数据库用户。在实现安全登录后,如果系统管理员没有授予该用户访问某数据库的权限,则该用户仍然不能访问此数据库。数据库的访问权限是通过映射数据库用户与登录账号之间的关系来实现的。

当登录账号通过 Windows 身份验证或 SQL Server 混合身份验证后,必须设置数据库用户,才可以对数据及其对象进行操作。所以,一个登录账号在不同的数据库中可以映射成不同的数据库用户名称,从而获得不同的操作权限,如登录账号 sa 自动与每一个数据库用户 dbo 相关联。

数据库用户用来指定哪些用户可以访问哪些数据库,它是数据库级的安全实体,就像登录账号是服务器级的安全实体一样。

SQL Server 2008 的数据库级别有两个特殊的数据库用户：dbo 用户和 guest 用户。

dbo 用户是数据库拥有者在安装 SQL Server 2008 时被设置在 model 系统数据库中的，它对应于创建该数据库的登录账号。dbo 用户存在于每一个数据库中，且不能被删除。所用系统数据库的 dbo 用户都对应于 sa 登录账号，它是数据库的最高权力拥有者，可以在数据库范围内执行所有操作。

guest 用户是一个能加入到数据库，并允许具有有效 SQL Server 登录的任何人访问数据库的一个特殊用户，以 guest 用户访问数据库的用户被认为是 guest 用户的身份，并且继承 guest 用户的所有权限和许可。但是，与 SQL Server 2000 中不同，在 SQL Server 2008 中 guest 用户已经默认存在于每个数据库中，但在默认情况下会在新数据库中禁用 guest。一旦启用 guest 用户，所有可以登录 SQL Server 的任何人，都可以用 guest 身份来访问数据库，并拥有 guest 用户的所有权限和许可。同样，guest 用户在数据库中也不能被删除。

（2）使用对象资源管理器创建和管理数据库用户。

1）创建数据库用户。

【例 4-3】使用对象资源管理器为登录账号"s_CeShi"创建名为"d_CeShi"的数据库用户。

① 启动 SQL Server Management Studio 窗口，在"对象资源管理器"中依次展开"数据库"→"student"数据库→"安全性"节点。

② 展开 student 数据库，继续展开数据库中"安全性"节点，右键单击"用户"，在弹出的菜单中选择"新建用户"选项，打开"新建数据库用户"对话框，如图 4-4 所示。

图 4-4 "新建数据库用户"对话框

③ 在对话框的用户名栏输入"d_CeShi",点击登录名后面的按钮,打开"选择登录名"对话框,如图 4-5 所示。

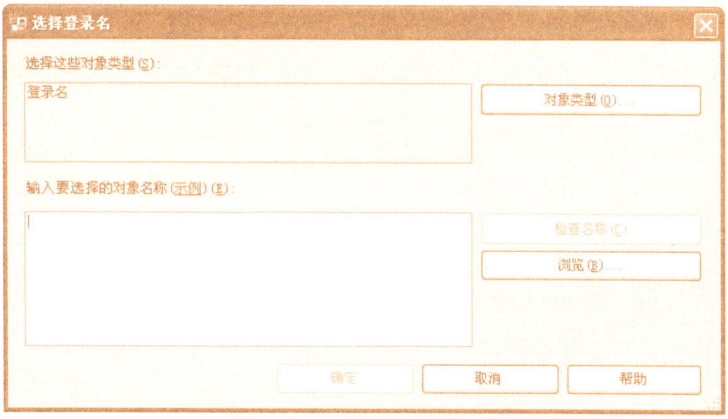

图 4-5 "选择登录名"对话框

④ 在"选择登录名"对话框中点击【浏览】按钮,打开"查找对象"对话框,在对话框的"匹配的对象"中找到"s_CeShi",并将其前面的复选框打钩,如图 4-6 所示。

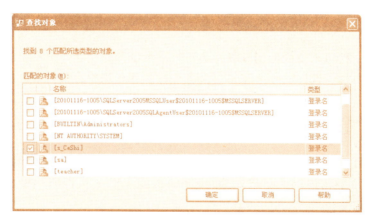

图 4-6 "查找对象"对话框

点击 3 次【确定】按钮后,登录名为"s_CeShi"对应的数据库用户 d_CeShi 就创建好了。

2) 查看数据库用户。展开某一个数据库的"安全性"→"用户"节点,会看到所有该数据库的用户,可以通过鼠标右键单击某个用户,在弹出的菜单中选择"属性"选项,打开属性对话框,查看并设置相应的属性。

(3) 使用 T-SQL 语句创建和管理数据库用户。

1) 创建数据库用户。用户也可以通过执行系统存储过程 sp_grantdbaccess 来创建数据库用户,语法格式如下:

```
SP_GRANTDBACCESS 登录名
[ ,数据库用户名[ OUTPUT ] ]
```

说明：

登录名：当前数据库中新安全帐户的登录名称。

数据库用户名：数据库中帐户的名称。如果该参数缺省，新建的数据库用户名默认和登录名相同。

【例 4-4】使用 T-SQL 语句为登录账号"s_CeShi"创建名为"d_CeShi"的数据库用户。

```
USE student
GO
EXEC SP_GRANTDBACCESS 's_CeShi','d_CeShi'
GO
```

2) 删除数据库用户。删除数据库用户使用系统存储过程 sp_revokedbaccess，语法格式如下：

```
EXEC SP_REVOKEDBACCESS 用户名
```

说明：

用户名：要删除的数据库用户名称无默认值，可以是服务器登录、Windows 登录或 Windows 组的名称，并且必须存在于当前数据库中。

4.1.5 SQL Server 2008 的权限管理

SQL Server 2008 对象的使用权限为访问数据库设置的最后一道安全设施。权限确定了数据库用户可以在 SQL Server 2008 数据库中的操作。用户在执行更改数据库定义或访问数据库的任何操作之前，都必须有相应的权限。

(1) SQL Server 2008 的权限。在 SQL Server 2008 中分为 3 种类型的权限，即对象权限、语句权限和预定义权限。

1) 对象权限。对象权限是指对特定的数据库对象，如表、视图、字段、存储过程等的操作权限，它决定了数据库用户可以对表、视图等数据库对象执行哪些操作。SQL Server 2008 对象权限见表 4-2。

表 4-2 SQL Server 2008 的操作权限说明

权限名称	描 述
SELECT	控制是否能够对表或视图执行 select 查询语句
INSERT	控制是否能够对表或视图执行 insert 插入语句
UPDATE	控制是否能够对表或视图执行 update 更新语句
DELETE	控制是否能够对表或视图执行 delete 删除语句
EXECUTE	控制是否能够执行存储过程

2) 语句权限。语句权限用于控制创建数据库或数据库中的对象所涉及的权限。如果某用户想在数据库中创建数据表，则要求该用户先拥有 create table 语句权限。SQL Server 2008 语句权限见表 4-3。

表 4-3 SQL Server 2008 的语句权限说明

权限名称	描述
CREATE DATABASE	控制登录用户是否具有创建数据库的权限
CREATE DEFAULT	控制登录用户是否具有创建表的列默认值的权限
CREATE FUNCTION	控制登录用户是否具有创建用户自定义函数的权限
CREATE PROCEDURE	控制登录用户是否具有创建存储过程的权限
CREATE RULE	控制登录用户是否具有创建表的列规则的权限
CREATE TABLE	控制登录用户是否具有创建数据表的权限
CREATE VIEW	控制登录用户是否具有创建视图的权限
BACKUP DATABASE	控制登录用户是否具有备份数据库的权限
BACKUP LOG	控制登录用户是否具有备份日志的权限

3) 预定义权限。预定义权限又称为隐含权限,是指系统预定义的固定服务器角色、固定数据库角色、数据库拥有者、数据库对象拥有者所拥有的权限,这些权限不能明确地被赋予或撤销。

(2) 使用对象资源管理器授予权限。在 SQL Server 2008 中,用户和角色的权限以记录的形式存储在各个 sysprotects 系统表中,权限操作分为 3 种情况:授予某项权限、拒绝某项权限、撤销某项权限。下面举例说明如何给数据库用户授予权限,拒绝和撤销权限将在任务 4.2 中详细介绍。

【例 4-5】给数据库用户 d_CeShi 赋予 student 表的查询和修改权限。

1) 在操作系统的"开始"菜单中,打开 SQL Server Management Studio 应用程序,选择使用 Windows 身份验证登录。

2) 展开数据库"student"→"安全性"→"用户",找到用户 d_CeShi,点击其右键,选择"属性",打开"数据库用户"对话框,选择"安全对象"选项页,如图 4-7 所示。

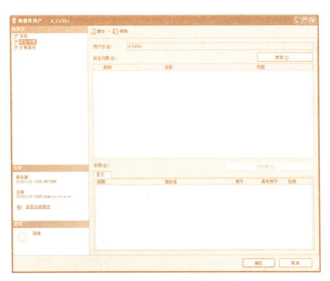

图 4-7 "数据库用户"对话框

3) 点击【搜索】按钮,打开"添加对象"对话框,如图 4-8 所示。在此对话框中选择"特定对象"单选按钮,点击【确定】按钮,打开"选择对象"对话框。

图 4-8 "添加对象"对话框

4) 在"选择对象"对话框中,点击"对象类型"按钮,打开"选择对象类型"对话框,勾选"表"复选框,单击【确定】按钮,如图 4-9 所示。

图 4-9 "选择对象类型"对话框

5) 在"选择对象"对话框中,点击【浏览】按钮,在打开的"查找对象"对话框中,勾选"student"表,如图 4-10 所示。单击【确定】按钮,返回"选择对象"对话框,如图 4-11 所示。

图 4-10 "查找对象"对话框

图 4-11 "选择对象"对话框

6) 点击【确定】按钮,返回"数据库用户"对话框,选择"安全对象"区域的"student"对象,再从下方的权限列表中勾选"更新"(或 Update)和"选择"(或 Select)右边的"授予"复选框,如图 4-12 所示。

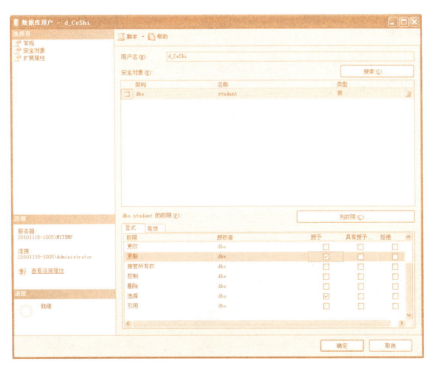

图 4-12 "数据库用户"对话框

(3) 使用 T-SQL 语句授予权限。

SQL Server 中使用 grant 语句进行授权,语法格式如下:

GRANT 权限[,...]ON 对象[,...]TO 用户名

或者

GRANT 权限[,...]ON OBJECT: : 对象[,...]TO 用户名

说明：

1) 授予的权限可以是一个，也可以是多个，多个之间用逗号隔开。可能的权限如表 4-1 和表 4-2 所示，也有可能是 all，表示赋予所有权限。

2) 赋予权限的对象可以是一个，也可以是多个，可能的对象有 table 表、view 视图、sequence 序列、index 索引。

【例 4-6】授予用户 zhang 对数据库中 student 表的 select 查询、update 修改、insert 插入权限。

GRANT SELECT, UPDATE, INSERT ON student TO zhang

或者

GRANT SELECT, UPDATE, INSERT ON OBJECT: : student TO zhang

任务 实施

(1) 使用 Windows 身份验证登录，创建数据库登录账号 s_TeacherWang，在查询编辑器中输入如下 T-SQL 语句：

EXEC SP_ADDLOGIN 's_TeacherWang','123456'

为了测试刚创建的新用户，可以再打开一个 SQL Server Management Studio 应用程序，使用"s_TeacherWang"登录。在正常情况下能够顺利登录，但是，登录成功后发现该用户除了能够访问部分系统数据库外，其他数据库都无法访问。为了让用户 s_TeacherWang 能够访问 student 数据库，还需要为该登录账号创建对应的数据库用户。

(2) 创建对应的数据库用户 d_TeacherWang，代码如下：

```
USE student
GO
EXEC SP_GRANTDBACCESS 's_TeacherWang','d_TeacherWang'
GO
```

(3) 创建两个视图，代码如下：

```
CREATE VIEW view_student_1
AS
SELECT student.*
FROM student, class
```

```
WHERE student.class_id = class.class_id
AND class.class_name = '09 计算机应用技术 1 班'
CREATE VIEW view_score_1
AS
SELECT score.*,class.class_name
FROM student, class, score
WHERE student.class_id = class.class_id
AND score.s_id = student.s_id
AND class.class_name = '09 计算机应用技术 1 班'
```

(4) 分别为两个视图授予权限,代码如下:

```
GRANT UPDATE ON view_student_1 TO d_TeacherWang
GRANT SELECT ON view_student_1 TO d_TeacherWang
GRANT SELECT ON view_score_1 TO d_TeacherWang
```

任务 总结

SQL Server 作为一个数据库管理系统,具有完备的安全机制,能够确保数据库中的信息不被非法盗用或破坏。SQL Server 的安全机制分为以下 3 个等级:
(1) 客户机操作系统的安全性。
(2) SQL Server 2008 的登录安全性——登录账号和密码。
(3) 数据库的使用安全性——该用户账号对数据库的访问权限。
(4) 数据库对象的使用安全性——该用户账号对数据库对象的访问权限。
本任务正是根据实际需要,从以上 3 个等级详细介绍了如何创建登录账号、如何创建数据库用户以及如何为数据库用户授予权限。

任务 4.2　取消数据库用户权限

任务 描述

数据库管理员赋予学号为"0904101101"的学生对成绩表的修改权限,该管理员及时发现问题之后,要立刻取消该学生的不合理权限。

任务 分析

数据库管理员找到该用户后,打开该用户的"属性"对话框,在"安全对象"选项页,通过取消授予或者拒绝的方法来修改权限；也可以编写并执行 T-SQL 语句来撤销或拒绝成绩表的修改权限。

任务 资讯

取消数据库用户的权限有两种方式：拒绝用户权限和撤销用户权限。

4.2.1 拒绝权限

在授予用户权限后，数据库管理员可以根据实际情况，在不撤销用户访问权限的情况下，拒绝用户访问数据库对象，并阻止用户或角色继承权限，该语句优先于其他授予的权利。

（1）使用对象资源管理器拒绝权限。

【例 4-7】拒绝数据库用户 d_CeShi 对 student 表的修改权限。

1）在操作系统的"开始"菜单中，打开 SQL Server Management Studio 应用程序，选择使用 Windows 身份验证登录。

2）展开数据库"student"→"安全性"→"用户"，找到用户 d_CeShi，点击其右键，选择"属性"，打开"数据库用户"对话框，选择"安全对象"选项页，如图 4-13 所示。

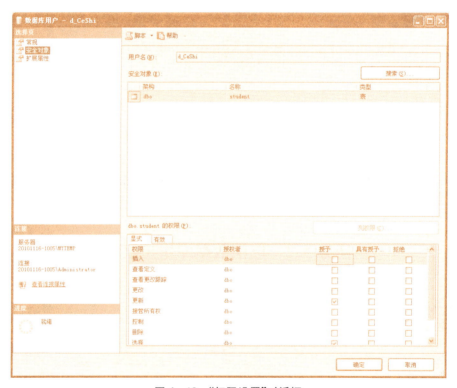

图 4-13 "权限设置"对话框

3）在"选择"行勾选"拒绝"复选框，点击【确定】按钮。此时，使用"d_CeShi"登录账号登录，执行修改语句就会失败，如图 4-14 所示。

图 4-14 "权限设置"对话框

（2）使用 T-SQL 语句拒绝权限。拒绝对象权限的语法格式如下：

DENY 权限[,...]ON 对象[,...]TO 用户名

拒绝权限的语句和授权非常类似,只是第一个关键字不同。

【例 4-8】拒绝用户 zhang 对 student 表的 update 修改、insert 插入权限。

DENY UPDATE, INSERT ON student TO zhang

或者

DENY UPDATE, INSERT ON OBJECT: : student TO zhang

4.2.2 撤销权限

通过撤销某种权限,停止以前授予或拒绝的权限,但不会显式地阻止用户或角色执行操作,用户或角色仍然能继承其他角色的授予权限。使用撤销类似于拒绝,但是,撤销权限是删除已授予的权限,并不妨碍用户或角色从更高级别继承已授予的权限。

（1）使用对象资源管理器撤销权限。

【例 4-9】撤销数据库用户 d_CeShi 对 student 表的查询权限。

1）在操作系统的"开始"菜单中,打开 SQL Server Management Studio 应用程序,选择使用 Windows 身份验证登录。

2）展开数据库"student"→"安全性"→"用户",找到用户 d_CeShi,点击其右键,选择"属性",打开"数据库用户"对话框,选择"安全对象"选项页,如图 4-15 所示。

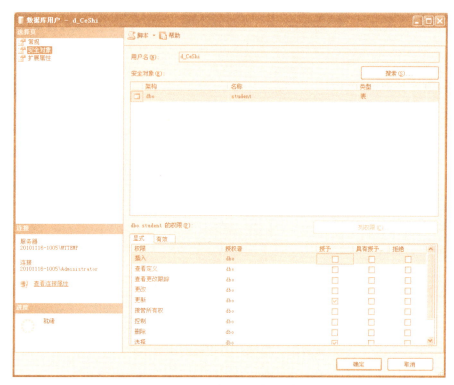

图 4-15 "权限设置"对话框

3) 去除"查询"行的"授予"复选框,点击【确定】按钮。此时,使用"d_CeShi"登录账号登录,执行 select 查询语句就会失败。

(2) 使用 T-SQL 语句撤销权限。撤销对象权限的基本语法如下:

REVOKE 权限[,...]ON 对象[,...]TO 用户名

【例 4-10】撤销用户 zhang 对 student 表的 update 修改、insert 插入权限。

REVOKE UPDATE, INSERT ON student TO zhang

或者

REVOKE UPDATE, INSERT ON OBJECT: : student TO zhang

4.2.3 拒绝权限与撤销权限的区别

revoke(撤销)和 deny(拒绝)命令都可以取消某个权限,但它们有本质的区别。revoke 取消以前授予或拒绝了的权限,而 deny 拒绝授予主体权限,防止主体通过其组或角色成员身份继承权限。

如果用户激活一个应用程序角色,deny 对用户使用该应用程序角色访问的任何对象没有任何作用。虽然用户可能被拒绝访问当前数据库内的特定对象,但是,如果应用程序角色

能够访问该对象,则当应用程序角色激活时,用户仍可以访问该对象。

使用 revoke 语句可从用户帐户中删除拒绝的权限。安全帐户不能访问删除的权限,除非将该权限授予用户所在的组或角色。使用 grant 语句可删除拒绝的权限,并将权限显式应用于安全帐户。

例如,数据库用户帐户 userA 拥有 employees 表的 select 权限,又属于 db_datareader 数据库角色。

如果使用 REVOKE SELECT ON employees FROM userA 语句,仅仅是取消了显式授予用户帐户的 select 权限;userA 同样可以通过 db_datareader 角色获得读取 employees 表的权限;

而如果使用 DENY SELECT ON employees TO userA 语句,则可以彻底禁止 userA 读取 employees 表,因为在评估权限时,deny 优先于通过其他任何方式获取的权限。

任务 实施

可以使用撤销命令、也可以使用拒绝命令来取消某学生对成绩表的修改权限,代码如下:

```
REVOKE UPDATE ON score TO [0904101101]
```

或者

```
DENY UPDATE ON score TO [0904101101]
```

任务 总结

对于权限的设置和改变,一般都通过编写执行 SQL 语句来完成。SQL 语句可以批量完成设置任务,而且便于查看、修改和维护。取消权限时可以通过 revoke 和 deny 两种方式来实现。

任务 4.3 使用角色管理用户

任务 描述

新学期开始,某职业技术学院来了很多新生,每位新生需要具有查询成绩的权利,SQL Server 数据库管理员需要快速给所有新生设置此权限。

任务 分析

首先要给所有新生添加服务器登录账号,因为新生人数较多,逐个添加会相当麻烦,而且容易出错,可以考虑使用游标(cursor)查询出所有新生的学号,再遍历游标,通过执行相应的系统存储过程创建对应的账号。创建好登录账号后,同样继续使用游标和系统存储过程为登录账号创建数据库用户。为了方便管理这些用户,还需要创建一个角色,然后将所有新生用户添加到角色中,统一给角色授予成绩表(score)的查询权限。为了方便授权,每个学生都有整个成绩表的数据查看权限,不需考虑个别情况。假如"09 计算机应用技术 1 班"为新生班级,完成该班级所有学生的权限分配任务的具体步骤如下:

(1)使用游标为所有新生创建服务器登录账号。
(2)为新生账号创建数据库用户。
(3)创建一个角色,将所有新生数据库用户添加到该角色中。
(4)给角色授权。

任务 资讯

4.3.1 SQL Server 角色

SQL Server 的角色是一种权限许可机制,如果数据库有很多用户,且这些用户的权限基本相同,那么,单独授权给某个用户的话,过程重复,而且不便于集中管理。当权限发生变化时,管理员需要逐个修改每个用户的权限,非常麻烦。

自 SQL Server 7 版本开始引入新的概念——角色,可以替代以前版本中"组"的概念。和组一样,SQL Server 管理者可以将某些用户设置为某一角色,这样只对角色进行权限设置,便可实现对该角色的所有用户权限的设置,大大减少了管理员的工作量。

SQL Server 管理员将操作数据库的权限赋予某个角色,再将数据库用户或登录账号设置为该角色,使得该用户或登录账号拥有相应的权限。当若干个用户都属于同一个角色时,它们就都继承了该角色拥有的权限。若角色的权限发生变化,这些相关用户的权限也会发生相应的变化。因此,SQL Server 中通过角色可以将用户分为不同的类型,对相同类型的用户进行统一管理,赋予相同的操作权限,从而方便管理人员集中管理用户的权限。

在 SQL Server 中主要有两种角色类型,即服务器角色与数据库角色。

(1)服务器角色。服务器角色是指根据 SQL Server 的管理任务,以及这些任务相对的重要性等级,把具有 SQL Server 管理职能的用户划分成不同的用户组,每一组所具有管理 SQL Server 的权限已被预定义。服务器角色适用在服务器范围内,并且其权限不能被修改。例如,具有 sysadmin 角色的用户在 SQL Server 中可以执行任何管理性的工作,任何企图对其权限进行修改的操作都将会失败。

SQL Server 共有 8 种预定义的服务器角色,各种角色的具体含义见表 4-4。

表 4-4 预定义的服务器角色

服务器角色	权　　限
sysadmin	可以在服务器中执行任何活动
serveradmin	可以更改服务器范围的配置选项和关闭服务器

续　表

服务器角色	权　　限
setupadmin	可以添加和删除连接服务器，并且可以执行某些系统存储过程
securitadmin	管理登录名及其属性
processadmin	管理 SQL Server 实例中运行的进程
dbcreator	可以创建、更改、删除和还原任何数据库
diskadmin	管理磁盘文件
bulkadmin	可以运行 bulk insert 语句

（2）数据库角色。数据库角色是为某一用户或一组用户授予不同级别的管理或访问数据以及数据库对象的权限，这些权限是数据库专有的，并且可以使一个用户具有属于同一数据库的多个角色。SQL Server 提供了两种类型的数据库角色，即预定义数据库角色和用户自定义数据库角色。

1）预定义数据库角色。预定义数据库角色是指这些角色所具有的管理、访问数据库的权限已被 SQL Server 定义，并且 SQL Server 管理者不能对其所具有的权限进行任何修改。SQL Server 的每一个数据库中都有一组预定义的数据库角色，在数据库中使用预定义的数据库角色可以将不同级别的数据库管理工作分给不同的角色，从而很容易实现工作权限的传递。例如，如果准备让某一用户临时或长期具有创建和删除数据库对象（表、视图、存储过程）的权限，那么，只要把它设置为 db_ddladmin 数据库角色即可。

SQL Server 中预定义数据库角色的具体含义见表 4-5。

表 4-5　预定义的数据库角色

预定义数据库角色	权　　限
db_accessadmin	可以为 Windows 登录帐户、Windows 组和 SQL Server 登录帐户添加或删除访问权限
db_backupoperator	可以备份该数据库
db_datareader	可以读取所有用户表中的所有数据
db_datawriter	可以在所有用户表中添加、删除或更改数据
db_ddladmin	可以在数据库中运行任何数据定义语言（DDL）命令
db_denydatareader	不能读取数据库内用户表中的任何数据
db_denydatawriter	不能添加、修改或删除数据库内用户表中的任何数据
db_owner	可以执行数据库的所有配置和维护活动
db_securityadmin	可以修改角色成员身份和管理权限
public	一个特殊的数据库角色，通常将一些公共的权限赋给 public 角色

需要说明的是，数据库中的每个用户都属于 public 数据库角色，而且这个数据库角色不能被删除。当尚未对某个用户授予安全对象的权限时，该用户将继承授予 public 角色的权

限,由于所有数据库用户都自动成为 public 数据库角色的成员,因此,给该数据库角色指派权限时需要格外谨慎。

2) 用户自定义数据库角色。如果打算为某些数据库用户设置相同的权限,但是,这些权限不等同于预定义的数据库角色所具有的权限时,就可以定义新的数据库角色来满足这一要求,从而使这些用户能够在数据库中实现某一特定功能。用户自定义的数据库角色具有以下 3 个优点:

① SQL Server 数据库角色可以包含 NT 用户组或用户。

② 在同一数据库中用户可以具有多个不同的自定义角色,这种角色的组合是自由的,而不仅仅是 public 与其他一种角色的结合。

③ 角色可以进行嵌套,从而在数据库实现不同级别的安全性。

用户定义的数据库角色有两种类型,即标准角色和应用角色。

① 标准角色类似于 SQL Server 7 版本以前的用户组,它通过对用户权限等级的认定而将用户划分为不同的用户组,使用户总是相对于一个或多个角色,从而实现管理的安全性。所有预定义的数据库角色或 SQL Server 管理者自定义的某一角色(该角色具有管理数据库对象或数据库的某些权限)都是标准角色。

② 应用角色是一种比较特殊的角色类型。如果打算让某些用户只能通过特定的应用程序间接地存取数据库中的数据(如通过 SQL Server Query Analyzer 或 Microsoft Excel),而不是直接地存取数据库数据时,就应该考虑使用应用角色。当某一用户使用应用角色时,它便放弃了已被赋予的所有数据库专有权限,它所拥有的只是应用角色被设置的权限。通过应用角色,总能实现这样的目标,即以可控制方式来限定用户的语句或对象权限。

(3) 添加用户数据库角色。使用系统存储过程 sp_addrole 来添加用户数据库角色,语法格式如下:

SP_ADDROLE 角色名,所有者

说明:
1) 角色名。新角色的名称,没有默认值,并且不能已经存在于当前数据库中。
2) 所有者。新角色的所有者,默认值为 dbo。

(4) 为角色添加成员。使用系统存储过程 sp_addrolemember 将数据库用户添加到数据库角色中,使之成为角色的成员之一,语法格式如下:

SP_ADDROLEMEMBER 角色名,用户名

1) 角色名。当前数据库中 SQL Server 角色的名称,没有默认值。
2) 用户名。添加到角色的安全账户,没有默认值,可以是所有有效的 SQL Server 用户、SQL Server 角色或是所有已授权访问当前数据库的 Microsoft Windows NT 用户或组。

(5) 删除用户数据库角色。使用系统存储过程 sp_droprole 删除数据库角色,语法格式如下:

SP_DROPROLE 角色名

说明：

角色名：要从当前数据库中删除的数据库角色的名称，无默认值，必须已经存在于当前数据库中。角色必须不能包含用户才能被删除。

4.3.2 游标

(1) 游标的概念。游标使用户可逐行访问由 SQL Server 返回的结果集。使用游标的一个主要原因就是把集合操作转换成单个记录处理方式。用 SQL 语言从数据库中检索数据后，结果放在内存的一块区域中，且结果往往是一个含有多个记录的集合。游标机制允许用户在 SQL server 内逐行地访问这些记录，按照用户自己的意愿来显示和处理这些记录。

从游标定义可以得到游标的如下 3 个优点：

1) 允许程序对由查询语句 select 返回的行、集合中的每一行执行相同或不同的操作，而不是对整个行集合执行同一个操作。

2) 提供对基于游标位置的表中的行进行删除和更新的能力。

3) 游标实际上作为面向集合的数据库管理系统(RDBMS)和面向行的程序设计之间的桥梁，使这两种处理方式通过游标沟通起来。

使用游标要遵循"声明游标、打开游标、读取数据、关闭游标、删除游标"的处理顺序。

(2) 声明游标。

语法格式如下：

```
DECLARE 游标的名字[INSENSITIVE] [SCROLL] CURSOR
FOR SELECT 语句
[FOR {READ ONLY|UPDATE [OF 列名称[,...n]]}]
```

说明：

1) insensitive。表明 MS SQL SERVER 会将游标定义所选取出来的数据记录存放在一个临时表内(建立在 tempdb 数据库下)。对该游标的读取操作皆由临时表来应答。因此，对基本表的修改并不影响游标提取的数据，即游标不会随着基本表内容的改变而改变，也无法通过游标来更新基本表。如果不使用该保留字，那么，对基本表的更新、删除都会反映到游标中。

2) scroll。表明所有的提取操作(如 first、last、prior、next、relative、absolute)都可用。如果不使用该保留字，那么，只能进行 next 提取操作。由此可见，scroll 极大地增加了提取数据的灵活性，可以随意读取结果集中的任一行数据记录，而不必关闭再重开游标。

3) select 语句。select 语句定义结果集。应该注意的是，在游标中不能使用 compute、compu-te by、for browse、into 语句。

4) read only。表明不允许游标内的数据被更新，尽管在缺省状态下游标是允许更新的。

5) update[of 列名称[,...n]]。定义在游标中可被修改的列，如果不指出要更新的列，那么，所有的列都将被更新。

(3) 打开游标。声明游标后，还必须先打开游标，才能从游标中读取数据。打开游标使

用 open 语句,语法格式如下:

```
OPEN 游标名
```

说明:

游标名:已创建、未打开的游标。打开的游标不能再次打开。游标成功打开后,游标指针指向结果集的第一行之前。

(4) 读取游标。游标打开后,可以使用 fetch 语句从中读取数据,语法格式如下:

```
FETCH [NEXT|PRIOR|FIRST|LAST|ABSOLUTE{n}|RELATIVE{n}]
  FROM 游标名
```

说明:

1) 游标名。已经打开的、要从中读取数据的游标名称。

2) next。表示返回结果集中当前行的下一行记录。如果第一次读取则返回第一行。默认的读取选项为 next。

3) prior。表示返回结果集中当前行的前一行记录。如果第一次读取则没有行返回,并且把游标置于第一行之前。

4) first。表示返回结果集中的第一行,并且将其作为当前行。

5) last。表示返回结果集中的最后一行,并且将其作为当前行。

6) absolute{n}。如果 n 为正数,则返回从游标头开始的第 n 行,并且返回行变成新的当前行;如果 n 为负数,则返回从游标末尾开始的第 n 行,并且返回行为新的当前行;如果 n 为 0,则返回当前行。

7) relative{n}。如果 n 为正数,则返回从当前行开始的第 n 行;如果 n 为负,则返回从当前行之前的第 n 行;如果 n 为 0,则返回当前行。

(5) @@fetch_status 全局变量。fetch 语句的执行状态保持在全局变量@@fetch_status 中,它的值为 0 时,表示最近一次 fetch 语句执行成功;值为 -1 时,表示最近一次 fetch 语句执行失败;值为 -2 时,表示读取的行已不存在。

一般在循环遍历游标时,使用@@fetch_status 全局变量作为循环的退出条件。

(6) 关闭和删除游标。使用后的游标要及时关闭。关闭游标使用 close 语句,方法如下:

```
CLOSE 游标
```

删除游标使用 deallocate 语句,方法如下:

```
DEALLOCATE 游标
```

提示:

1) 游标不关闭,也可以直接删除。

2) 删除游标后,游标使用的任何资源也随之释放。

3) 关闭游标后,可以再次使用 open 语句打开;删除游标后,则不能再打开。

【例 4-11】 使用游标查询各门课程的平均分,要求显示课程名称和平均分。

可以考虑使用游标保存各门课程信息,再循环遍历游标计算各门课程的平均分,代码如下:

```
--定义变量
DECLARE @cid char(6)
DECLARE @cName char(20)
--定义游标
DECLARE cur_course CURSOR
FOR
SELECT c_id, c_name FROM course
FOR READ ONLY
--打开游标
OPEN cur_course
--循环读取游标
WHILE @@FETCH_STATUS = 0
BEGIN
        FETCH NEXT FROM cur_course INTO @cid,@cName
        SELECT @cName, AVG(grade) FROM score WHERE c_id = @cid
END
--关闭游标
CLOSE cur_course
--删除游标
DEALLOCATE cur_course
```

任务 实施

(1) 在操作系统的"开始"菜单中,打开 SQL Server Management Studio 应用程序,选择使用 Windows 身份验证登录。

(2) 新建查询,在查询编辑器中输入如下 T-SQL 语句:

```
USE student
GO
--创建角色 r_newStudents
EXEC sp_addrole 'r_newStudents'
GO
--定义存放学号的变量
```

```sql
declare @UserID varchar(10)
--定义局部只读游标,查询出新生的学号
declare cur_student cursor
for
select s.s_id
from student s, class c
where s.class_id = c.class_id
and c.class_name = '09 计算机应用技术 1 班'
for read only
--打开游标
open cur_student
--循环遍历游标
while @@FETCH_STATUS = 0
begin
    fetch next from cur_student into @UserID
    --根据学生学号创建登录账号
    exec sp_addlogin @UserID,'123456'
    --创建数据库用户
    exec sp_grantdbaccess @UserID
    --添加该用户为角色 r_newStudents 的成员
    EXEC sp_addrolemember 'r_newStudents',@UserID
end
--关闭游标
close cur_student
--删除游标
deallocate cur_student
--给角色 r_newStudents 授权
grant select on score to r_newStudents
```

（3）单击工具栏中的【执行】按钮,以上 T-SQL 语句就会完成所有操作。

任务 总结

本任务涉及内容较广,包括游标的使用、登录账号的创建、数据库用户的创建、角色的创建与管理、权限的授予。如果数据库有很多用户,且这些用户的权限基本相同,那么,单独授权给某个用户的话,过程重复,而且不便于集中管理。当权限发生变化时,管理员需要逐个修改每一个用户的权限,非常麻烦。对于拥有相同权限的多个用户,可以考虑使用角色来统一管理它们。

任务 4.4　数据库的分离与附加

任务 描述

由于数据库服务器的硬件升级,管理员需要将淘汰的服务器中的数据库转移到新服务器中。

任务 分析

要断开所有与该数据库的连接,使用数据库的"分离数据库"功能分离出要转移的数据库。然后在磁盘中找到对应的数据库文件,一般包括主数据文件和日志文件,有时还包括一个或多个次数据文件,将这些文件都复制或剪切到可移动磁盘(如 U 盘、移动硬盘等)中。打开新数据库服务器,启动数据库服务,使用具有管理员权限的用户登录,将移动磁盘中的数据库文件复制到电脑的某个目录下,再使用数据库的"附加数据库"功能将数据库附加上去就可以使用了。

完成任务的具体步骤如下:
(1) 分离数据库。
(2) 将数据库文件复制到可移动磁盘中。
(3) 在另外一台服务器中使用管理员登录数据库。
(4) 附加数据库。

任务 资讯

在 SQL Server 2008 中新建一个数据库时,系统数据库 master 记录了此数据库的相应信息,从而将它附加到 SQL Server 数据库服务器中。此时,服务器拥有对数据库的一切管辖权,包括对它的所有访问和管理操作。

出于某种原因,例如,将数据库转移到其他计算机的 SQL Server 服务器中使用,或者改变数据库的数据文件和日志文件的物理位置,这时需要将数据库从 SQL Server 服务器中分离出来,使其中的所有数据文件和日志文件脱离服务器而独立存在,然后改变数据库文件的物理路径,或者将数据库文件转移到另一台计算机,再附加到 SQL Server 服务器中。

4.4.1　分离数据库

(1) 在"开始"菜单中,打开 SQL Server Management Studio 应用程序。
(2) 展开"数据库"节点,选中要分离的数据库。
(3) 点击鼠标右键选择"任务"→"分离",打开"分离数据库"对话框。
(4) 点击【确定】按钮,该选定的数据库就被分离。

应注意只有"使用本数据库的连接"数为 0 时,该数据库才能分离。所以,分离数据库时应尽量断开所有对要分离数据库操作的连接。

4.4.2 附加数据库

(1) 复制移动数据库文件。在附加数据库之前,必须将与数据库关联的.MDF(主数据文件)和.LDF(事务日志文件)这两个文件复制到目标服务器上。

(2) 在"开始"菜单中,打开 SQL Server Management Studio 应用程序。

(3) 右键点击"数据库"节点,选择"附加",打开"附加数据库"对话框,然后点击【确定】按钮,完成附加功能。

任务 实施

(1) 分离数据库。

1) 启动 SQL Server Management Studio 窗口,在"对象资源管理器"中依次展开"数据库"节点。

2) 展开"数据库"节点,鼠标右键点击 student 数据库,在弹出的菜单中选择"任务"→"分离",打开"分离数据库"对话框,如图 4-16 所示。

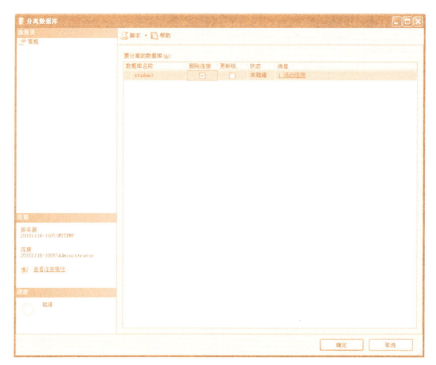

图 4-16 "分离数据库"对话框

3) 如果"消息"列中提示还有活动连接,则需要先断开连接才能分离成功,或者直接选择"删除连接"列下的复选框来删除连接。点击【确定】按钮,student 数据库分离成功,服务器中也就不存在 student 数据库了。

(2) 附加数据库。

1) 启动 SQL Server Management Studio 窗口,在"对象资源管理器"中右键点击"数据库"节点,在弹出的菜单中选择"附加",打开"附加数据库"对话框,如图 4-17 所示。

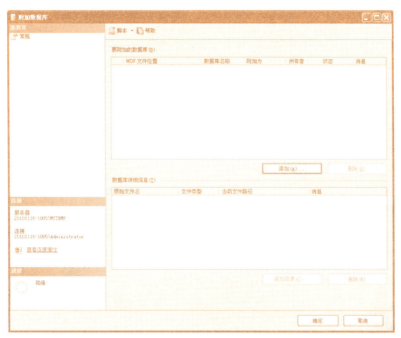

图 4-17 "附加数据库"对话框

2) 在"附加数据库"对话框中,点击【添加】按钮,打开"定位数据库文件"对话框,在此对话框中找到数据库文件所在物理路径,选择"student.mdf"文件,点击【确定】按钮,返回"附加数据库"对话框,此时对话框的上部会显示出要附加的数据库信息,下部则显示数据库文件的详细信息。点击【确定】按钮,student 数据库附加成功,展开服务器中"数据库"节点,会发现 student 数据库已经存在于服务器中。

任务 总结

数据库的分离与附加是两个逆向过程。分离是为了让数据库文件和服务器脱离关系,以便转移或备份数据库文件;当再需要用到该数据库时,又需要通过附加数据库的方式使数据库文件与数据库服务器产生关系,即将数据库放到服务器中。

任务 4.5 数据的导入与导出

任务 描述

某职业技术学院"后勤管理系统"的数据库 LogisticsMananger 中需要在校学生的学生

基本信息。为了避免不必要的重复劳动，校领导决定用学生成绩数据库（即 student 数据库）中已有的学生基本信息。

任务 分析

新建一个 excel 文件，使用"SQL Server 导入和导出向导"功能，将 student 数据库中的学生基本信息导出到该 excel 文件中，再将自动生成的创建 student 表的 sql 脚本保存起来。

打开"后勤管理系统"的数据库 LogisticsMananger，执行刚保存的 sql 脚本，生成一个和 student 数据库中一样的 student 表，再使用"SQL Server 导入和导出向导"将 excel 文件的记录导入到数据库的 student 表中。

完成任务的具体步骤如下：

（1）使用"SQL Server 导入和导出向导"功能，将 student 表中的数据导出到 excel 文件中。

（2）打开 student 表的创建脚本，并保存起来。

（3）打开"后勤管理系统"的数据库 LogisticsMananger，执行脚本创建 student 表。

（4）使用"SQL Server 导入和导出向导"功能，将 excel 文件中的数据导入到 student 表中。

任务 资讯

在 SQL Server 2008 系统中，用户不但可以通过分离和附加数据库实现对 SQL Server 数据库的迁移，还可以利用系统工具在 SQL Server 数据库和其他异种数据库之间进行数据的导入或导出。SQL Server 2008 系统提供的"SQL Server 导入和导出向导"工具，允许用户导入或导出数据库并转换异类数据，为在 OLE DB 数据库之间复制数据提供了简便的方法。

使用导入和导出数据工具可以连接到许多数据源，如文本文件、Access 数据库、FoxPro 数据库、Excel 电子表格、Oracle 数据库、OLE DB 和 ODBC 数据源等，其中最常用的就是 SQL Server 数据库和 Excel 电子表格之间的数据转换。

4.5.1 导入数据

（1）在"开始"菜单中打开 SQL Server Management Studio 应用程序。

（2）右键点击要导出数据的数据库，选择"任务"→"导入数据"，打开"SQL Server 导入和导出向导"工具，"数据源"选项为数据所在文件或其他数据库，"目标"选项为该数据库。

如果数据源选择的是文件，那么，在导入数据之前，必须关闭该文件。

（3）接着需要设置导入数据的列属性，以确保导入的数据和数据表列属性一致。如果列属性不一致，会导致数据的导入失败。

4.5.2 导出数据

（1）在"开始"菜单中，打开 SQL Server Management Studio 应用程序。

(2) 右键点击要导出数据的数据库,选择"任务"→"导出数据",打开"SQL Server 导入和导出向导"工具,"数据源"选项为该数据库,"目标"选项可以选择接受数据的其他数据库或文件,文件可以是文本文件或者 Excel 电子表格等。

同样,如果目标选择的是文件,那么,在导出数据之前,必须关闭该文件。

(3) 接下来需要选择要导出的数据表以及表中的列,按照向导提示,完成导出数据功能。

任务 实施

(1) 将 student 表中的数据导出到 Excel 文件。

1) 在 D 盘根目录下新建一个 Excel 文件,文件名为"student.xls"。

2) 在操作系统的"开始"菜单中,打开 SQL Server Management Studio 应用程序,选择使用 Windows 身份验证登录。

3) 展开"数据库"节点,找到 student 数据库,如果没有,需要附加该数据库。右键点击 student 数据库,在菜单中选择"任务"→"导出数据",打开"SQL Server 导入和导出向导"工具,点击【下一步】按钮,打开"选择数据源"页面,如图 4-18 所示。

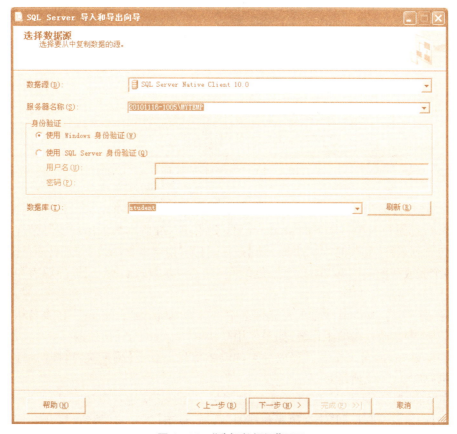

图 4-18 "选择数据源"页面

4）在"数据源"下拉列表中选择指定数据源，这里使用默认选择"SQL Server Native Client 10.0"，服务器名称选择 student 数据库所在的服务器，也是默认值，身份验证方式使用 Windows 身份验证，选择好数据库，点击【下一步】按钮，打开"选择目标"页面，如图 4-19 所示。

图 4-19 "选择目标"页面

5）在"选择目标"页面中，设置目标下拉列表的选择项为"Microsoft Excel"，通过点击【浏览】按钮，找到 D 盘根目录下的 student.xls 文件；Excel 版本根据用户实际情况选择；勾选"首行包含列名称"复选框，点击【下一步】按钮，打开"指定表复制或查询"页面，选择"复制一个或多个表或视图的数据"单选按钮，继续点击【下一步】按钮，打开"选择源表和视图"页面，如图 4-20 所示。

6）将"源"列的 student 表前的复选框选中，目标列默认为"student"，和表名相同，也可以选择 Excel 中已经存在的工作簿，如果使用默认值"student"，导出后的 Excel 文件会生成一个名为"student"的新工作簿以存放导出的学生信息。点击【编辑映射】按钮，打开"列映射"对话框，如图 4-21 所示。

7）在"列映射"对话框中，用户可以编辑"目标"列的名称，也可以忽略某列（即不导出某列）。点击【确定】按钮，返回"选择源表和视图"页面，点击【下一步】按钮，打开"保存并运行包"页面，如图 4-22 所示。

图 4-20 "选择源表和视图"页面

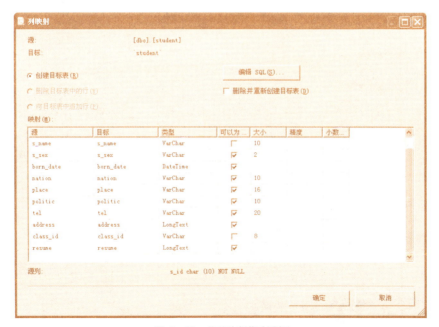

图 4-21 "列映射"对话框

图 4-22 "保存并运行包"页面

8) 选择"立即运行"复选框,点击【下一步】按钮,在"完成该向导"页面中点击【完成】按钮,系统执行导出数据处理。如果没有出现问题,就会弹出"执行成功"页面,如图 4-23 所示。

图 4-23 "执行成功"页面

此时打开 student. xls 文件，就会发现多了一个名为"student"的工作表，如图 4－24 所示，该工作表中存放的正是数据库 student 表中的数据。

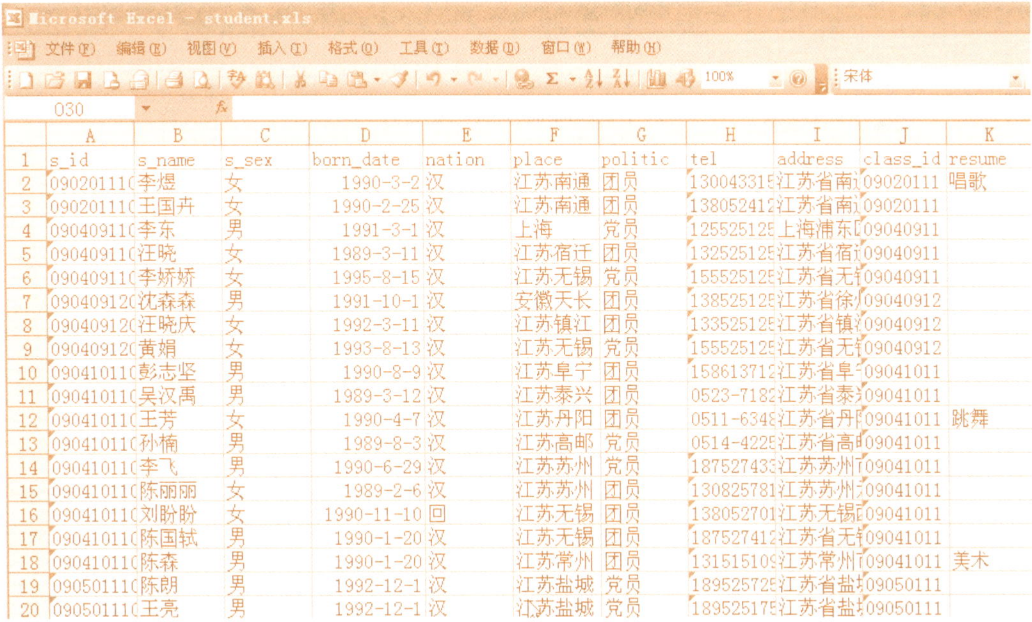

	A	B	C	D	E	F	G	H	I	J	K
1	s_id	s_name	s_sex	born_date	nation	place	politic	tel	address	class_id	resume
2	09020111	李煜	女	1990-3-2	汉	江苏南通	团员	13004331	江苏省南	09020111	唱歌
3	09020111	王国卉	女	1990-2-25	汉	江苏南通	团员	13805241	江苏省南	09020111	
4	09040911	李东	男	1991-3-1	汉	上海	党员	12552512	上海浦东	09040911	
5	09040911	汪晓	女	1989-3-11	汉	江苏宿迁	团员	13252512	江苏省宿	09040911	
6	09040911	李娇娇	女	1995-8-15	汉	江苏无锡	党员	15552512	江苏省无	09040911	
7	09040912	沈森森	男	1991-10-1	汉	安徽天长	团员	13852512	江苏省徐	09040912	
8	09040912	汪晓庆	女	1992-3-11	汉	江苏镇江	团员	13352512	江苏省镇	09040912	
9	09040912	黄娟	女	1993-8-13	汉	江苏无锡	党员	15552512	江苏省无	09040912	
10	09041011	彭志坚	男	1990-8-9	汉	江苏阜宁	团员	15861371	江苏省阜	09041011	
11	09041011	吴汉禹	男	1989-3-12	汉	江苏泰兴	团员	0523-718	江苏省泰	09041011	
12	09041011	王芳	女	1990-4-7	汉	江苏丹阳	团员	0511-634	江苏省丹	09041011	跳舞
13	09041011	孙楠	男	1989-8-3	汉	江苏高邮	党员	0514-422	江苏省高	09041011	
14	09041011	李飞	男	1990-6-29	汉	江苏苏州	党员	18752743	江苏苏州	09041011	
15	09041011	陈丽丽	女	1989-2-6	汉	江苏苏州	团员	130825781	江苏苏州	09041011	
16	09041011	刘盼盼	女	1990-11-10	回	江苏无锡	团员	138052701	江苏无锡	09041011	
17	09041011	陈国轼	男	1990-1-20	汉	江苏无锡	团员	18752741	江苏省无	09041011	
18	09041011	陈森	男	1990-1-20	汉	江苏常州	团员	13151510	江苏常州	09041011	美术
19	09050111	陈朗	男	1992-12-1	汉	江苏盐城	党员	18952572	江苏省盐	09050111	
20	09050111	王亮	男	1992-12-1	汉	江苏盐城	党员	18952517	江苏省盐	09050111	

图 4－24 excel 中导出数据记录

(2) 创建 student 表。

1) 在操作系统的"开始"菜单中，打开 SQL Server Management Studio 应用程序，选择使用 Windows 身份验证登录。

2) 展开"数据库"节点，然后展开 student 数据库节点，继续展开"表"节点，右键点击 student 表，在菜单中选择"编写表脚本为"→"create 到"→"文件"，在打开的对话框中输入文件名"createStudent. sql"，点击【保存】按钮来保存脚本。

3) 将 student. xls 电子表格文件和 createStudent. sql 脚本文件复制到"后勤管理系统"所在的计算机，并打开该计算机上的 SQL Server Management Studio 应用程序，选择使用 Windows 身份验证登录。

4) 打开 createStudent. sql 脚本，去掉脚本中的前两行代码，剩下的脚本显示如下(根据表结构的实际情况，脚本会有所不同)：

```
/****** Object: Table [dbo].[student]  Script Date: 07/18/2011 23:46:46 **
****/
SET ANSI_NULLS ON
GO
SET QUOTED_IDENTIFIER ON
GO
SET ANSI_PADDING ON
```

```
GO
CREATE TABLE [dbo].[student](
    [s_id][char](10) NOT NULL,
    [s_name][char](10) NOT NULL,
    [s_sex][char](2) NULL,
    [born_date][smalldatetime] NULL,
    [nation][char](10) NULL,
    [place][char](16) NULL,
    [politic][char](10) NULL,
    [tel][char](20) NULL,
    [address][varchar](40) NULL,
    [class_id][char](8) NOT NULL,
    [resume][varchar](100) NULL,
CONSTRAINT [PK_student] PRIMARY KEY CLUSTERED
(
    [s_id] ASC
)WITH (PAD_INDEX = OFF, STATISTICS_NORECOMPUTE = OFF, IGNORE_DUP_KEY = OFF, ALLOW_ROW_LOCKS = ON, ALLOW_PAGE_LOCKS = ON) ON [PRIMARY]
) ON [PRIMARY]
GO
SET ANSI_PADDING OFF
GO
```

5) 执行上述脚本,会创建与 student 数据库中 student 表相同的数据表,此时表中还没有数据记录,需要从 excel 表中导入。

(3) 将 excel 文件中的数据导入 student 表中。

1) 右键点击"后勤管理系统"数据库 LogisticsMananger,在菜单中选择"任务"→"导入数据",打开"SQL Server 导入和导出向导"工具,点击【下一步】按钮,打开"选择数据源"页面,如图 4-25 所示。

2) 在"数据源"下拉列表中选择"Microsoft Excel",通过点击【浏览】按钮找到 student.xls 文件;根据实际情况选择 Excel 版本;点击【下一步】按钮,打开"选择目标"页面,如图 4-26 所示。

3) 在"选择目标"页面中,都使用默认值,选择 SQL Server 服务器下 LogisticsMananger 数据库,点击【下一步】按钮,打开"指定表复制或查询"页面,选择"复制一个或多个表或视图的数据"单选按钮,继续点击【下一步】按钮,打开"选择源表和视图"页面,如图 4-27 所示。

4) 将"源"列的 student 工作簿前的复选框选中,目标列选择"student"表,点击【下一步】按钮,打开"数据类型映射"页面,继续点击【下一步】按钮,打开"保存并运行包"页面,如图 4-28 所示。

图 4-25 "选择数据源"页面

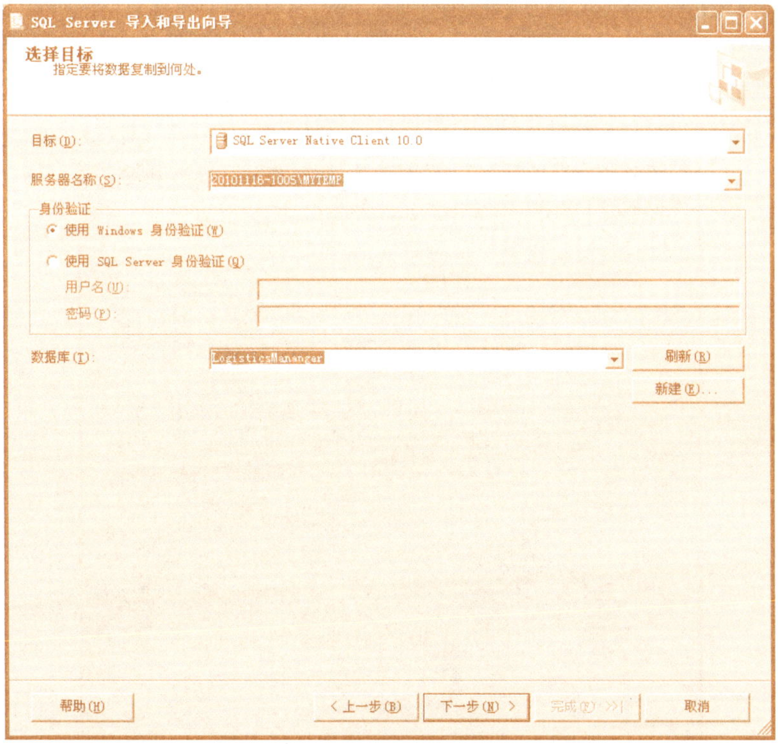

图 4-26 "选择目标"页面

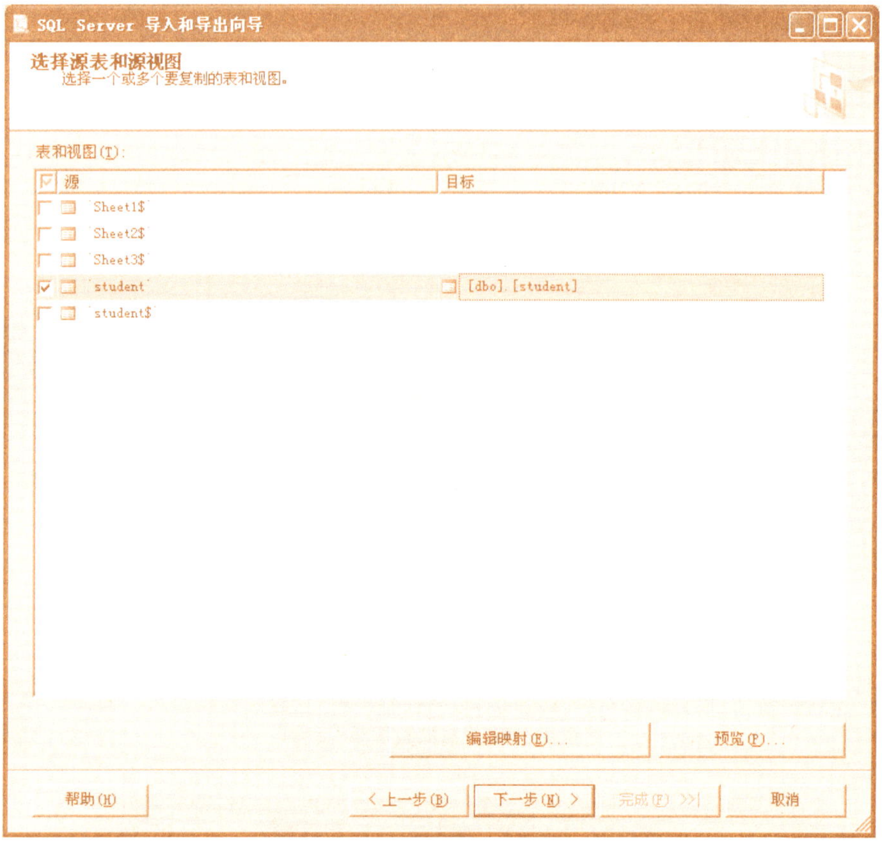

图 4-27 "选择源表和视图"页面

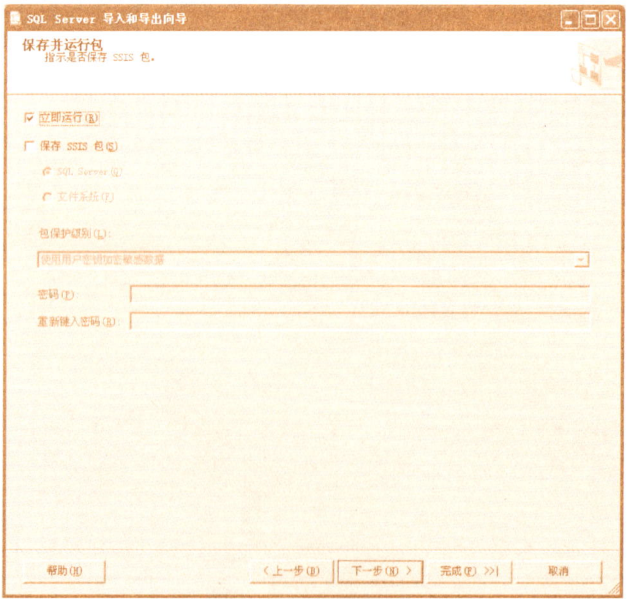

图 4-28 "保存并运行包"页面

5）选择"立即运行"复选框，点击【下一步】按钮，在"完成该向导"页面中点击【完成】按钮，系统执行导出数据处理。如果没有出现问题，就会弹出"执行成功"页面，如图 4-29 所示，此时 LogisticsMananger 数据库的 student 表中就会有相关数据了。

图 4-29 "执行成功"页面

任务 总结

由于 Excel 电子表格数据便于携带，也便于查看，SQL Server 数据库数据和 Excel 数据之间的转换操作比较常见，导入和导出的差别就在于源和目标的不同。导出时源是 SQL Server 数据库，目标是 Excel 文件，导入则刚好相反。

需要注意的是，如果导入和导出操作无法顺利完成，则可能需要安装 Microsoft SQL Server 2008 SP1 升级补丁。

任务 4.6　数据库的备份与恢复

任务 描述

针对学生成绩数据库 student 设计一种数据库备份策略，并实现这种备份策略。

任务 分析

student 数据库容量不大，而且只在学期初和学期末时数据改动量较大，其余时间数据改动量较小，所以，在备份 student 数据库时，可以采用学期开始前进行一次完全数据库备份，学期间可以进行几次差异备份，最后在学期结束后进行一次事务日志备份。

完成任务的具体步骤如下：
(1) 新建备份设备。
(2) 学期开始前进行完全数据库备份。
(3) 学期间进行差异备份。
(4) 学期结束后进行一次事务日志备份。
(5) 发生异常情况时恢复数据库。

任务 资讯

4.6.1 数据库备份的作用

对于一个实际应用的系统来说，数据是至关重要的资源。一旦丢失数据，不仅影响正常的业务活动，严重的会引起全部业务的瘫痪。数据存放在计算机上，即使是最可靠的硬件和软件，也会出现系统故障或产品损坏。所以，数据库的安全性是至关重要的，应该在意外发生之前做好充分的准备工作，以便在意外发生之后有相应的措施来快速恢复数据库，并使丢失的数据减少到最少。

可能破坏数据库的原因很多，大致可分为以下 4 种情况：
(1) 存储介质故障。
(2) 用户的错误操作。
(3) 居心不良者的故意破坏。
(4) 自然灾害。

还有许多意想不到的原因时刻威胁着数据库中的数据，随时可能使系统崩溃，或许在不经意间，长期积累的数据资料瞬间丢失。唯一有效的办法就是拥有一个有效的备份，在数据库丢失之后将它们恢复。

4.6.2 SQL Server 2008 备份方式

SQL Server 2008 提供了 4 种数据库备份方式：完全数据库备份、差异数据库备份、事务日志备份、文件或文件组备份。

(1) 完全数据库备份。完全数据库备份全面记录备份开始的数据库状态，创建数据库中所有数据的副本，包含用户表、系统表、索引、视图和存储过程等所有数据库对象。与其他备份方式相比，完全数据库备份忠实记录了原数据库中的所有数据，但它需要花费更多的时间和存储空间。所以，完全数据库备份创建的频率不宜过高。如果只进行完全数据库备份，那么，进行数据库恢复时只能恢复到最后一次完全数据库备份时的状态，该状态之后的所有数据改变将丢失。

需要说明的是,完全数据库备份是所有其他数据库备份方式的起点,任何数据库的第一次备份必须是完全数据库备份。

【例4-12】使用对象资源管理器对 student 数据库进行完全数据库备份。

1) 在操作系统的"开始"菜单中,打开 SQL Server Management Studio 应用程序,选择使用 Windows 身份验证登录。

2) 展开"数据库"节点,鼠标右键点击 student 数据库,选择"属性"选项,打开"数据库属性"对话框,选择"选项"选项页,将"恢复模式"设置为"完整",如图4-30所示。

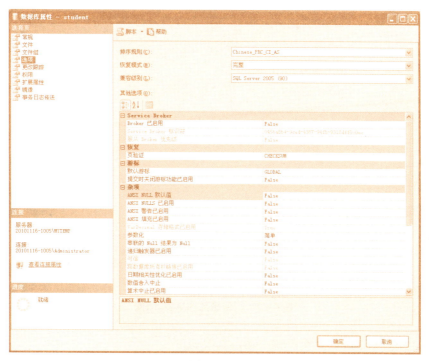

图4-30 "数据库属性"对话框

3) 单击【确定】按钮。

4) 右击 student 数据库,从弹出的快捷菜单中选择"任务"→"备份"命令,打开"备份数据库"对话框,如图4-31所示。

5) 在"备份数据库"对话框中,从"数据库"下拉列表框中选择"student","备份类型"选择"完整",名称使用默认值。

6) 设置备份到磁盘的目标位置,通过单击【删除】按钮,删除已存在默认生成的目录。然后单击【添加】按钮,打开"选择备份设备"对话框,选择"备份设备"单选按钮,在下拉列表框中选择新建的"学生成绩管理系统备份"备份设备,如图4-32所示。

7) 单击【确定】按钮,返回"备份数据库"对话框,"目标"下面的文本框中添加了一个"学生成绩管理系统备份"备份设备。

8) 打开"备份数据库"对话框中的"选项"选项页,如图4-33所示。

图 4-31 "备份数据库"对话框

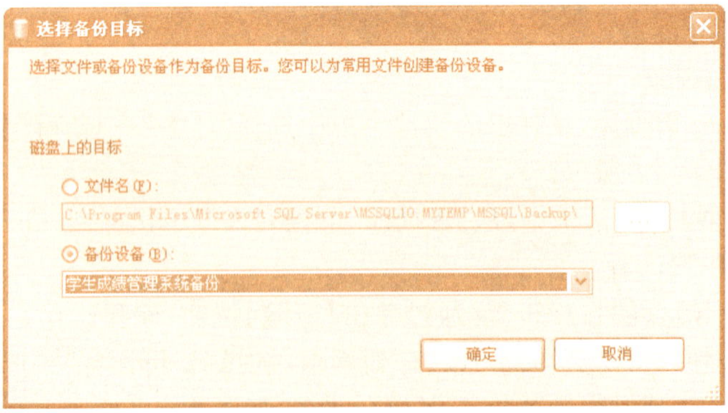

图 4-32 "选择备份目标"对话框

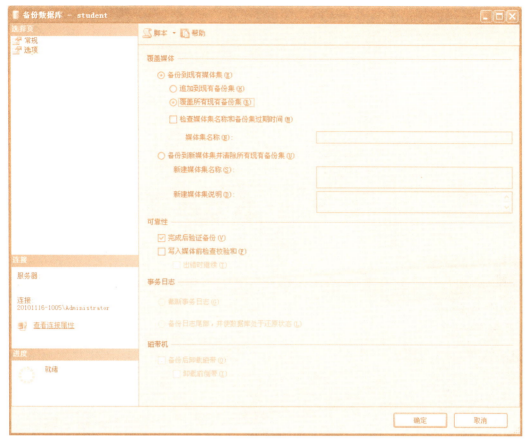

图 4-33 "备份数据库选项"页面

9) 选择"覆盖所有现有备份集"单选按钮,该选项用于初始化新的备份设备或覆盖现有备份设备;然后选中"完成后验证备份"复选框,该选项用来核对实际数据库与备份副本,并确保它们在备份完成之后一致。

10) 单击【确定】按钮,完成对数据库的备份。

完成备份后,可以通过查看备份设备来验证本次备份是否完成,步骤如下:

展开"服务器对象"→"备份设备",鼠标右击"学生成绩管理系统备份"备份设备,选择"属性"选项,打开"备份设备"对话框,选择"媒体内容"选项页,在"备份集"下方就可以看到刚刚创建的数据库完全备份,如图 4-34 所示。

除了使用图形化工具创建备份设备外,还可以使用 backup database 命令来备份数据库,backup database 的基本语法格式如下:

```
BACKUP DATABASE 数据库名称
TO 目标设备[ , ...n ]
[WITH
[, name = 名称]
[, description = 描述]
```

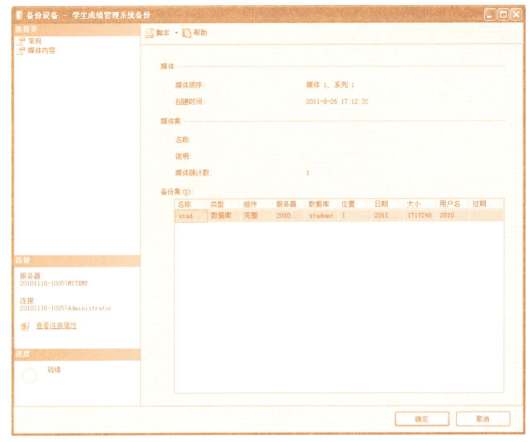

图 4-34 "备份设备"属性对话框

[, {init | noinit}]
]

说明：
① with：指定备份选项。
② name=名称：指定了备份的名称。
③ description=描述：指定备份的描述。
④ init | noinit：noinit 表示备份集将追加到指定的媒体集上，以保留现有的备份集；init 指定应覆盖所有备份集，但是保留媒体标头。

(2) 差异数据库备份。差异数据库备份只记录自上次完全数据库备份后发生改变的数据。在一般情况下，差异备份通常用于频繁修改数据的数据库。差异备份必须有一个完全数据库备份作为恢复的基准。例如，在星期一执行了完全数据库备份，并在星期二执行了差异数据库备份，那么，该差异数据库备份将记录自星期一的完全数据库备份以后发生的所有改变；而星期三的差异数据库备份将记录自星期一的完全数据库备份以后发生的所有改变。差异数据库备份每做一次就会变得更大，但仍然比完全数据库备份小。

当数据量十分庞大时，执行一次完全数据库备份需要耗费很多的时间和空间，因此，完全数据库备份不宜频繁进行。创建一次完全备份之后,当数据库自上次备份只修改了很少的数据时,比较适合使用差异备份。

【例 4-13】使用对象资源管理器对 student 数据库进行一次差异数据库备份。

1) 在操作系统的"开始"菜单中,打开 SQL Server Management Studio 应用程序,选择使用 Windows 身份验证登录。

2) 右键点击 student 数据库,从弹出的快捷菜单中选择"任务"→"备份"命令,打开"备份数据库"对话框,如图 4-35 所示。

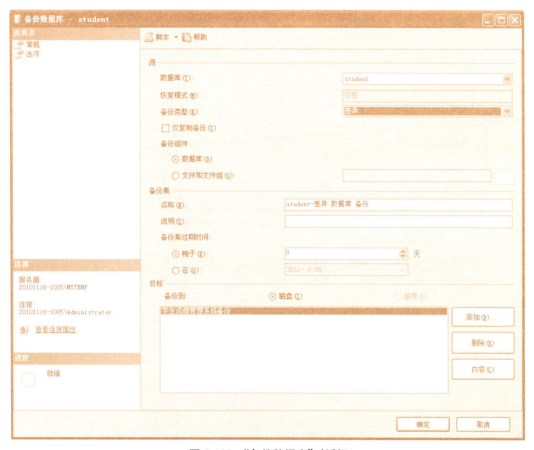

图 4-35 "备份数据库"对话框

3) 在"备份数据库"对话框中,从"数据库"下拉列表框中选择"student","备份类型"选择"差异",名称使用默认值。目标下方确保是"学生成绩管理系统备份"备份设备。如果不是,则通过"删除"后再"添加"的方法指到"学生成绩管理系统备份"。

4) 打开"备份数据库"对话框中的"选项"选项页,如图 4-36 所示。

5) 选择"追加到现有备份集"单选按钮。然后选中"完成后验证备份"复选框,该选项用来核对实际数据库与备份副本,并确保它们在备份完成之后一致。

6) 单击【确定】按钮,完成对数据库的备份。此时通过查看"学生成绩管理系统备份"的属性,可以看到刚刚新建的差异备份,如图 4-37 所示。

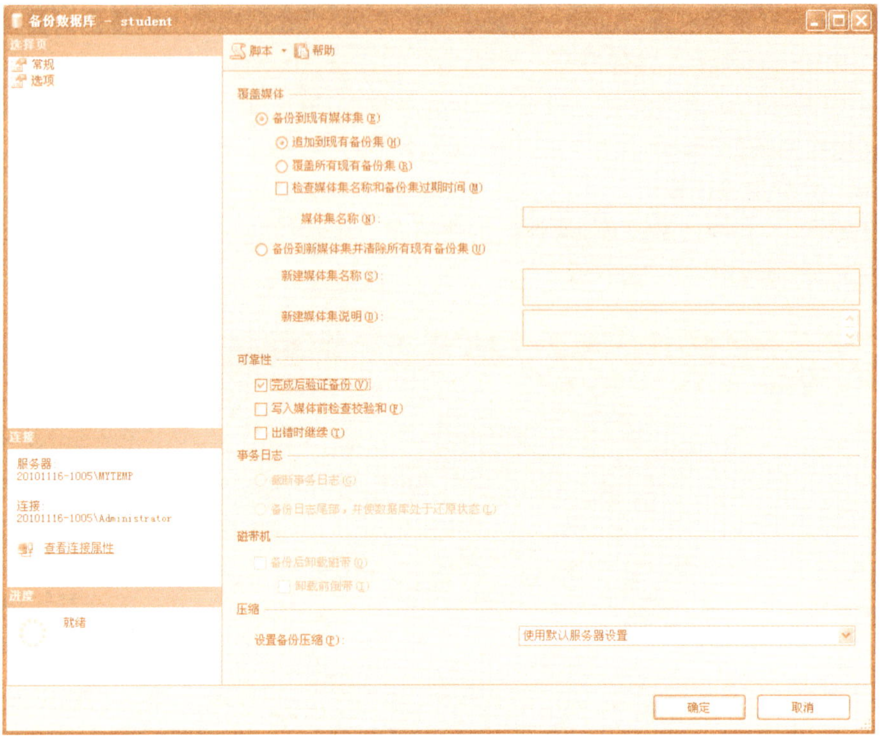

图 4-36 "备份数据库选项"页面

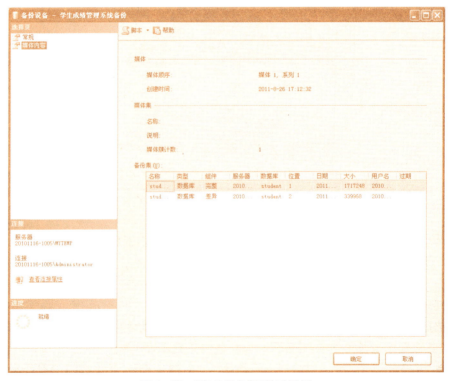

图 4-37 "备份设备"属性对话框

创建差异数据库备份也使用 backup database 命令,其语法和完全数据库备份的语法相似,进行差异数据库备份的语法格式如下:

```
BACKUP DATABASE 数据库名称
TO 目标设备[ , ... n]
WITH DIFFERENTIAL
[, name = 名称]
[, description = 描述]
[, {init | noinit}]
]
```

其中,with differential 子句指明本次备份是差异备份,其他参数和完全数据库备份的参数完全相同。

(3) 事务日志备份。事务日志备份记录自上次事务日志备份后对数据库执行的所有事务的一系列记录,可以使用事务日志备份将数据库恢复到特定的时间点(如执行了错误操作前的那个点)或恢复到故障点。事务日志备份比完全数据库备份使用的资源少,因此,可以比完全数据库备份更经常地创建事务日志备份,以减少丢失数据的危险。一般情况下,事务日志备份比差异数据库备份可还原到更新的位置,但由于恢复数据是通过一系列与原操作逆向的操作来实现的,事务日志备份的还原所需时间要更长一些。事务日志备份同样必须要有一个完全数据库备份作为恢复的基准。

尽管事务日志备份依赖于完全数据库备份,但它并不备份数据库本身,这种类型的备份只记录事务日志的适当部分,即从上一个事务以来发生变化的部分。使用事务日志备份,可以将数据库恢复到故障点之前或特定的时间点。一般情况下,事务日志备份比完整备份和差异备份占有的资源少,因此,可以更频繁地进行。

【例 4-14】使用对象资源管理器对 student 数据库进行事务日志备份。

1) 在操作系统的"开始"菜单中,打开 SQL Server Management Studio 应用程序,选择使用 Windows 身份验证登录。

2) 右击 student 数据库,从弹出的快捷菜单中选择"任务"→"备份"命令,打开"备份数据库"对话框,如图 4-38 所示。

3) 在"备份数据库"对话框中,从"数据库"下拉列表框中选择"student","备份类型"选择"事务日志",名称使用默认值。目标下方确保是"学生成绩管理系统备份"备份设备。如果不是,则通过"删除"后再"添加"的方法指到"学生成绩管理系统备份"。

4) 打开"备份数据库"对话框中的"选项"选项页,如图 4-39 所示。

5) 选择"追加到现有备份集"单选按钮。然后选中"完成后验证备份"复选框,该选项用来核对实际数据库与备份副本,并确保它们在备份完成之后一致。选择"截断事务日志"单选按钮。

6) 单击【确定】按钮,完成对数据库的备份。此时通过查看"学生成绩管理系统备份"备份设备的属性,可以看到刚刚新建的事务日志备份,如图 4-40 所示。

图 4-38 "备份数据库"对话框

图 4-39 "备份数据库选项"页面

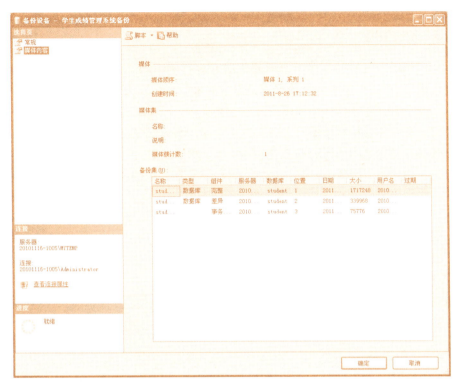

图 4-40 "备份设备"属性对话框

创建事务日志备份使用 backup log 命令,其语法与完全数据库备份的语法相似,语法格式如下:

```
BACKUP LOG 数据库名称
TO 目标设备[ , ...n]
WITH
[[, name = 名称]
[, description = 描述]
[, {init|noinit}]
]
```

其中,log 指定备份为事务日志备份,其他参数和完全数据库备份的参数完全相同。

(4) 文件或文件组备份。当一个数据库很大时,对整个数据库进行备份可能会花很长时间,这时可以采用文件和文件组备份,即对数据库中的部分文件或文件组进行备份。

文件组是一种将数据库存放在多个文件上的方法,并允许控制数据库对象存储到这些文件当中的那些文件上。这样,数据库就不会受到只能存储在某个硬盘上的限制,而是可以分散到许多硬盘上,因而可以变得非常大。利用文件组备份,每次可以备份这些文件当中的一个或多个文件,而不是同时备份整个数据库。例如,如果数据库由几个位于不同物理磁盘上的文件组成,当其中一个磁盘发生故障时,只需还原发生了故障的磁盘上的文件。对于超大规模数据库,一般采用文件或文件组备份方式。

4.6.3 备份策略

不同规模和不同性质的数据库使用的备份方式有所不同,称为备份策略。对于一个规模较小的数据库,可以只使用完全数据库备份。如果数据库较大但很少进行数据修改,也可以仅仅使用完全数据库备份。

使用完全数据库备份和事务日志备份的组合是一种常用的备份策略。这样可以记录在两次完全数据库备份之间的所有数据库活动,并在发生故障时还原所有已改变的数据。由于事务日志备份所需空间较小,可以频繁地进行,使数据丢失的程度最小。使用事务日志备份,还可以在还原数据时指定还原到特定的时间点。

事务日志备份所需空间小,但还原时所需时间较长。如果希望减少发生故障后恢复数据库的时间,备份策略可采用完全数据库备份和差异备份的组合。差异备份中仅包含自上次完全数据库备份后数据库更改部分的内容,在恢复数据库时仅还原最近一次的差异备份即可,所以恢复的时间较快。

使用完全数据库备份、事务日志备份与差异备份的组合,可以有效地保存数据,并将故障恢复所需的时间减少到最少。

4.6.4 备份设备

备份设备是永久存放数据库、事务日志或者文件和文件组的存储介质。数据库备份存放在物理介质上,物理介质可以是磁带驱动器、硬盘驱动器或者命名管道。SQL Server 并不知道连接到服务器的各种介质形式,因此,必须通知 SQL Server 将备份存储在什么地方。

常见的备份设备可以分为 3 种类型:磁盘备份设备、磁带备份设备和命名管道。

在执行数据库备份之前,首先要创建备份设备。创建备份设备有两种方法:一是在 SQL Server Management Studio 中使用现有功能,通过对象资源管理器创建;二是通过使用系统存储过程 sp_addumpdevice 创建。

(1) 使用对象资源管理器创建备份设备。使用 Microsoft SQL Server Management Studio 管理器创建备份设备时,首先展开服务器的"服务器对象"节点,右键单击"备份设备"节点,选择"新建备份"选项。打开"备份设备"对话框,如图 4-41 所示。

在"备份设备"对话框中,输入设备名称并且指定该备份设备的完整路径,单击【确定】按钮,完成备份设备的创建。

(2) 使用 T-SQL 语句创建备份设备。使用系统存储过程 sp_addumpdevice 来添加备份设备,语法格式如下:

```
SP_ADDUMPDEVICE 备份设备类型
,备份设备逻辑名称
,备份设备物理名称
```

说明:

1) 备份设备的类型可取值 disk、tape 或者 pipe,其中,disk 指用磁盘文件作为备份设

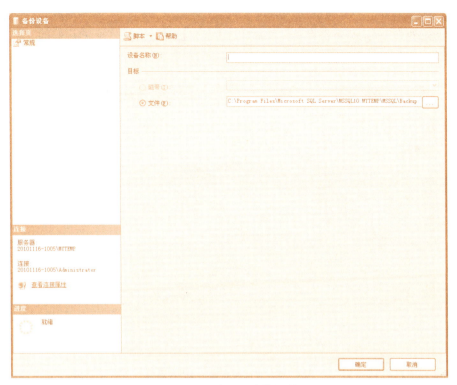

图 4-41 "备份设备"对话框

备,tape 指磁带备份设备,pipe 指使用命名管道备份设备。

2) 备份设备的逻辑名称,无默认值,且不能为 null,一般在 backup 和 restore 语句中使用。

3) 备份设备的物理名称必须遵从操作系统文件名规则或网络设备的通用命名约定,并且必须包含完整路径。

4.6.5 数据库恢复

恢复数据库就是使数据库根据备份的数据恢复到备份时的状态。恢复数据库时,SQL Server 会自动将备份文件中的数据全部复制到数据库,并回滚所有未完成的事务,以保证数据库中数据的完整性。

恢复数据库前,管理员应当断开数据库和客户端应用程序的所有连接,并且执行恢复操作的管理员也不能使用该数据库,只能连接到 master 数据库或其他数据库。

(1) 使用对象资源管理恢复数据库。

【例 4-15】使用对象资源管理器恢复 student 数据库。

1) 在操作系统的"开始"菜单中,打开 SQL Server Management Studio 应用程序,选择使用 Windows 身份验证登录。

2) 右键点击 student 数据库,从弹出的快捷菜单中选择"任务"→"还原"→"数据库"命令,打开"还原数据库"对话框,在对话框中"还原的目标"选择要还原的"student"数据库,"还原的源"选择"源设备"单选按钮,点击右侧的 按钮,弹出一个"指定设备"对话框,在"备份媒体"下拉列表中选项"备份设备",然后单击【添加】按钮,选择之前创建好的"学生成绩管理系统备份",如图4-42所示。

图4-42 "选择备份设备"对话框

3) 单击两次【确定】按钮后,回到"还原数据库"对话框,在"选择用于还原的备份集"下方,就可以看到该备份设备中所有的备份内容,选择所有的备份内容,如图4-43所示。

4) 在"选项"选项页中的选项保留默认值,点击【确定】按钮,完成对数据库的还原操作。

(2) 使用 T-SQL 语句恢复数据库。恢复数据库的语法格式比较复杂,简略的语法格式如下:

```
RESTORE DATABASE 数据库名
FROM 备份设备
```

说明:
备份设备:指定还原操作要使用的逻辑或物理备份设备。

任务 实施

(1) 创建一个名为"学生成绩管理系统备份"的备份设备。

```
USE master
GO
EXEC SP_ADDUMPDEVICE 'disk','学生成绩管理系统备份','D:\back'
```

(2) 对 student 数据库做一次完全备份,备份设备为刚刚创建的"学生成绩管理系统备

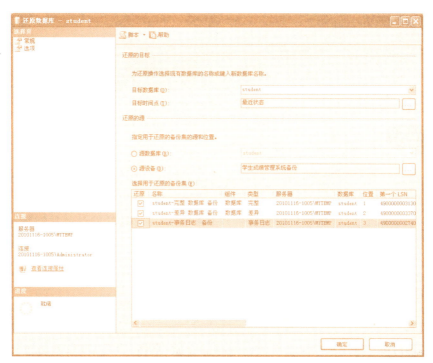

图 4-43 "还原数据库"对话框

份"本地磁盘备份,并且此次备份要覆盖以前所有的备份。

使用 backup database 命令来备份数据库,代码如下:

BACKUP DATABASE student
TO DISK = '学生成绩管理系统备份'
WITH INIT,
NAME = 'student-完整数据库备份'

(3) 对 student 数据库进行差异数据库备份,代码如下:

BACKUP DATABASE student
TO DISK = '学生成绩管理系统备份'
WITH DIFFERENTIAL,
NOINIT,
NAME = '学生成绩管理系统备份-差异'

(4) 对 student 数据库进行事务日志备份,代码如下:

BACKUP LOG student
TO DISK = '学生成绩管理系统备份'
WITH NOINIT,
NAME = '学生成绩管理系统备份-事务日志'

（5）数据库恢复，代码如下：

RESTORE DATABASE book
FROM DISK = '学生成绩管理系统备份'

任务总结

由于 student 数据库数据量较小，数据变化也不频繁，也可以只使用完全数据库备份方式来备份数据库。

对于一个应用系统，数据库数据的安全至关重要，唯一有效的办法就是拥有一个有效的备份，在数据库丢失之后将它们恢复。

拓展训练

一、选择题

1. 数据库备份设备是用来存储备份数据的存储介质，下面（   ）设备不属于常见的备份设备类型。
   A. 磁盘设备   B. 软盘设备
   C. 磁带设备   D. 命名管道设备
2. 在下面的（   ）情况下，可以不使用日志备份的策略。
   A. 数据非常重要，不允许任何数据丢失
   B. 数据量很大，而提供备份的存储设备相对有限
   C. 数据不是很重要，更新速度也不快
   D. 数据更新速度很快，要求精确恢复到意外发生前几分钟
3. 可以将下列（   ）类型的数据文件导入 SQL Server 数据库中。
   A. 电子表格文件   B. 文本文件
   C. MySql 文件   D. oracle 数据库文件
4. 在 SQL Server 的安全体系结构中，下列等级中用户接受第三次安全检验的是（   ）。
   A. 客户机操作系统的安全性   B. 数据库的使用安全性
   C. SQL Server 的登录安全性   D. 数据库对象的使用安全性
5. 下列角色中用户具有最大的权限，可以执行 SQL Server 任何操作的是（   ）。
   A. serveradmin   B. setupadmin
   C. sysadmin   D. securitadmin
6. 如果要为所有的登录名提供有限的数据访问，下列方法中最好的是（   ）。
   A. 在数据库中增加 guest 用户，并为它授予适当的权限
   B. 为每个登录名增加一个用户，并为它设置权限
   C. 为每个登录名增加权限
   D. 为每个登录名增加一个用户，然后将用户增加到一个组中，为这个组授予适当权限

7. 下列数据库拥有 sysusers 表的是（　　）。
   A. 所有数据库
   B. 所有用户创建的数据库
   C. master 数据库
   D. 该表保存在注册表中
8. 下列不是备份数据库理由的是（　　）。
   A. 数据库崩溃时恢复
   B. 数据库数据的误操作
   C. 记录数据的历史档案
   D. 转换数据库
9. 能将数据库恢复到某个时间点的备份类型是（　　）。
   A. 完全数据库备份
   B. 差异备份
   C. 事务日志备份
   D. 文件组备份
10. 以下（　　）选项不是 Windows 身份验证模式的优点。
    A. 数据库管理员的工作可以集中在管理数据库方面，而不是管理用户帐户
    B. Window 操作系统有更强的用户帐户管理工具，有些 SQL Server 是不具备这些功能的
    C. Windows 操作系统的组策略，支持多个用户同时被授权访问 SQL Server 2008
    D. 创建了 Windows 操作系统之上的另外一个安全层次
11. 在 SQL Server 2008 中，不能创建（　　）。
    A. 数据库角色
    B. 服务器角色
    C. 自定义函数
    D. 自定义数据类型
12. 使用存储过程（　　）可以创建 SQL Server 用户账号。
    A. sp_droplogin
    B. sp_revokelogin
    C. sp_grantlogin
    D. sp_addlogin

二、填空题

1. 数据库管理系统必须具有把数据库从错误状态恢复到某一已知正确状态的功能，这种功能是通过数据的_____与_____机制实现的。
2. 针对不同数据库系统的实际情况，SQL Server 2008 提供了 4 种数据库备份方式，分别是_____、_____、_____和_____。
3. SQL Server 2008_____为用户提供了两种身份验证模式，分别是_____和_____。
4. 在 SQL Server 中有两种角色，即_____与_____。
5. SQL Server 2008 的数据库级别上有两个特殊的数据库用户，分别为_____和_____。
6. 在 SQL Server 2008 中分为 3 种类型的权限，即_____、_____和_____。

三、简答题

1. 简述数据库用户访问数据库时需要进行的 4 次安全性检验过程。
2. 简述数据库安全性与计算机操作系统安全性的关系。
3. 为什么说角色可以方便管理员集中管理用户的权限？

4. 简述固定服务器的作用。
5. 简述备份数据的重要性。
6. 某企业的数据库每周五晚 12 点进行一次完全备份,每天晚 12 点进行一次差异备份,每小时进行一次日志备份。如果数据库在 2005-12-31(星期六)5:30 时崩溃,应如何将其恢复使得损失最小?

工作任务单

表 4-6 工作任务单 4-1

名称	"社区图书管理系统"数据库优化	序号	4-1
任务目标	① 掌握索引、视图的建立、调用和管理的方法 ② 掌握流程控制语句的语法和使用方法 ③ 了解存储过程的概念,掌握存储过程的创建和调用的命令格式 ④ 理解触发器的基本概念及其执行过程 ⑤ 了解事务的运行机制 ⑥ 培养学生的沟通、团结协作能力和自主学习能力		
项目描述	用"图书管理系统"软件来辅助图书的管理工作;它主要完成图书室日常读者管理、图书管理、借书、还书等操作;请完成各模块中的数据处理任务 1. 图书管理 (1) 统计并输出图书室当前现有各种图书的册数和总金额。如果图书现有册数不到 1000 本,就显示信息"现有图书不足 5000 本,还需要继续购置书籍";否则显示信息"现有图书在 5000 本以上,需要管理员加强图书管理" (2) 在图书室日常工作中,图书管理员希望及时得到即将到期的图书清单,包括图书名称、到期日期等,而读者选择关心各种图书信息,如图书名称、库存量等。请为管理员和读者分别创建不同的视图,并利用所创建的视图获得相关查询数据 (3) 查询不同小区读者借阅图书的情况 (4) 读者经常查询的字段有读者名、图书名等。为加快查询速度,在读者表、图书表分别建立索引,以优化查询 (5) 查询所选图书的价格,并根据所有图书的平均价格给出所选图书的价格评价。价格在平均价的 10% 上下,显示价格适中;价格在平均价的 50% 上下,显示价格偏高;价格小于 20 元,显示价格便宜 (6) 在新书信息添加成功后,能自动显示新增加的图书记录 2. 读者管理 (1) 查询某位读者是否有借阅图书的记录,如果有则输出借阅记录 (2) 在删除某个读者个人信息时,同时删除该读者在其他表的所有信息 3. 借书管理 (1) 通过指定每页显示记录数,分页显示图书借阅记录 (2) 统计某段时间内各种图书借阅人次,并输出结果。如果没有指定起始日期,则以上个月的当日作为起始日期;如果没有指定截止日期,则以当日作为截止日期 (3) 根据读者的借书证号、所借图书的编号,实现图书借阅记录的插入。同时注意借书完成后,读者的借书量和图书库存量的变化 (4) 管理员通过输入读者的借书证号,统计出该读者总共借出多少本书,包括已还和未还数目 4. 借书查询 查询某位读者所借图书状态。如果过期,则输出"该书已过期,请速归还";如果未过期,则输出"最后还书日期,给予提醒"		

	5. 还书管理 (1) 读者归还图书的手续，要求一次完成以下功能 在图书借阅表中修改归还日期为当前日期；将读者信息表中借书数量减1；将图书信息表中该本书的库存量加1。如有缴纳罚金，在罚款记录表中增加一条记录，记录读者还书信息及所缴纳滞纳金数额 (2) 查找图书借阅表中明天应归还的所有借书记录 如果应归还图书记录数等于0，显示提示信息"明天没有应归还的图书"。如果应归还图书记录数小于10，则将这些借阅记录的应归还日期加2天；否则，输出明天应归还图书的清单，其中包括图书名称、读者姓名和借阅日期，并在清单最后给出应归还图书的总数量
工作要求	① 按时按质提交项目 ② 符合使用习惯
工作条件	① 装有Windows XP和多媒体软件的计算机系统 ② 软件安装工具包 ③ 必要的参考资料
任务完成方式	"　　"小组协作完成，"　　"个人独立完成
工作流程	注意事项
	① 注意按照操作流程进行 ② 遵守机房操作规范

考核标准（技能和素质考核）

1. 专业技能考核标准（占90%）

项目	考核标准	考核分值	备注

2. 学习态度考核标准（占10%）

考核点及占项目分值比	建议考核方式	评价标准		
		优(85～100分)	中(70～84分)	及格(60～79分)
实训报告书质量	教师	认真总结实训过程，发现和解决问题；认真按照要求项目填写；书面整洁，字迹清楚	认真总结实训过程，发现和解决问题；按照要求项目填写；书面整洁，字迹清楚	不认真总结实训得失；基本按照要求项目填写；书面不整洁，字迹一般
工作职业道德	教师	安全文明工作，具有良好的职业操守；爱护计算机等公共设施；按照布置的工作任务和要求去完成	安全文明工作，职业操守较好；爱护计算机等公共设施；基本按照布置的工作任务和要求去完成	安全文明工作，具有良好的职业操守；基本爱护计算机等公共设施；基本按照布置的工作任务和要求去完成

续 表

考核点及占项目分值比	建议考核方式	评价标准		
		优(85~100分)	中(70~84分)	及格(60~79分)
团队合作精神	教师	具有良好的团队合作精神,热心帮助小组其他成员;能与团队成员有效沟通;能合理分配小组成员工作任务	具有良好的团队合作精神,热心帮助小组其他成员;能合理分配小组成员工作任务;基本能与团队成员有效沟通	具有良好的团队合作精神,热心帮助小组其他成员;基本能合理分配小组成员工作任务;基本能与团队成员有效沟通
语言沟通能力	教师	能用专业语言正确流利地展示项目成果;能准确地回答教师提出的问题	能用专业语言正确流利地展示项目成果;基本能准确地回答教师提出的问题	基本能用专业语言正确流利地展示项目成果;基本能准确地回答教师提出的问题

3. 完成情况评价

自我评价	
小组评价	
教师评价	
问题与思考	

表 4-7 工作任务单 4-2

名称	"社区图书管理系统"数据库用户与权限管理	序号	4-2
任务目标	① 会进行 SQL Server 安全验证模式的设置 ② 会创建和管理数据库服务器登录账号 ③ 会创建和管理数据库用户 ④ 会创建数据库角色,并使用角色去管理用户 ⑤ 会进行权限的设置		
项目描述	为"社区图书管理系统"数据库添加一个用户,并为之授予"文学"类图书的查询和修改权限		
工作要求	① 按时按质提交项目 ② 符合使用习惯		
工作条件	① 装有 Windows XP 和多媒体软件的计算机系统 ② 软件安装工具包 ③ 必要的参考资料		

续 表

任务完成方式	" "小组协作完成," "个人独立完成	
工作流程		注意事项
		① 注意按照操作流程进行 ② 遵守机房操作规范

考核标准(技能和素质考核)

1. 专业技能考核标准(占90%)

项目	考核标准	考核分值	备注

2. 学习态度考核标准(占10%)

考核点及占 项目分值比	建议考 核方式	评价标准		
		优(85～100分)	中(70～84分)	及格(60～79分)
实训报告 书质量	教师	认真总结实训过程,发现和解决问题;认真按照要求项目填写;书面整洁,字迹清楚	认真总结实训过程,发现和解决问题;按照要求项目填写;书面整洁,字迹清楚	不认真总结实训得失;基本按照要求项目填写;书面不整洁,字迹一般
工作职业 道德	教师	安全文明工作,具有良好的职业操守;爱护计算机等公共设施;按照布置的工作任务和要求去完成	安全文明工作,职业操守较好;爱护计算机等公共设施;基本按照布置的工作任务和要求去完成	安全文明工作,具有良好的职业操守;基本爱护计算机等公共设施;基本按照布置的工作任务和要求去完成
团队合作 精神	教师	具有良好的团队合作精神,热心帮助小组其他成员;能与团队成员有效沟通;能合理分配小组成员工作任务	具有良好的团队合作精神,热心帮助小组其他成员;能合理分配小组成员工作任务;基本能与团队成员有效沟通	具有良好的团队合作精神,热心帮助小组其他成员;基本能合理分配小组成员工作任务;基本能与团队成员有效沟通
语言沟通 能力	教师	能用专业语言正确流利地展示项目成果;能准确地回答教师提出的问题	能用专业语言正确流利地展示项目成果;基本能准确地回答教师提出的问题	基本能用专业语言正确流利地展示项目成果;基本能准确地回答教师提出的问题

续 表

3. 完成情况评价

自我评价	
小组评价	
教师评价	

问题与思考	

表4-8 工作任务单4-3

名称	"社区图书管理系统"数据库的备份与恢复	序号	4-3
任务目标	① 掌握数据库的备份和还原方法 ② 了解数据库的备份策略		
项目描述	针对"社区图书管理系统"数据库 book 设计一种数据库备份策略,并实现这种备份策略		
工作要求	① 按时按质提交项目 ② 符合使用习惯		
工作条件	① 装有 Windows XP 和多媒体软件的计算机系统 ② 软件安装工具包 ③ 必要的参考资料		
任务完成方式	" "小组协作完成," "个人独立完成		
工作流程		注意事项	
		① 注意按照操作流程进行 ② 遵守机房操作规范	

考核标准(技能和素质考核)

1. 专业技能考核标准(占90%)

项目	考核标准	考核分值	备注

续 表

2. 学习态度考核标准（占10%）

考核点及占项目分值比	建议考核方式	评价标准		
		优(85～100分)	中(70～84分)	及格(60～79分)
实训报告书质量	教师	认真总结实训过程，发现和解决问题；认真按照要求项目填写；书面整洁，字迹清楚	认真总结实训过程，发现和解决问题；按照要求项目填写；书面整洁，字迹清楚	不认真总结实训得失；基本按照要求项目填写；书面不整洁,字迹一般
工作职业道德	教师	安全文明工作，具有良好的职业操守；爱护计算机等公共设施；按照布置的工作任务和要求去完成	安全文明工作，职业操守较好；爱护计算机等公共设施；基本按照布置的工作任务和要求去完成	安全文明工作，具有良好的职业操守；基本爱护计算机等公共设施；基本按照布置的工作任务和要求去完成
团队合作精神	教师	具有良好的团队合作精神，热心帮助小组其他成员；能与团队成员有效沟通；能合理分配小组成员工作任务	具有良好的团队合作精神，热心帮助小组其他成员；能合理分配小组成员工作任务；基本能与团队成员有效沟通	具有良好的团队合作精神，热心帮助小组其他成员；基本能合理分配小组成员工作任务；基本能与团队成员有效沟通
语言沟通能力	教师	能用专业语言正确流利地展示项目成果；能准确地回答教师提出的问题	能用专业语言正确流利地展示项目成果；基本能准确地回答教师提出的问题	基本能用专业语言正确流利地展示项目成果；基本能准确地回答教师提出的问题

3. 完成情况评价

自我评价	
小组评价	
教师评价	
问题与思考	

实 训

实训 5.1　社区图书管理系统数据库设计

一、实训目标

(1) 基本掌握数据库结构设计的整体流程。
(2) 培养学生的沟通、团结协作能力和自主学习能力。

二、实训任务

图书管理是一项繁琐而复杂的工作,现某社区图书室想开发一个图书管理系统软件来辅助图书的管理工作。这样可方便图书的管理,减少图书管理员的工作量,提高管理效率。请设计社区图书管理系统后台数据库的结构。

三、引导问题

(1) 数据库设计分为哪几个阶段?
(2) 数据库需求分析阶段的主要任务是什么?
(3) 需求调查方法有哪些?你准备用什么方法来进行需求调查?
(4) 你的调查提纲内容是什么?
(5) 到图书室调查时你准备收集哪些资料?
(6) 图书管理的一般流程是怎样的?请用文字或图描述出来。
(7) 根据你收集来的数据进行分析、整理后,得到的数据项描述是怎样的?
(8) 数据库概念设计阶段的主要任务是什么?
(9) 绘制 E-R 模型需要哪几个步骤?如何绘制?根据步骤绘出"社区图书管理系统"的 E-R 图。
(10) 数据库逻辑设计阶段的主要任务是什么?
(11) E-R 图转换成关系模式的原则是什么?
(12) 什么是关系模式规范化?你所设计的关系模式满足 1NF、2NF、3NF 吗?最终你得到的关系模式是怎样的?
(13) 数据库物理设计阶段的主要任务是什么?

（14）为你所设计的关系模式的每个属性定义字段名、数据类型、长度及数据完整性。
（15）你设计的"社区图书管理系统"后台数据库是怎样的？

四、资料来源

（1）本教材。
（2）参考书：
［1］王珊,萨师煊. 数据库系统概论（第 4 版）. 北京：高等教育出版社,2006.
［2］沈美莉,陈孟建. 管理信息系统. 北京：人民邮电出版社,2009.
［3］吴小刚. SQL Server 2005 数据原理与实训教程. 北京：北京交通大学出版社,2010.
（3）参考网址：
http：//www.chinadb.org/index。

实训 5.2　创建和管理社区图书管理系统数据库

一、实训目标

（1）掌握 SQL Server 2008 的安装步骤。
（2）熟悉 SQL Server 2008 的 SQL Server Management Studio 的使用方法。
（3）了解数据库管理工具及服务器的配置方法。
（4）掌握数据库的两种创建方法：使用 SQL Server Management Studio 创建和 T-SQL 语句创建。
（5）掌握对已经存在的数据库进行编辑和修改的方法。
（6）掌握使用不同的方法删除数据库。

二、实训任务

在充分需求分析的基础上,考虑社区软硬件以及今后系统的维护等实际情况,为"社区图书管理系统"数据库选择了 SQL Server 2008。

已知该社区图书室有藏书 6 000 册,本社区有 3 000 人,现要求利用 SQL Server 2008 创建和管理"社区图书管理系统"数据库。

三、引导问题

（1）SQL Server 2008 安装时,需要注意哪些问题？
（2）根据社区计算机操作系统的实际,应选择什么版本的 SQL Server 2008？
（3）SQL Server 2008 中有哪些常用管理工具？怎样在 SQL Server 配置管理器中实现配置和管理？
（4）创建"社区图书管理系统"数据库之前应做哪些准备工作？
（5）根据社区图书室的实际情况,应怎样估算数据库所需的容量大小？
（6）创建数据库有哪些方法？应如何操作？

(7) 怎样编辑和修改创建好的数据库?

(8) 删除数据库有几种方法? 分别怎样去实现删除?

四、资料来源

(1) 本教材。

(2) 参考书:

［1］杨学全. SQL Server 实例教程(第 3 版). 北京:电子工业出版社,2010.

［2］吴小刚. SQL Server 2005 数据库原理与实训教程. 北京:北京交通大学出版社,2010.

(3) SQL Server 2008 联机帮助。

(4) 参考网址:

http://www.csdn.net;

http://www.cnblogs.com。

实训 5.3　创建和管理社区图书管理系统数据表

一、实训目标

(1) 掌握使用 SQL Server Management Studio 创建表和 T-SQL 语句创建表的方法。

(2) 掌握修改和删除数据表的不同方法。

(3) 熟悉各种约束的定义及其删除方法。

(4) 了解数据表之间的关系和关系图。

(5) 掌握使用不同的方法对数据表进行插入数据、修改数据和删除数据操作。

二、实训任务

完成"社区图书管理系统"数据库 book 创建后,就要将逻辑设计阶段设计好的表在数据库中逐一创建。可通过"对象资源管理器"和"T-SQL 语句方式"来创建数据表。完成本任务,需要创建以下 5 张表:图书表(book)、读者表(reader)、罚款表(penalty)、类别表(category)和借阅表(borrow),并添加约束、创建关系和关系图。

能够通过不同的方法实现在数据表中插入记录、修改记录、删除记录的操作。

"社区图书管理系统"数据库中所涉及的表,其结构如表 5-1 至表 5-5 所示。

(1) book 表结构见表 5-1。

表 5-1　book 表结构

字段名称	数据类型	长度	是否允许 null 值	说明
图书编号	char	6	否	主键
类别号	char	1	否	外键
书名	varchar	50	否	

续 表

字段名称	数据类型	长度	是否允许 null 值	说明
作者	char	8	是	
出版社	varchar	30	是	
出版日期	smalldatetime		是	小于当前日期
定价	smallmoney		是	
登记日期	smalldatetime		否	
室藏总量	int		是	
库存量	int		是	
图书来源	char	4	是	
备注	varchar	40	是	

（2）reader 表结构见表 5-2。

表 5-2 reader 表结构

字段名称	数据类型	长度	是否允许 null 值	说明
借书证号	char	6	否	主键
姓名	char	8	否	
性别	char	2	是	
联系电话	char	13	是	
联系地址	varchar	40	是	
借书限额	int		是	
借书量	int		是	

（3）borrow 表结构见表 5-3。

表 5-3 borrow 表结构

字段名称	数据类型	长度	是否允许 null 值	说明
借书证号	char	6	否	主键
图书编号	char	6	否	主键
借阅日期	smalldatetime		否	
应还日期	smalldatetime		是	借阅日期+1月
实还日期	smalldatetime		是	

（4）penalty 表结构见表 5-4。

表 5-4　penalty 表结构

字段名称	数据类型	长度	是否允许 null 值	说明
借书证号	char	6	否	主键
图书编号	char	6	否	主键
罚款日期	smalldatetime		否	
罚款类型	char	8	是	
罚款金额	smallmoney		是	

(5) category 表结构见表 5-5。

表 5-5　category 表结构

字段名称	数据类型	长度	是否允许 null 值	说明
类别号	char	1	否	主键
图书类别	varchar	50	是	

三、引导问题

(1) 在数据库中,创建数据表的常用方法有哪些?分别是什么?

(2) 修改和删除数据表的方法有几种?分别怎样去实现?

(3) 在数据库中,常用的约束有哪些?怎样创建约束?怎样删除约束?它们分别有几种方法?

(4) 在数据库中,怎样创建各数据表之间的关系及关系图?

(5) 对于已经创建好的数据表,怎样实现添加记录、修改记录和删除记录操作?它们分别有几种方法?

四、资料来源

(1) 本教材。

(2) 参考书:

[1] 杨学全. SQL Server 实例教程(第 3 版). 北京:电子工业出版社,2010.

[2] 吴小刚. SQL Server 2005 数据库原理与实训教程. 北京:北京交通大学出版社,2010.

(3) SQL Server 2008 联机帮助。

(4) 参考网址:

http://www.csdn.net;

http://www.cnblogs.com。

实训 5.4　社区图书管理系统数据库查询

一、实训目标

(1) 掌握各种查询方法。
(2) 掌握对查询结果进行编辑的方法。
(3) 培养学生的沟通、团结协作能力和自主学习能力。

二、实训任务

根据前期需求分析,"社区图书管理系统"将为读者提供图书基本信息查询和个人借书情况查询服务。为了便于管理,系统还为图书管理员提供各种信息查询统计服务。请为不同身份人员设计查询语句,以满足他们的需求。

1. 图书信息查询

(1) 查询社区图书室所有图书的基本信息。
(2) 查询社区图书室所有图书的图书编号、图书类别、图书名称、作者、出版社名称。
(3) 查询带不同关键词的图书相关信息。
(4) 模糊查询图书室内收藏的出版社出版的图书信息。
(5) 查询价格在 25~30 元之间的图书信息,按出版社、价格的升序排列。
(6) 查询所有出版社的信息。
(7) 查询出同名且不同作者编著的图书信息。

2. 读者信息查询

(1) 查询某位读者的个人资料。
(2) 查询姓张读者的个人资料。
(3) 查询读者表中第 6 到第 10 条记录。
(4) 查询借阅过人民邮电出版社出版的图书的读者信息。

3. 读者借阅信息查询

(1) 查询某位读者的读者编号、读者姓名、所借图书名和借阅时间。
(2) 查询某位读者所借的某本图书至今已有多少天。
(3) 查询某位读者所借图书的详细信息。
(4) 查询某位读者在某个时间段的借阅信息。
(5) 获得所有缴纳罚款的读者清单。

4. 信息统计查询

(1) 统计查询图书的最高价、最低价。
(2) 统计不同出版社图书的数量。
(3) 统计不同出版社图书的平均价。
(4) 统计图书的均价在 30 元以上的出版社的信息。
(5) 查询价格最低的图书的编号和书名。

（6）查询图书价格比所有图书平均价格高的图书信息。
（7）查询没有借过书的读者信息。
（8）统计借阅某本图书的所有读者信息。
（9）查询注册读者的总数。
（10）统计当前没有被读者借阅的图书信息。
（11）获得尚未归还的图书清单。
（12）统计各小区读者的人数。

三、引导问题

（1）如何实现部分字段的查询？
（2）如何实现满足条件的数据的查询？
（3）如何实现多表查询？
（4）如何实现分组查询？
（5）如何使用聚合函数？
（6）如何在查询中排序？
（7）如何对已经分组好的数据进行筛选？
（8）如何实现子查询？

四、资料来源

（1）本教材。
（2）参考书：

[1] 吴小刚. SQL Server 2005 数据库原理与实训教程. 北京：北京交通大学出版社，2010.

[2] 北大青鸟信息技术有限公司. 优化 MySchooLS 数据库设计. 北京：科学技术文献出版社，2011.

[3] 潘永惠. 数据库系统设计与项目实践——基于 SQL Server 2008. 北京：科学出版社，2011.

实训 5.5　社区图书管理系统数据库优化

一、实训目标

（1）掌握索引、视图的建立、调用和管理的方法。
（2）掌握流程控制语句的语法和使用方法。
（3）了解存储过程的概念，掌握存储过程的创建和调用的命令格式。
（4）理解触发器的基本概念及其执行过程。
（5）了解事务的运行机制。
（6）培养学生的沟通、团结协作能力和自主学习能力。

二、实训任务

用"社区图书管理系统"软件来辅助图书的管理工作。它主要完成图书室日常读者管理、图书管理、借书、还书等操作。现请完成各模块中的数据处理任务。

1. 图书管理

（1）统计并输出图书室当前现有各种图书的册数和总金额。如果图书现有册数不到 1 000 本,就显示信息"现有图书不足 5 000 本,还需要继续购置书籍";否则显示信息"现有图书在 5 000 本以上,需要管理员加强图书管理"。

（2）在图书室日常工作中,图书管理员希望及时得到即将到期的图书清单,包括图书名称、到期日期等,而读者选择关心各种图书信息,如图书名称、库存量等。请为管理员和读者分别创建不同的视图,并利用所创建的视图获得相关查询数据。

（3）查询不同小区读者借阅图书的情况。

（4）读者经常查询的字段有作者名、图书名等。为加快查询速度,在作者表、图书表分别建立索引,以优化查询。

（5）查询所选图书的价格,并根据所有图书的平均价格给出所选图书的价格评价。价格在平均价的 10% 上下,显示价格适中;价格在平均价的 50% 上下,显示价格偏高;价格小于 20 元,则显示价格便宜。

（6）在新书信息添加成功后,能自动显示新增加的图书记录。

2. 读者管理

（1）查询某位读者是否有借阅图书的记录,如果有则输出借阅记录。

（2）在删除某位读者个人信息时,同时删除该读者在其他表的所有信息。

3. 借书管理

（1）通过指定每页显示记录数,分页显示图书借阅记录。

（2）统计某段时间内各种图书借阅人次,并输出结果。如果没有指定起始日期,则以上个月的当日作为起始日期;如果没有指定截止日期,则以当日作为截止日期。

（3）根据读者的借书证号、所借图书的编号,实现图书借阅记录的插入。同时,注意借书完成后,读者的借书量和图书库存量的变化。

（4）管理员通过输入读者的借书证号,统计出该读者总共借出多少本书,包括已还和未还数目。

4. 借书查询

查询某位读者所借图书状态。如果过期,则输出"该书已过期,请速归还";如果未过期,则输出"最后还书日期,给予提醒"。

5. 还书管理

（1）读者归还图书的手续,要求一次完成以下功能。

在图书借阅表中修改实际归还日期为当前日期;将读者信息表中借书数量减 1;将图书信息表中该书的库存量加 1。如有缴纳罚金,则在罚款记录表中增加一条记录,记录读者还书信息及所缴纳滞纳金数额。

（2）查找图书借阅表中明天应归还的所有借书记录。

如果应归还图书记录数等于 0,显示提示信息"明天没有应归还的图书"。如果应归还图书记录数小于 10,则将这些借阅记录的应归还日期加两天;否则,输出明天应归还图书的清单,其中包括图书名称、读者姓名和借阅日期,并在清单最后给出应归还图书的总数量。

三、引导问题

（1）如何实现优化查询？
（2）如何通过视图实现信息的定制？
（3）事务适用在哪些场合？
（4）如何解决用户经常执行的功能代码的调用？
（5）触发器有哪些用途？

四、资料来源

（1）本教材。
（2）参考书：

[1] 吴小刚. SQL Server 2005 数据库原理与实训教程. 北京：北京交通大学出版社,2010.

[2] 北大青鸟信息技术有限公司. 优化 MySchooLS 数据库设计. 北京：科学技术文献出版社,2011.

[3] 潘永惠. 数据库系统设计与项目实践——基于 SQL Server 2008. 北京：科学出版社,2011.

实训 5.6　社区图书管理系统数据库用户与权限管理

一、实训目标

（1）会进行 SQL Server 安全验证模式的设置。
（2）会创建和管理数据库服务器登录账号。
（3）会创建和管理数据库用户。
（4）会创建数据库角色并使用角色去管理用户。
（5）会进行权限的设置。

二、实训任务

为"社区图书管理系统"数据库添加一个用户,并为之授予"文学"类图书的查询和修改权限。

三、引导问题

（1）SQL Server 2008 的安全机制是怎样的？
（2）SQL Server 2008 的验证模式有哪两种？
（3）如何创建 SQL Server 的登录账号？

(4) 如何查看并修改登录账号信息?
(5) 如何使用 SQL Server 账号进行登录?
(6) 数据库对象的使用安全性是指什么?
(7) 数据库对象权限包括哪些?
(8) 数据库语句权限包括哪些?
(9) 如何给数据库对象授权?
(10) 如何拒绝数据库对象权限?
(11) 如何撤销数据库对象权限?

四、资料来源

(1) 本教材。
(2) 参考书:
［1］王珊,萨师煊. 数据库系统概论(第四版). 北京: 高等教育出版社,2006.
［2］康会光. SQL Server 2008 中文版标准教程. 北京: 清华大学出版社,2009.
［3］周立. SQL Server 2000 案例教程. 大连: 大连理工大学出版社,2004.
(3) SQL Server 2008 联机帮助。

实训 5.7　社区图书管理系统数据库的备份与恢复

一、实训目标

(1) 掌握数据库的备份和还原方法。
(2) 了解数据库的备份策略。

二、实训任务

针对"社区图书管理系统"数据库 book 设计一种数据库备份策略,并实现这种备份策略。

三、引导问题

(1) 备份设备是什么?
(2) 如何创建备份设备?
(3) SQL Server 2008 备份方式有哪些?
(4) 如何进行完全数据库备份?
(5) 如何进行差异数据库备份?
(6) 如何进行事务日志备份?
(7) "社区图书管理系统"有哪些功能?
(8) 如何根据数据库的实际情况选择备份策略?
(9) 如何恢复数据库?

四、资料来源

(1) 本教材。

(2) 参考书：

[1] 王珊,萨师煊. 数据库系统概论(第四版). 北京：高等教育出版社,2006.

[2] 康会光. SQL Server 2008 中文版标准教程. 北京：清华大学出版社,2009.

[3] 周立. SQL Server 2000 案例教程. 大连：大连理工大学出版社,2004.

(3) SQL Server 2008 联机帮助。

附 录

附录1 需求分析现场调查对白(视频)

项目负责人：请问，潘老师在吗？

潘老师：我就是。

项目负责人：潘老师，你好！我们是宏进电脑公司的，学校委托我们开发一个管理学生成绩的系统，我们今天是来做调查的。

项目组成员：潘老师好！

潘老师：你们好，请坐吧。

项目组成员：谢谢！

项目负责人：潘老师，你们部门有多少人？主要负责哪方面工作？

潘老师：我们部门共有3人，主要负责全院学生成绩管理、毕业生资格审核、学生证、毕业证书管理等工作。

项目负责人：学院有多少学生？学生成绩管理工作量情况如何？

潘老师：学院现有学生5 000多人，学生成绩管理工作量很大，特别是新生入学、老生毕业，以及每学期期末考试结束后是我们最忙的时候，有时我们3个人都忙不过来。

项目负责人：潘老师，你们管理学生成绩的业务流程是怎样的？能不能给我们讲一下？

潘老师：好的。

业务流程是这样的：当一个新生被学院录取后，学院为每个新生分配好班级和班主任。新生报到入学后，由教务处为每个新生编一个学号，同时让每个学生填写这样一张学籍卡。学籍卡的正面是学生基本情况表，主要填写一些学生的基本信息，如学号、姓名、性别、出生日期等。学籍卡的反面是成绩表，主要填写学生每学期每门课程的成绩，其中，有学期、班级、课程名、学号、姓名、成绩、任课教师等内容。学生基本情况表是由新生入学后填写的，而成绩表则是由我们教务员填写的。新生填写好个人的基本情况表，由班主任根据招生办公室提供的学生情况进行核对，无误后，以班级为单位将学籍卡装订成册，保存在教务处。

每学期结束时，每位教师在考试后为每门课程填写这样一张学生成绩单，任课教师将成绩单先交给系教学秘书，由系教学秘书收齐后统一交教务处，然后由我们将每位学生的各科成绩填写到学生学籍卡的成绩表上，每学期填写一次。班主任如果要本班学生各门课程成绩的话，可到教学秘书处或教务处找到本班的成绩表将成绩抄下来，然后填写学生成绩通知单寄给各位学生家长。另外,每学期末我们根据课程情况和教师情况,安排下学期课程。

每学期初的第二周要安排学期补考,我们要统计上学期成绩不及格的学生名单和课程发到各个系及班级。补考后,我们将学生补考成绩填入他们学籍卡的成绩表中。

学生毕业前我们要安排毕业生补考,所以,要统计毕业补考学生名单。补考后,将补考成绩填入学籍卡中。

学生毕业时,因找工作需要全部成绩,要将每个学生的学籍卡成绩表进行复印,并发给学生。

项目组成员:潘老师,学生学号是如何编的,共几位?

潘老师:学生学号一共10位,前1~2位表示入学年份,如是2009年入学的,则学号开头两位就是09;3~4位表示系代号,学校给各系编了代号,如04代表计算机系;5~8表示班级编号;9~10表示个人序号。

项目负责人:潘老师,你们在进行学生成绩管理时感到特别麻烦的事情是什么?

潘老师:特别麻烦的事我认为有这样3个,一个是每学期往学籍卡上填每位学生的成绩,如学校在校生有5 000人的话,那么,每学期结束时要填写5 000张学籍卡中的成绩,并且每张学籍卡上要填几门课的成绩,这项工作工作量很大,且很繁琐,稍不注意就有可能填错。第二个就是每学期开学初学生的补考统计,要一张成绩单、一张成绩单地将不及格学生的课程、姓名、任课老师查找出来,并手工抄下来,然后用Word打印出来,通知到各个班级的相关学生。特别是毕业补考就更难统计了,要一张一张学籍卡去查抄。第三个是在查询某个学生的信息时,要先找到学生所在班级的学籍卡册,然后在学籍卡中找到该学生的学籍卡,从而查找到该学生所要的信息。

项目组成员:潘老师,每门课的成绩是记分数还是记等级?

潘老师:考试课程是记分数,考查课程是记等级。

项目组成员:等级分为哪几级?

潘老师:优秀、良好、中等、及格和不及格5个等级。

项目负责人:潘老师,你们在管理成绩时,有什么问题需要解决而解决不了的吗?

潘老师:有呀!一些成绩的汇总和统计工作,由于工作量太大,我们都没有做。例如,每学期各班成绩汇总;不同班级同一门课程成绩分析;用于各种评优表彰的学生成绩排名统计,等等。

项目负责人:用计算机管理学生成绩,你们希望解决什么问题?

潘老师:可以方便地输入学生的成绩,如有错误可以修改、可以查询,统计学生和老师的各种信息,并将所得的结果能根据要求打印出来,如各班学生名单、每学期教师名单及任课情况、补考学生的名单、每学期各班的成绩、每个毕业生在校的全部成绩、学生平时成绩的查询等。

项目负责人:用计算机管理学生成绩,对数据操作这块你们有何要求?

潘老师:希望学生的基本信息由各班班主任输入计算机,并且可随时查询、更改;学生成绩由各位任课老师直接输入计算机中,并且教师输入成绩后,如有错误,经教务处同意可进行修改;学生放假后能在家中查询成绩,查看时只看到自己的成绩,而看不到其他同学的成绩,并且能知道自己在班级总成绩的排名;教务人员可以对所有的数据进行维护和管理;学生、班主任和任课教师可根据需要查询有关的信息。另外,在操作数据的时候,如有错误,最好能有提醒。如输入成绩 86 分,不小心输入了"886",超出了成绩范围,能及时提醒。

项目组成员:潘老师,能不能将你们工作中常用的一些数据、表格和报表等资料提供给我们? 如学籍卡、学生成绩单、学生成绩总表等。

潘老师:可以。

项目负责人:现在你们的计算机使用情况如何?

潘老师:现在我们共有 3 台计算机,主要用 Word 或 Excel 来编辑日常工作中所需的一些文章和表格,然后通过打印机打印出来。

项目负责人:好,潘老师,今天我们就谈到这里吧! 给你添麻烦了,以后有问题可能还要麻烦你,谢谢!

潘老师:不谢,你们可随时找我。

附录 2 学生成绩管理系统数据库 student 中数据表的数据

表附录-1 dept 表

dept_id	dept_name	dept_head
01	外语系	丁忠
02	人文系	江平
03	园林园艺系	杜秋月
04	计算机科学与技术系	王刚
05	经贸系	李卫

表附录-2 class 表

class_id	class_name	tutor	dept_id
09020111	09 旅游管理 1 班	张驰	02
09020211	09 广告 1 班	乔小叶	02
09040911	09 软件技术 1 班	刘少明	04
09040912	09 软件技术 2 班	赵紫阳	04
09041011	09 计算机应用技术 1 班	王丽燕	04
10040911	10 软件技术 1 班	刘晓阳	04
10040912	10 软件技术 2 班	陈静	04
10041011	10 计算机应用技术 1 班	唐杰	04
10041012	10 计算机应用技术 2 班	赵苏娅	04
10041111	10 计算机网络技术 1 班	鲁燕	04
10041112	10 计算机网络技术 1 班	李曼丽	04

表附录-3 course 表

c_id	c_name	c_type	period	credit	semester
090101	商务英语	职业基础课	64	2	2009-2010-1
090103	商务日语	职业基础课	64	2	2009-2010-1
090201	应用文稿写作	职业技术课	72	3	2009-2010-1
090202	广告设计	职业技术课	72	3	2009-2010-1
090401	数据库及应用	职业技术课	64	3	2009-2010-2
090402	c语言程序设计	职业基础课	72	3	2009-2010-1
090403	网页制作技术	职业技术课	72	4	2009-2010-2
090404	面向对象程序设计	职业技术课	64	4	2009-2010-2
090405	大学英语	职业基础课	72	2	2009-2010-1
090406	高等数学	职业基础课	72	2	2009-2010-1
090407	计算机应用基础	职业基础课	84	3	2009-2010-1
……	……	……	……	……	……

表附录-4 student 表

s_id	s_name	s_sex	born_date	nation	place	politic	tel	address	class_id	resume
0902011101	李煜	女	1990-3-2	汉	江苏南通	团员	13004331515	江苏省南通市	09020111	唱歌
0902011102	王国卉	女	1990-2-25	汉	江苏南通	团员	13805241222	江苏省南通市	09020111	
0904091101	李东	男	1991-3-1	汉	上海	党员	12552512522	上海浦东区	09040911	
0904091102	汪晓	女	1989-3-11	汉	江苏宿迁	团员	13252512533	江苏省宿迁市	09040911	
0904091103	李娇娇	女	1995-8-15	汉	江苏无锡	党员	15552512525	江苏省无锡市	09040911	
0904091201	沈淼淼	男	1991-10-1	汉	安徽天长	团员	13852512522	江苏省徐州沛县	09040912	
0904091202	汪晓庆	女	1992-3-11	汉	江苏镇江	团员	13352512533	江苏省镇江市	09040912	
0904091203	黄娟	女	1993-8-13	汉	江苏无锡	党员	15552512534	江苏省无锡市	09040912	
0904101101	彭志坚	男	1990-8-9	汉	江苏阜宁	团员	15861371258	江苏省阜宁县	09041011	
0904101102	吴汉禹	男	1989-3-12	汉	江苏泰兴	团员	0523-7182504	江苏省泰兴珊瑚镇	09041011	
0904101103	王芳	女	1990-4-7	汉	江苏丹阳	团员	0511-6348927	江苏省丹阳坤城镇	09041011	跳舞
0904101104	孙楠	男	1989-8-3	汉	江苏高邮	党员	0514-4225288	江苏省高邮天山镇	09041011	
0904101105	李飞	男	1990-6-29	汉	江苏苏州	党员	18752743348	江苏苏州市御前街	09041011	
0904101106	陈丽丽	女	1989-2-6	汉	江苏苏州	团员	13082578111	江苏苏州元里镇	09041011	
0904101107	刘盼盼	女	1990-11-10	回	江苏无锡	团员	13805270122	江苏无锡西湖镇	09041011	
0904101108	陈国轼	男	1990-1-20	汉	江苏无锡	团员	18752741200	江苏省无锡市	09041011	
0904101109	陈淼	男	1990-1-20	汉	江苏常州	团员	13151510941	江苏常州市	09041011	美术

续 表

s_id	s_name	s_sex	born_date	nation	place	politic	tel	address	class_id	resume
0905011101	陈朗	男	1992-12-1	汉	江苏盐城	党员	18952572521	江苏省盐城市	09050111	
0905011102	王亮	男	1992-12-1	汉	江苏盐城	党员	18952517521	江苏省盐城市	09050111	
0905021101	张乐	男	1992-3-1	汉	江苏常州	党员	18952276521	江苏省常州	09050211	
0905021102	李鹏	男	1992-2-1	汉	北京	党员	18922517621	北京朝阳区	09050211	
……	……	……	……	……	……	……	……	……	……	……

表附录-5 score 表

s_id	c_id	grade	resume
0902011101	090101	40	
0902011102	090101	90	
0902011102	090202	50	
0902011103	090103	36	
0902011201	090201	85	
0904091101	090401	56	
0904091101	090402	56	
0904091101	090403	56	
0904091101	090404	77	
0904091101	090405	67	
0904091101	090406	67	
0904091101	090407	67	
0904091102	090401	66	
0904091102	090402	79	
0904091102	090403	79	
0904091102	090404	54	
0904091102	090405	54	
0904091102	090406	54	
0904091102	090407	90	
0904091103	090401	98	
0904091103	090402	98	
0904091103	090403	90	
0904091103	090404	62	
0904091103	090405	76	

续 表

s_id	c_id	grade	resume
0904091103	090406	76	
0904091103	090407	76	
0904091104	090401	78	
0904091104	090402	62	
0904091104	090403	77	
0904091104	090404	75	
0904091104	090405	88	
0904091104	090406	88	
0904091104	090407	84	
0904091105	090401	83	
0904091105	090402	84	
0904091105	090403	65	
0904091105	090404	94	
0904091105	090405	94	
0904091105	090406	94	
……	……	……	……

表附录-6 teacher 表

t_id	t_name	t_sex	title	dept_id
0101	杨小帆	女	讲师	01
0102	许志林	男	副教授	01
0201	林玉芳	女	副教授	02
0401	刘少明	男	讲师	04
0402	马丽丽	女	讲师	04
0403	赵紫阳	男	教授	04

表附录-7 teach 表

c_id	t_id	c_id	t_id
090101	0101	090403	0403
090103	0102	090404	0404
090201	0201	090405	0405
090202	0201	090406	0406
090401	0401	090407	0407
090402	0402		

附录3 社区图书管理系统数据库 book 中数据表的数据

表附录-8 book 表

图书编号	类别号	书名	作者	出版社	出版日期	定价	登记日期	室藏总量	库存量	图书来源	备注
B00001	B	全球化：西方理论前沿	杨雪冬	社会科学文献出版社	2008-9-20	￥34.00	2008-11-20	5	5	采购	
D00001	D	国际形势年鉴	陈启愁	上海教育出版社	2008-1-12	￥45.00	2008-11-20	5	5	采购	
D00002	D	NGO与第三世界的政治发展	邓国胜	社会科学文献出版社	2009-10-23	￥34.00	2009-12-20	5	5	采购	
D00003	D	"第三波"与21世纪中国民主	李良栋	中共中央校出版社	2009-6-1	￥35.00	2009-12-20	5	5	采购	
D00004	D	全球化：西方理论前沿	杨雪冬	社会科学文献出版社	2009-8-21	￥35.00	2009-12-20	5	5	采购	
D00005	D	政府全面质量管理：实践指南	董静	中国人民大学出版社	2009-9-15	￥25.00	2009-12-20	5	5	采购	
D00006	D	牵手亚太：我的总理生涯	保罗·基延	世界知识出版社	2009-11-15	￥26.00	2009-12-20	5	5	采购	
D00007	D	电子政务导论	徐晓林	武汉出版社	2009-6-15	￥23.00	2009-12-20	5	5	采购	
F00001	F	电子商务导论	徐晓林	武汉大学出版社	2007-3-1	￥33.00	2007-11-20	5	5	采购	
F00002	F	现代市场营销学	倪杰	电子工业出版社	2009-6-5	￥24.00	2009-12-20	5	4	采购	
F00003	F	项目管理从入门到精通	邓炎才	清华大学出版社	2008-9-2	￥45.00	2008-11-20	5	4	采购	
F00004	F	会计应用典型实例	马琳	人民大学出版社	2008-4-4	￥56.00	2008-11-20	5	2	采购	
F00005	F	财务管理	马峰	人民大学出版社	2008-6-4	￥28.00	2008-11-20	5	2	采购	
F00006	F	财务管理	朱明	人民大学出版社	2008-1-4	￥28.00	2008-11-20	5	3	采购	

续 表

图书编号	类别号	书名	作者	出版社	出版日期	定价	登记日期	室藏总量	库存量	图书来源	备注
T00001	TP	SQL Server数据库原理及应用	张莉	高等教育出版社	2010-2-16	￥36.00	2010-8-20	10	10	采购	
T00002	TP	计算机应用基础	高小松	清华大学出版社	2010-1-2	￥24.00	2010-8-20	10	10	采购	
T00003	TP	动画设计	邵峰	电子科技出版社	2009-8-2	￥40.00	2009-12-20	10	10	捐赠	
T00004	TP	计算机组装与维修	闻文	人民邮电出版社	2008-8-2	￥22.00	2008-11-20	10	10	捐赠	
T00005	TP	动画制作	王刚	人民邮电出版社	2008-8-23	￥23.00	2008-11-20	5	4	采购	
T00006	TP	图像处理	石林	人民邮电出版社	2008-6-12	￥24.00	2008-11-20	5	3	采购	
T00007	TP	多媒体设计	朱铭	人民邮电出版社	2008-8-21	￥25.00	2008-11-20	5	5	采购	

表附录-9　reader表

借书证号	姓名	性别	联系电话	联系地址	借书限额	借书量
R00001	王琴	女	1366347929	翠岗小区1幢105	5	2
R00002	孙凯	男	1893868089	紫薇苑5幢206	5	2
R00003	陈芳	女	1534567890	紫薇苑5幢106	5	3
R00004	孙丽	女	1515635678	翠岗小区3幢203	5	2
R00005	张云	女	1534266111	紫薇苑7幢104	5	5
R00006	张玉	女	1377344567	紫薇苑8幢304	5	0
R00007	田刚	男	1375347775	翠岗小区4幢206	5	0
R00008	任静	女	1385273258	兰苑小区3幢406	5	0
R00009	孙志鹏	男	1381580690	翠岗小区7幢406	5	0
R00010	田大志	男	1332812918	兰苑小区4幢406	5	0

表附录-10　category表

类别号	图书类别	类别号	图书类别
B	哲学	G	文化
D	政治	TP	计算机
F	经济		

表附录-11 penalty 表

借书证号	图书编号	罚款日期	罚款类型	罚款金额
R00001	T00004	2011-4-3	损坏	¥0.60
R00001	T00005	2011-4-3	损坏	¥0.60
R00003	F00001	2011-6-8	损坏	¥0.30
R00003	F00002	2011-6-8	损坏	¥0.30

表附录-12 borrow 表

借书证号	图书编号	借阅日期	应还日期	实还日期
R00001	T00002	2010-11-1	2010-12-1	2010-11-20
R00001	T00003	2010-11-1	2010-12-1	2010-11-20
R00001	T00004	2011-1-3	2011-2-3	2011-4-3
R00001	T00005	2011-1-3	2011-2-3	2011-4-3
R00001	T00006	2011-8-6	2010-9-6	
R00001	T00007	2011-8-6	2010-9-6	
R00002	T00003	2011-4-7	2011-5-7	2011-4-20
R00002	T00004	2011-4-7	2011-5-7	2011-4-20
R00002	T00005	2011-10-1	2011-11-1	
R00002	T00006	2011-10-1	2011-11-1	
R00003	F00001	2011-4-6	2011-5-6	2011-6-8
R00003	F00002	2011-4-6	2011-5-6	2011-6-8
R00003	F00004	2011-6-8	2011-7-8	
R00003	F00005	2011-6-8	2011-7-8	
R00003	F00006	2011-6-8	2011-7-8	
R00004	F00004	2011-10-8	2011-11-8	
R00004	F00005	2011-10-8	2011-11-8	
R00005	F00002	2011-10-10	2011-11-10	
R00005	F00003	2011-10-10	2011-11-10	
R00005	F00004	2011-10-10	2011-11-10	
R00005	F00005	2011-10-10	2011-11-10	
R00005	F00006	2011-10-10	2011-11-10	

参考文献

［1］王珊,萨师煊. 数据库系统概论(第 4 版). 北京：高等教育出版社,2006.
［2］沈美莉,陈孟建. 管理信息系统. 北京：人民邮电出版社,2009.
［3］吴小刚. SQL Server 2005 数据原理与实训教程. 北京：北京交通大学出版社,2010.
［4］杨学全. SQL Server 实例教程(第 3 版). 北京：电子工业出版社,2010.
［5］胡国胜. 数据库技术与应用——SQL Server 2008. 北京：机械工业出版社,2010.
［6］康会光. SQL Server 2008 中文版标准教程. 北京：清华大学出版社,2009.
［7］周立. SQL Server 2000 案例教程. 大连：大连理工大学出版社,2004.
［8］曾毅. SQL Server 数据库技术大全. 北京：清华大学出版社,2009.
［9］刘芳. SQL Server 数据库技术及应用项目教程. 北京：清华大学出版社,2009.
［10］潘永惠. 数据库系统设计与项目实践——基于 SQL Server 2008. 北京：科学出版社,2011.
［11］郑阿奇. SQL Server 2008 应用实践教程. 北京：电子工业出版社,2010.
［12］吴伶琳. SQL Server 2005 数据库基础. 大连：大连理工大学出版社,2010.
［13］北大青鸟信息技术有限公司. 优化 MySchooLS 数据库设计. 北京：科学技术文献出版社,2011.
［14］虞益诚. SQL Server 2005 数据库应用技术(第 2 版). 北京：中国铁道出版社,2009.

图书在版编目(CIP)数据

数据库应用技术项目化教程/梁修荣,李昌弘主编. —上海:复旦大学出版社,2020.8(2024.8重印)
电子信息类专业项目化教程系列教材
ISBN 978-7-309-15256-2

Ⅰ.①数… Ⅱ.①梁…②李… Ⅲ.①关系数据库系统-高等职业教育-教材
Ⅳ.①TP311.138

中国版本图书馆 CIP 数据核字(2020)第 149437 号

数据库应用技术项目化教程
梁修荣　李昌弘　主编
责任编辑/梁　玲
复旦大学出版社有限公司出版发行
上海市国权路 579 号　邮编:200433
网址:fupnet@fudanpress.com　http://www.fudanpress.com
门市零售:86-21-65102580　　团体订购:86-21-65104505
出版部电话:86-21-65642845
上海新艺印刷有限公司

开本 787 毫米×1092 毫米　1/16　印张 19.25　字数 468 千字
2024 年 8 月第 1 版第 2 次印刷

ISBN 978-7-309-15256-2/T·682
定价:59.00 元

如有印装质量问题,请向复旦大学出版社有限公司出版部调换。
版权所有　侵权必究